免费提供实例源程序和微课教程

西门子 S7-1200 PLC
从入门到精通

（第 2 版）

李方园　编著

电子工業出版社·

Publishing House of Electronics Industry

北京·BEIJING

内 容 简 介

西门子 S7-1200 PLC 作为中小型 PLC 的佼佼者，在硬件配置和软件编程方面都具有强大的优势。本书在介绍西门子S7-1200 PLC 项目创建、硬件配置的基础上，结合实例讲述指示灯控制、电动机控制、组态软件控制、运动控制、SCL 编程、流程控制、以太网通信等实用技术的实现过程，帮助读者掌握编程技巧，完成从简单到复杂的工程项目。

本书内容深入浅出、图文并茂，既可作为高职高专电类相关专业的教材，也可作为广大电工技术爱好者、职业培训人员的参考用书。

本书提供的实例源程序请到华信教育资源网 http://www.hxedu.com.cn 下载。

图书在版编目（CIP）数据

西门子 S7-1200 PLC 从入门到精通 / 李方园编著 . —2 版 . —北京：电子工业出版社，2024.7
ISBN 978-7-121-47994-6

Ⅰ. ①西…　Ⅱ. ①李…　Ⅲ. ①PLC 技术　Ⅳ. ①TM571.61

中国国家版本馆 CIP 数据核字（2024）第 110790 号

责任编辑：张　楠　　特约编辑：刘汉斌
印　　刷：固安县铭成印刷有限公司
装　　订：固安县铭成印刷有限公司
出版发行：电子工业出版社
　　　　　北京市海淀区万寿路 173 信箱　邮编　100036
开　　本：787×1 092　1/16　印张：20.25　字数：518.4 千字
版　　次：2018 年 10 月第 1 版
　　　　　2024 年 7 月第 2 版
印　　次：2025 年 3 月第 4 次印刷
定　　价：75.00 元

前　言

　　PLC 是高职高专电气自动化、机电一体化及楼宇智能化等专业的必学课程，在目前的教学或培训中，通常采用西门子产品作为实施载体。本书选用市场占有率较高的西门子 S7-1200 PLC（为了简略，有些地方简称为 PLC）进行介绍。

　　西门子 S7-1200 PLC 作为中小型 PLC 的佼佼者，在硬件配置和软件编程方面都具有强大的优势。本书在介绍西门子 S7-1200 PLC 项目创建、硬件配置的基础上，结合实例讲述指示灯控制、电动机控制、组态软件控制、运动控制、SCL 编程、流程控制及以太网通信等从入门到实践的实现过程，帮助读者掌握编程技巧，完成从简单到复杂的工程项目。

　　本书共 8 章：第 1 章介绍了西门子 S7-1200 PLC 的入门知识，包括 TIA Portal 软件的安装和初次使用的方法；第 2 章介绍了用位逻辑、定时器、计数器及其他指令控制指示灯的方法；第 3 章通过电动机的正/反转控制、三相电动机星形—三角形连接启动、单按钮定时预警启/停控制、皮带跑偏报警控制、电动机的软启动控制等实例介绍了用西门子 S7-1200 PLC 实现电动机控制的方法；第 4 章介绍了西门子 S7-1200 PLC 的触摸屏及组态软件控制，引入组态王作为直接输入/输出界面；第 5 章通过工艺对象"轴"的概念介绍了运动控制的实现方法；第 6 章介绍了西门子 S7-1200 PLC 的 SCL 编程方法；第 7 章介绍了西门子 S7-1200 PLC 的流程控制方法；第 8 章介绍了西门子 S7-1200 PLC 的以太网通信。

　　本书不仅通过文字讲述了西门子 S7-1200 PLC 控制系统的原理、硬件知识、常见指令及应用实例，还通过微课教程帮助读者理解，既注重内容的系统、全面、新颖，又力求叙述简练、层次分明、通俗易懂，所有实例均已在 PLC 实训装置上测试通过，理论知识和工程实际应用并重，具有极强的针对性、可读性及实用性，是一本不可多得的好书。

　　参与本书编写的还有周庆红、王柏华、郑振杰、李雄杰、叶明、应秋红、钟晓强、陈亚玲。本书在编写过程中，得到了西门子（中国）有限公司相关技术人员的帮助，同时还参考和引用了国内外许多专家、学者最新发表的论文和著作等，在此一并表示感谢。

编著者

目　　录

第1章

西门子 S7-1200 PLC 入门知识

【导读】

西门子 S7-1200 PLC 作为中小型 PLC 的佼佼者，在硬件配置和软件编程方面都具有强大的优势。西门子 S7-1200 PLC 的不同 CPU 模块具有不同的特征和功能，可以针对不同的应用创建有效的解决方案。本章以三相电动机直接启动控制为例，讲述西门子 S7-1200 PLC 的项目创建、硬件配置、设备联网、编程、组态数据的装载、在线功能的使用等，重点介绍西门子 S7-1200 PLC 的数据类型和程序结构，为实现复杂的程序做好铺垫。

1.1 西门子 S7-1200 PLC 的定义和模块组成

1.1.1 定义

PLC 是 Programmable Logic Controller 的缩略语，即可编程逻辑控制器。自 1960 年第一台 PLC 问世以来，很快被应用到汽车制造、机械加工、冶金、矿业、轻工等领域，推进了工业 2.0 到工业 4.0 的进程。

图 1-1 为 PLC 控制对象示意图，包括指示灯、电动机、泵、按钮/开关、光电开关/传感器等。

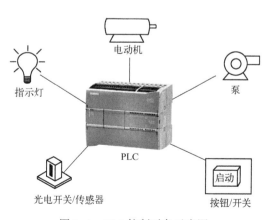

图 1-1 PLC 控制对象示意图

PLC 是以微处理器、嵌入式芯片为基础，综合计算机技术、自动控制技术及通信技术的一种工业控制装置，与机器人、CAD/CAM 并称为现代工业自动化的三大支柱。

国际电工委员会（IEC）对 PLC 给出的定义：PLC 是一种由数字运算操作的电子系统，是专为工业环境应用设计的，可以采用可编程序的存储器存储执行逻辑运算、顺序控制、定时、计数及算术运算等操作指令，通过数字式、模拟式的输入和输出控制各种类型的机械和生产过程。PLC 及其相关设备易于与工业控制系统连接为一个整体。

图 1-2 为西门子 S7-1200 PLC 的结构组成示意图，包括 CPU 模块、电源模块、输入信号处理模块、输出信号处理模块、内存模块、RJ45 端口及扩展模块端口等。

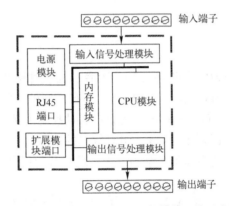

图 1-2　西门子 S7-1200 PLC 的结构组成示意图

根据 PLC 的定义，西门子 S7-1200 PLC 的本质为一台计算机，负责系统程序的调度、管理、运行及自诊断，将用户程序进行编译解释处理，调度用户目标程序运行。西门子 S7-1200 PLC 配置了以太网端口 RJ45，可以采用标准网线与安装有 TIA Portal 软件的计算机进行连接。

1.1.2　基本模块

1. CPU 模块

CPU 模块是西门子 S7-1200 PLC 的核心。西门子 S7-1200 PLC 的主要性能，如速度、规模等都由 CPU 模块的性能来体现，如 CPU 1214C 模块的布尔操作执行时间为 0.1μs。

2. 电源模块

电源模块用于为西门子 S7-1200 PLC 的运行提供工作电源。

西门子 S7-1200 PLC 的工作电源一般为交流单相电源或直流 24V 电源，如交流 110V、交流 220V、直流 24V。西门子 S7-1200 PLC 对电源的稳定性要求不高，一般允许电源电压在额定电压的±15%范围内波动。

3. I/O 模块

I/O 模块包括输入信号处理模块和输出信号处理模块。

4. 内存模块

内存模块主要用于存储用户程序，也可为系统提供辅助工作内存。

图 1-3 为西门子 S7-1200 PLC 的 MMC 内存模块实物图。该内存模块为 SD 卡，可以存储用户的项目文件。

图 1-3　西门子 S7-1200 PLC 的 MMC 内存模块实物图

MMC 内存模块的功能如下：

① 可作为 CPU 的装载存储区，用户的项目文件可以仅存储在 MMC 内存模块中，CPU 中没有项目文件。

② 在有编程器的情况下，可作为向多个西门子 S7-1200 PLC 传送项目文件的介质。

③ 忘记密码时，可用于清除 CPU 中的项目文件和密码。

④ 可用于更新西门子 S7-1200 PLC 的 CPU 固件版本。

当要插入 MMC 内存模块时，首先需要打开 CPU 模块的顶盖，然后将 MMC 内存模块插入插槽，如图 1-4 所示。

图 1-4　插入插槽示意图

1.1.3　扩展模块

西门子 S7-1200 PLC 的扩展模块易于安装，可以安装在面板上或标准的 DIN 导轨上。

西门子 S7-1200 PLC 有三种类型的扩展模块：

① 信号板（SB），可为 CPU 提供附加的 I/O 点数，安装在 CPU 的左侧；

② 信号模块（SM），可提供附加的数字或模拟 I/O 点数，安装在 CPU 的右侧；

③ 通信模块（CM），可为 CPU 提供附加的通信端口（RS232 或 RS485），连接在 CPU 的左侧。

规划安装扩展模块时需要注意以下指导原则：

① 隔离热辐射、高压和电噪声；

② 留出足够的空隙用于接线；

③ 上方和下方留出 25mm 的散热区域用于空气流通。

1.2 西门子 S7-1200 PLC 的初次使用

1.2.1 【实例1】三相电动机直接启动控制

1. 任务说明

三相电动机直接启动控制电路如图 1-5 所示。

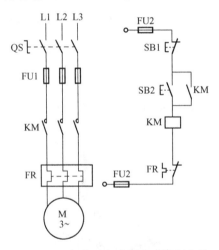

图 1-5 三相电动机直接启动控制电路

控制流程如下。

启动：按下启动按钮SB2 → KM线圈得电 ┬→ KM动合辅助触头闭合自锁
　　　　　　　　　　　　　　　　　　　└→ KM主触头闭合 → 三相电动机M启动运转

松开启动按钮 SB2，由于连接在启动按钮 SB2 两端的 KM 动合辅助触头闭合自锁，因此控制回路仍保持接通，三相电动机 M 继续运转。

停止：按下停止按钮SB1 → KM线圈断电释放 ┬→ KM动合辅助触头断开 → 自锁解锁
　　　　　　　　　　　　　　　　　　　　└→ KM主触头断开 → 三相电动机M停止运转

现在要求采用西门子 S7-1200 PLC 对控制电路进行改造，设计合理的电气接线图，并进行软件编程。

2. 电气接线图

本书中的所有实例都采用西门子 S7-1200 PLC 的 CPU 1214C DC/DC/DC 模块进行接线和编程。CPU 1214C DC/DC/DC 模块的电气接线图如图 1-6 所示。

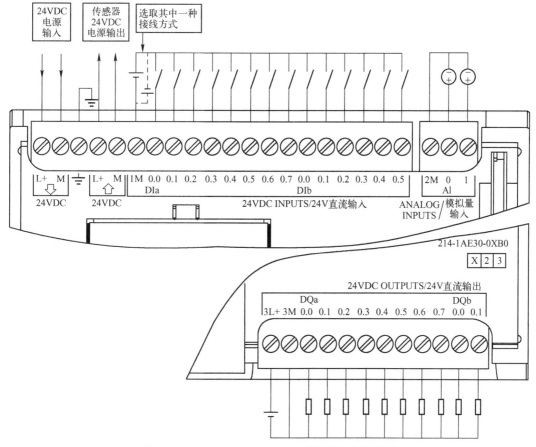

图 1-6　CPU 1214C DC/DC/DC 模块的电气接线图

由图 1-6 可知，西门子 S7-1200 PLC 的 CPU 1214C DC/DC/DC 模块电气接线图有以下特点：

① 外部传感器可以借用 PLC 的电源供电；

② PLC 的输入电源和输出电源可以采用同一个直流电源，也可以采用不同的直流电源；

③ 24V 直流电源输入既可以采用 PNP 输入，即正电压类型（平时为 0V，导通时为 24V），也可以采取 NPN 输入，即负电压类型（平时为 24V，导通时为 0V）。

根据以上特点，【实例 1】的 PLC 控制电气接线图如图 1-7 所示。

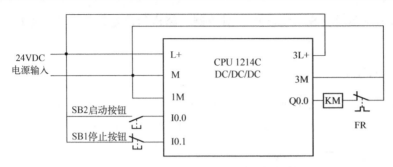

图 1-7 【实例 1】的 PLC 控制电气接线图

3. 软件编程

西门子 S7-1200 PLC 的编程软件是 TIA Portal。其中，TIA 是 Totally Integrated Automation 的缩略语，即全集成自动化；Portal 是入口，即开始的地方。TIA Portal 被称为博途，寓意全集成自动化的入口。

TIA Portal 可帮助用户实施自动化的解决方案，步骤如下。

（1）创建新项目

对于【实例 1】来说，首先要在如图 1-8 所示的起始视图中创建一个新项目，然后输入项目名称，如 Motor1，并单击 ▭ 图符输入存放路径，如图 1-9 所示。

图 1-8 创建新项目

（2）"新手上路"界面

输入项目名称后，就会看到"新手上路"界面，如图 1-10 所示，包含创建完整项目需要的"组态设备""创建 PLC 程序""组态 HMI 画面""打开项目视图"等提示，按照提示一步一步地完成即可，也可以直接打开项目视图。

这里选择"打开项目视图"。

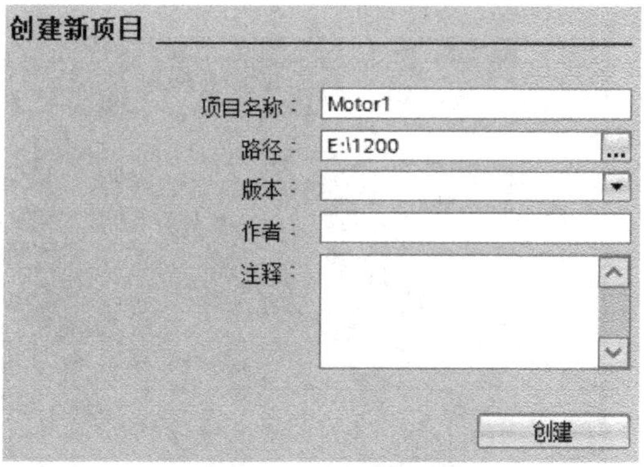

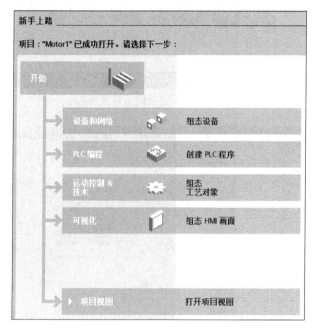

图 1-9　输入存放路径

图 1-10　"新手上路"界面

（3）切换到项目视图

切换到项目视图后，项目视图总览界面如图 1-11 所示，包括项目树、设备、硬件目录及信息窗口等。

（4）硬件配置初步——添加新设备

与西门子 S7-200 PLC 不同，西门子 S7-1200 PLC 提供了完整的硬件配置。在"项目树"界面中选择"添加新设备"，如图 1－12 所示，选择 SIMATIC S7-1200，依次单击 CPU 的类型，最终选择【实例 1】所选用的 6ES7 214-1AG40-0XB0。

图 1-11　项目视图总览界面

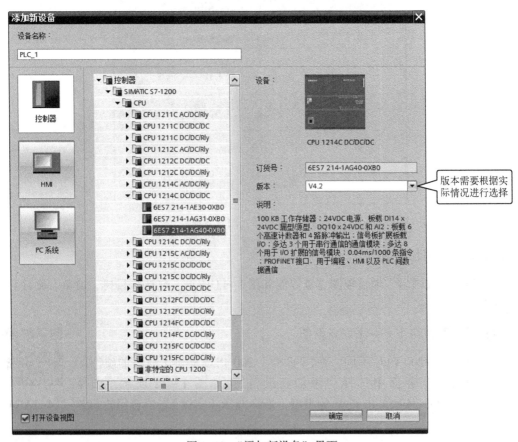

图 1-12　"添加新设备"界面

单击"确定"按钮后，就会出现如图 1-13 所示的完整设备视图界面。

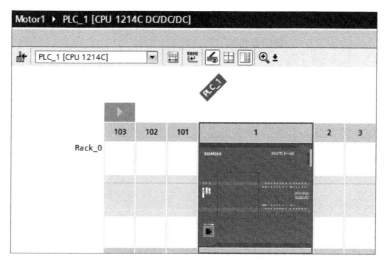

图 1-13　完整设备视图界面

（5）定义设备属性，完成硬件配置

如果要完成硬件配置，则在选择 CPU 的类型后，还需要添加和定义其他扩展模块及网络等。由于【实例 1】只用到 CPU 一个模块，因此不用添加其他的扩展模块。在设备视图中，单击 CPU 模块，就会出现 CPU 的属性窗口，如图 1-14 所示。

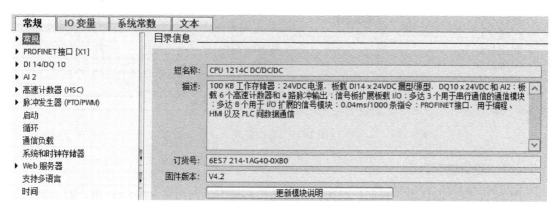

图 1-14　CPU 的属性窗口

因为 CPU 没有预组态的 IP 地址，所以必须为其手动分配 IP 地址，如图 1-15 所示，组态 PROFINET 接口的 IP 地址和其他参数。在 PROFINET 网络中，制造商会为每个设备都分配一个唯一的"介质访问控制"地址（MAC 地址），每个设备也都必须只有一个 IP 地址。

西门子 S7-1200 PLC 的硬件配置灵活、自由，包括寻址的自由，可以自由选择 I/O 的起始地址，如图 1-16 所示中的地址范围 0～1022。

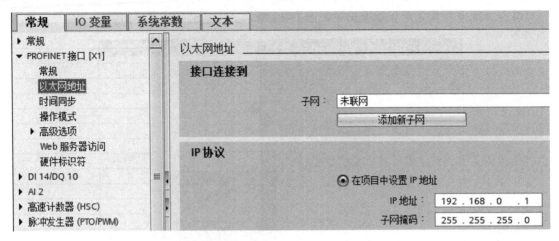

图 1-15　PROFINET 接口属性

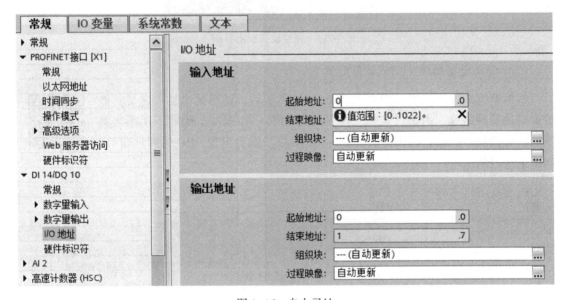

图 1-16　自由寻址

（6）"项目树"界面

图 1-17 为"项目树"界面。对于在 TIA 编程环境下的西门子 S7-1200 PLC 和人机界面来说，"项目树"界面都是统一的。通过"项目树"界面，用户可以在组态自动化任务时快速访问相关设备、文件夹或特定的视图。

（7）定义变量

TIA Portal 可将定义的变量存储在变量表中，所有的编辑器，如程序编辑器、设备编辑器、可视化编辑器及监视表格编辑器等均可访问变量表。

在"项目树"界面中，单击"PLC 变量"就可以定义【实例 1】所要用到的变量，具体使用三个变量，分别为"启动按钮""停止按钮""接触器"，如图 1-18 所示。

图 1-17　"项目树"界面

	名称	数据类型	地址
1	启动按钮	Bool	%I0.0
2	停止按钮	Bool	%I0.1
3	接触器	Bool	%Q0.0
4	<添加>		

图 1-18　定义变量

（8）梯形图

TIA Portal 提供了各种指令窗口，如图 1-19 所示，如收藏夹、基本指令 及扩展指令等。按功能分组，基本指令可分为常规、位逻辑运算、定时器操作等。

如果用户要创建程序，则只需要将指令从收藏夹中拖到程序段即可。例如【实例 1】，先要使用常开触点时，就从收藏夹中将常开触点直接拖到程序段 1 即可，如图 1-20 所示，程序段 1 出现❌符号，表示该程序段处于语法错误状态。

TIA Portal 的指令编辑具有可选择性。例如，单击功能框指令黄色三角以显示指令的下拉列表，如常开、常闭、P 触点（上升沿）、N 触点（下降沿），向下滚动列表，选择常开指令，如图 1-21 所示。

在选择了具体的指令后，必须输入具体的变量名，可以双击第一个常开指令上方的默认地址 <?? .? >，输入固定地址变量"%I0.1"，出现如图 1-22 所示的"停止按钮"注释。

图 1-19　指令窗口

图 1-20　程序段编辑一

图 1-21　显示指令的下拉列表

　　需要注意的是，TIA Portal 默认的是 IEC 61131-3 标准，地址用特殊字母序列指示，字母序列的起始用%符号，跟随一个范围前缀和一个数据类型前缀表示数据长度，最后用数字序列表示存储器的位置。其中，范围前缀为 I（输入）、Q（输出）、M（标志，内部存储器范围），长度前缀为 X（单个位）、B（字节，8 位）、W（字，16 位）、D（双字，32 位）。

图 1-22　"停止按钮" 注释

例如：

%MB7	标志字节 7；
%MW1	标志字 1；
%MD3	标志双字 3；
%I0.0	标志输入位 I0.0。

除了可以使用固定地址变量，还可以使用变量表中的变量，如图 1-23 所示。

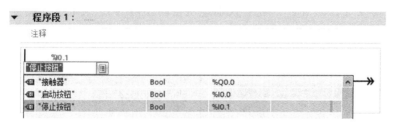

图 1-23　使用变量表中的变量

具体步骤如下：

① 双击第一个常开指令上方的默认地址 <?? . ? >；

② 单击地址右侧的选择器图标 ，打开变量表；

③ 从下拉列表中为第一个常开指令选择 "停止按钮"。

根据以上步骤输入第二个常开指令 "%I0.0"，并根据梯形图的编辑规律，使用图符 ↴ 打开分支，如图 1-24 所示，输入接触器指令 "%Q0.0"，使用图符 ↳ 关闭分支，如图 1-25 所示，使用图符 ⊶ 选择输出指令 "%Q0.0"。

图 1-24　程序段编辑二

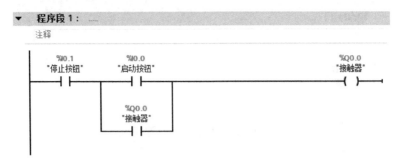

图 1-25　程序段编辑三

完成以上编辑后，就会发现程序段 1 的 ⊗ 符号不见了。

（9）编译与下载

在将 PLC 程序下载到 CPU 之前，必须先确保计算机的 IP 地址与 PLC 的
IP 地址匹配。如图 1-26（a）所示，在计算机的"本地连接 属性"界面上，
选择"Internet 协议（TCP/IP）"，将协议地址从自动获得的 IP 地址变为设置
的 IP 地址 192.168.0.100，如图 1-26（b）所示。

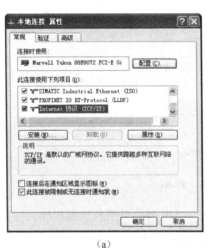
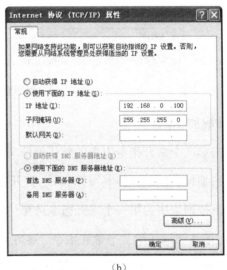

（a）　　　　　　　　　　　　　　　（b）

图 1-26　属性的设置

在编辑阶段只是完成了基本语法的输入验证，如果需要完成程序的可行性，还必须执行
"编译"命令。在一般情况下，用户可以直接选择"下载"命令，TIA Portal 会自动先执行
"编译"命令，当然也可以单独选择"编译"命令，如图 1-27 所示。在 TIA Portal 的"编
辑"菜单中选择"编译"命令，或者使用"CTRL+B"快捷键，获得整个程序的编译信息。

在完成编译后，就可以下载硬件配置和梯形图了，下载时可以选择两个命令，即"下
载到设备"或"扩展的下载到设备"，如图 1-28 所示。

这两种下载方式在第一次使用时都会出现如图 1-29 所示的"扩展的下载到设备"界

图 1-27　选择"编译"命令

图 1-28　选择"下载到设备"命令

面，不仅可以看到程序中的 PLC 地址及用于计算机连接的 PG/PC 接口情况（这对于多网卡用户来说非常重要），还可以看到目标子网中的所有设备。当用户选择了指定的设备后，单击 闪烁 LED 图符，就会看到实际设备的黄灯闪烁，让用户确定是否该设备需要进行硬件配置和程序下载。

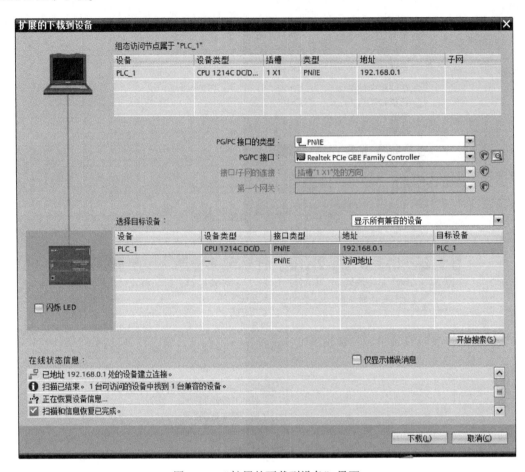

图 1-29　"扩展的下载到设备"界面

（10）PLC 在线与程序调试

在"在线"菜单上选择 转至在线 后，在"项目树"界面上就会有黄色的 图符显示，其动画过程就是表示在线状态，如图 1-30 所示。这时可以从"项目树"界面上的各个选项后面了解情况，出现蓝色 和 图符表示正常，否则必须进行诊断或重新下载。

在【实例1】中，选择程序块的在线监控，如图 1-31 所示，选择 图符进入监控阶段，分别为：实线表示接通，虚线表示断开。由图 1-31 可知，停止按钮%I0.1 的常开指令为接通状态，当启动按钮%I0.0 被按下时，程序进入自保阶段，如图 1-32 所示。

PLC 的变量也可以进行在线监控，选择 图符即可看到最新的监控值。

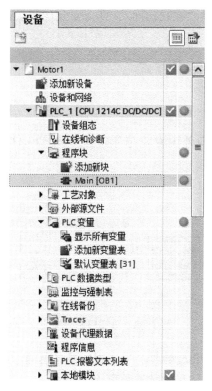

图 1-30　项目树的在线状态

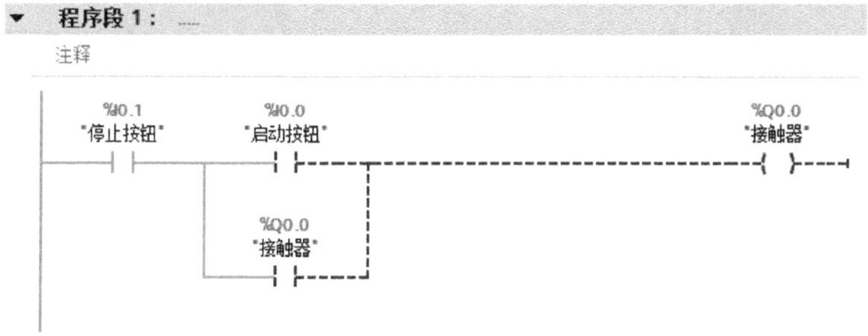

▼　**程序段 1:** ......

注释

```
   %I0.1         %I0.0                                      %Q0.0
  "停止按钮"     "启动按钮"                                  "接触器"
   ─┤├───────────┤├───────────────────────────────────────( )─┤
                  │
                  │   %Q0.0
                  │  "接触器"
                  └───┤├───┘
```

图 1-31　程序块的在线监控一

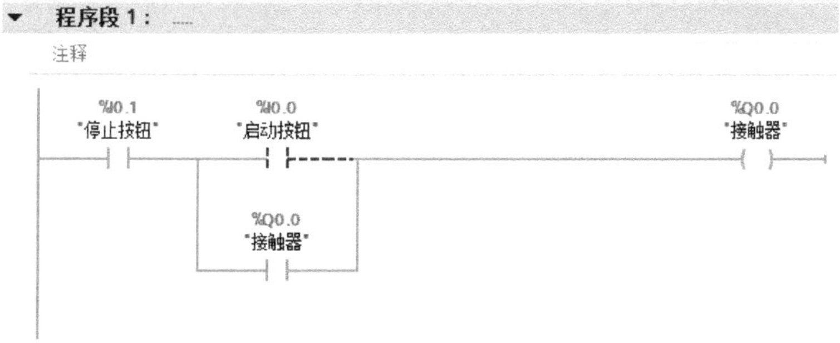

▼　**程序段 1:** ......

注释

```
   %I0.1         %I0.0                                      %Q0.0
  "停止按钮"     "启动按钮"                                  "接触器"
   ─┤├───────────┤├───────────────────────────────────────( )─┤
                  │
                  │   %Q0.0
                  │  "接触器"
                  └───┤├───┘
```

图 1-32　程序块的在线监控二

在"项目树"界面上选择"在线访问"，即可看到诊断状态、循环时间、存储器、分配 IP 地址等各种信息。

1.2.2 以太网通信的连接方式

1. 以太网线

PLC 或计算机的 RJ45 端口外观为 8 芯母插座，如图 1-33（a）所示，以太网线为 8 芯公插头，如图 1-33（b）所示。

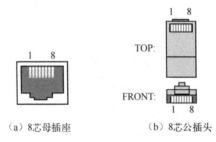

（a）8芯母插座　　　　　　（b）8芯公插头

图 1-33　母插座和公插头

百兆以太网只用 4 根线来传输数据，另 4 根线是备份的。以太网线的定义见表 1-1。传输的信号为数字信号。双绞线的最大传输距离为 100m。

表 1-1　以太网线的定义

针　脚	符　号	含　义
1	TX+	Tranceive Data+（发信号+）
2	TX-	Tranceive Data-（发信号-）
3	RX+	Receive Data+（收信号+）
4	n/c	Not connected（空脚）
5	n/c	Not connected（空脚）
6	RX-	Receive Data-（收信号-）
7	n/c	Not connected（空脚）
8	n/c	Not connected（空脚）

2. 以太网的数据交换

以太网交换机是基于以太网传输数据的交换机，每个端口都直接与主机连接，并且一般都工作在全双工方式下。

（1）MAC 地址

以太网交换机用于连接计算机或其他设备的插口被称为端口。计算机借助网卡通过以太网线连接到以太网交换机的端口上，每个端口都有一个 MAC 地址，由设备生产厂商固化在设备的 EPROM 中。MAC 地址由 IEEE 负责分配，且都是全球唯一的。

MAC 地址由六组数字组成。每组有两个十六进制数字。这些数字用连字符（-）或冒号（：）分隔，并按传输顺序排列，如 01-23-45-67-89-AB 或 01：23：45：67：89：AB。

（2）IP 地址

每个设备都必须有一个 Internet 协议（IP）地址。该地址使设备可以在复杂的路由网络中传输数据。每个 IP 地址分为四段，每段占 8 位，用点分十进制格式表示，如 211.154.184.16。IP 地址的第一部分表示网络 ID（正位于什么网络中），第二部分表示主机 ID（对于网络中的每个设备都是唯一的）。

（3）子网掩码

子网是已连接网络设备的逻辑分组。在局域网（LAN）中，子网中节点之间的物理位置相对接近。掩码（子网掩码或网络掩码）用于定义 IP 子网的边界。子网掩码 255.255.255.0 通常适用于小型本地网络。这就意味着，网络中所有 IP 地址的前 3 个 8 位位组应该是相同的，每个设备均由最后一个 8 位位组（8 位域）标识。例如，小型本地网络为设备分配子网掩码 255.255.255.0 和 IP 地址 192.168.2.0 到 192.168.2.255。

1.3　数据类型与程序结构

1.3.1　物理存储器

西门子 S7-1200 PLC 的物理存储器如下。

装载存储器：非易失性的存储区，用于存储程序、数据和组态信息，类似于计算机的硬盘，具有断电保持功能。

工作存储器：集成在 CPU 中的高速存取 RAM，类似于计算机的内存，断电时，内容丢失。

断电保持存储器：用来防止在关闭电源时丢失数据，可以用不同的方法设置变量的断电保持功能。

存储卡：用来存储程序或传送程序。

1.3.2　基本数据类型

西门子 S7-1200 PLC 的基本数据类型见表 1-2。

表 1-2　西门子 S7-1200 PLC 的基本数据类型

类　型	符　号	位　数	取值范围	举　例
位	Bool	1	1，0	TRUE，FALSE 或 1，0
字节	Byte	8	16#00 ～ 16#FF	16#12，16#AB
字	Word	16	16#0000 ～ 16#FFFF	16#ABCD，16#0001
双字	DWord	32	16#00000000 ～ 16FFFFFFFF	16#02468ACE
字符	Char	8	16#00 ～ 16#FF	'A'，'t'，'@'

续表

类　型	符　号	位　数	取　值　范　围	举　例
有符号字节	SInt	8	$-128 \sim 127$	$123，-123$
整数	Int	16	$-32768 \sim 32767$	$123，-123$
双整数	DInt	32	$-2147483648 \sim 2147483647$	$123，-123$
无符号字节	USInt	8	$0 \sim 255$	123
无符号整数	UInt	16	$0 \sim 65535$	123
无符号双整数	UDInt	32	$0 \sim 4294967295$	123
浮点数（实数）	Real	32	$\pm1.175495\times10^{-38}，\pm3.402823\times10^{38}$	$12.45，-3.4，-1.2E+3$
双精度浮点数	LReal	64	$\pm2.2250738585072020\times10^{-308}，$ $\pm1.7976931348623157\times10^{308}$	$12345.12345，$ $-1.2E+40$
时间	Time	321	T#-24d20h31m23s648ms $\sim$ T#24d20h31m23s648ms	T#1d_2h_15m_30s_45ms

（1）布尔型数据类型

布尔型数据类型是"位"，可被赋予"TRUE"真（"1"）或"FALSE"假（"0"），占用 1 位存储空间。

（2）整型数据类型

整型数据类型可以是 Byte、Word、DWord、SInt、USInt、Int、UInt、DInt 及 UDInt 等。注意，当较长位的数据类型转换为较短位的数据类型时，会丢失高位信息。

（3）实型数据类型

实型数据类型主要包括 32 位或 64 位浮点数。Real 和 LReal 是浮点数，用于显示有理数，可以显示十进制数据，包括小数部分，也可以被描述为指数形式。其中，Real 是 32 位浮点数，LReal 是 64 位浮点数。

（4）时间型数据类型

时间型数据类型主要是 Time，用于输入时间数据。

（5）字符型数据类型

字符型数据类型主要是 Char，占用 8 位，用于输入 16#00~16#FF 的字符。

1.3.3　位、字节、字与双字的寻址

8 位二进制数字组成 1 个字节（Byte），如%MB100 是由%M100.0 ~%M100.7 共 8 位的状态构成的，如图 1-34 所示。

图 1-34　MB100 的构成

西门子 S7-1200 PLC 采用"字节.位"寻址方式，与位逻辑相对应的常见操作数为 I（输入）、Q（输出）及 M（中间变量），均为直接变量，见表 1-3。

表 1-3   直接变量

位置前缀符号	定　义	举　例
I	输入单元位置	%I0.4
Q	输出单元位置	%Q4.1
M	存储器单元位置	%M10.0

根据 IEC61131-3 标准，直接变量由百分数符号%开始，随后是位置前缀符号。如果有分级，则用整数表示分级，用由小数点"."分隔的无符号整数表示直接变量，如%I3.2，如图 1-35 所示。

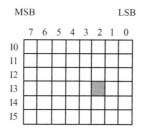

图 1-35　%I3.2 寻址

在一般情况下，以起始字节的地址作为字和双字的地址，起始字节为最高位的字节，%MW100（字）和%MD100（双字）的寻址方式如图 1-36 所示。

图 1-36　%MW100（字）和%MD100（双字）的寻址方式

1.3.4　程序的执行

1. 代码块的种类

在西门子 S7-1200 PLC 中，CPU 支持用 OB、FC、FB、DB 代码块创建程序。

① 组织块（OB），用于定义程序的结构，有些 OB 具有预定义的行为和启动事件，可用于创建自定义启动事件的 OB。

② 函数（FC）和函数块（FB），包含与特定任务或参数组合相对应的程序代码，每个 FC 或 FB 都可以提供一组输入参数和输出参数，用于与调用的代码块共享数据。FB 还可以使用相关联的数据块（DB）保存执行期间的值状态，程序中的其他代码块可以使用这些

值状态。

③ 数据块（DB），用于存储程序可以使用的数据。

程序的执行顺序是，从一个或多个在进入 RUN 模式时运行一次的可选启动组织块（OB）开始，执行一个或多个循环执行的程序循环 OB。OB 也可以与中断事件（可以是标准事件或错误事件）关联，在相应的标准事件或错误事件发生时执行。

2. 程序的结构

在创建用于完成自动化任务的程序时，需要将指令插入代码块。

① 组织块（OB）对应 CPU 中的特定事件，可中断程序的执行。用于循环执行程序的默认组织块（OB 1）为程序提供基本的结构，是唯一一个必须使用的代码块。如果程序中包含其他的 OB，则这些 OB 会中断 OB 1 的执行。其他的 OB 可执行特定的功能，如用于启动任务、处理中断和错误或按特定的时间间隔执行特定的程序。

② 函数块（FB）是调用代码块（OB、FB 或 FC）时执行的子例程，将参数传递给 FB，并标识特定数据块（DB），更改背景 DB，使通用的 FB 控制一组设备的运行。例如，借助包含泵或阀门特定运行参数的不同背景 DB，可用一个 FB 控制多个泵或阀门。

③ 函数（FC）是调用代码块（OB、FB 或 FC）时执行的子例程，将参数传递给 FC，输出值必须写入存储器或全局 DB 中。

根据实际应用要求，程序的结构可以选择线性结构或模块化结构创建，如图 1-37 所示。

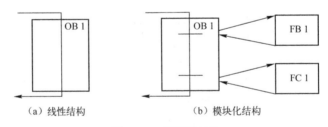

（a）线性结构　　　　　　　（b）模块化结构

图 1-37　程序的结构

程序的线性结构是按顺序逐条执行用于完成自动化任务的所有指令，通常将所有的指令都放入用于循环执行的 OB 1 中。

程序的模块化结构是调用执行特定任务的代码块，将复杂的自动化任务划分为与过程工艺功能相对应的次级任务，每个代码块都为每个次级任务提供程序段，通过调用该代码块可构建复杂的程序。

通过创建重复使用的通用代码块，可简化程序的设计和实现。

通用代码块具有许多优点：

① 可为标准任务创建重复使用的代码块，并存储在不同应用或解决方案使用的库中。

② 可将程序结构解析为模块化组件，易于理解、管理、更新或修改。

③ 可将程序构建为一组模块化程序段，易于调试。

④ 可缩短调试时间。

3. 使用代码块构建程序

当用一个代码块调用另一个代码块时，CPU 会首先执行被调用代码块中的程序，然后继续执行调用位置之后的程序，如图 1-38 所示。

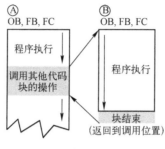

图 1-38　调用示意图

嵌套代码块的调用可以实现更加模块化的结构，如图 1-39 所示。

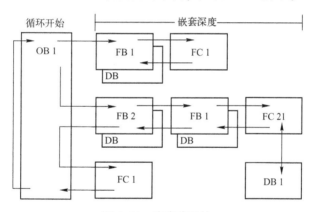

图 1-39　嵌套代码块

1.3.5　控制过程的实现

1. CPU 的三种工作模式

西门子 S7-1200 PLC 的 CPU 有 STOP 模式、STARTUP 模式及 RUN 模式等三种工作模式。

① 在 STOP 模式下，CPU 不执行任何程序，用户可以下载项目。

② 在 STARTUP 模式下，执行一次启动 OB（如果存在），在 RUN 模式的启动阶段不处理任何中断事件。

STARTUP 模式的具体描述如下：只要工作状态从 STOP 模式切换到 RUN 模式，CPU 就会清除过程映像输入、初始化过程映像输出、处理启动 OB。启动 OB 时的指令对过程映像输入进行任何读访问时，读取到的只有 0，不是当前的物理输入值，要在启动模式下读取物理输入的当前状态，就必须先执行立即读取操作，再执行启动 OB 及任何相关的 FC 和 FB。如果存在多个启动 OB，则按照 OB 编号依次执行各启动 OB，OB 编号最小的先执行。

③ 在 RUN 模式下，重复执行扫描周期，中断事件可能会在程序循环阶段的任何位置发生并执行，无法下载任何项目。

CPU 执行的任务如图 1-40 所示。

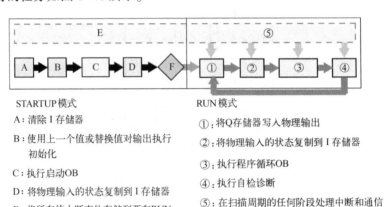

STARTUP 模式
A：清除 I 存储器
B：使用上一个值或替换值对输出执行
　　初始化
C：执行启动 OB
D：将物理输入的状态复制到 I 存储器
E：将所有的中断事件存储到要在 RUN
　　模式下处理的队列中
F：启用 Q 存储器到物理输出的写入操作

RUN 模式
①：将 Q 存储器写入物理输出
②：将物理输入的状态复制到 I 存储器
③：执行程序循环 OB
④：执行自检诊断
⑤：在扫描周期的任何阶段处理中断和通信

图 1-40　CPU 执行的任务

2. OB 实现的功能

在西门子 S7-1200 PLC 中，OB 用于控制程序的执行，每个 OB 的编号必须唯一，200 以下为一些默认 OB 编号，其他 OB 编号必须大于或等于 200。

CPU 中的特定事件将触发 OB 的执行。OB 无法互相调用或通过 FC、FB 调用。只有启动事件（如诊断中断或时间间隔）可以启动 OB 的执行。CPU 按优先等级处理 OB，即先执行优先级较高的 OB，然后执行优先级较低的 OB。最低优先等级为 1（对应主程序循环），最高优先等级为 27（对应时间错误中断）。

OB 实现的功能如下。

（1）程序循环

程序循环在 CPU 处于 RUN 模式时执行，主程序块是程序循环 OB。允许使用多个程序循环 OB，按编号顺序执行。OB 1 是默认程序循环 OB，其他程序循环 OB 必须标识为 OB 200 或更大。

（2）启动

启动 OB 在 CPU 从 STOP 模式切换到 RUN 模式时执行一次，包括处于 RUN 模式时和执行 STOP 模式到 RUN 模式切换命令时，之后执行主程序循环 OB，允许有多个启动 OB。OB 100 是默认启动 OB，其他启动 OB 必须是 OB 200 或更大。

（3）时间延迟

通过启动中断（SRT_DINT）指令组态事件后，时间延迟 OB 将以指定的时间间隔执行。延迟时间在该指令的输入参数中指定。当指定的延迟时间结束时，时间延迟 OB 将中断正常的程序循环。对任何给定的时间最多可以组态 4 个时间延迟事件。每个组态的时间延迟事件只允许对应一个 OB。时间延迟 OB 必须是 OB 200 或更大。

（4）循环中断

循环中断 OB 将按用户定义的时间间隔（如 2s）中断程序循环。最多可以组态 4 个循环中断事件。每个组态的循环中断事件只允许对应一个 OB。该 OB 必须是 OB 200 或更大。

（5）硬件中断

硬件中断在发生相关的硬件事件时执行，包括内置数字输入端的上升沿和下降沿事件及 HSC 事件。硬件中断 OB 将中断正常的程序循环来响应硬件事件，可以在硬件配置的属性中定义事件。每个组态的硬件事件只允许对应一个 OB。该 OB 必须是 OB 200 或更大。

（6）时间错误中断

时间错误中断在检测到时间错误时执行。如果超出最大循环时间，则时间错误中断 OB 将中断正常的程序循环。最大循环时间在 PLC 的属性中定义。OB 80 是唯一支持时间错误事件的 OB。可以组态没有 OB 80 时的动作：忽略错误或切换到 STOP 模式。

（7）诊断错误中断

诊断错误中断在检测到错误和报告诊断错误时执行。如果具有诊断错误功能的模块发现了错误（如果模块已启用诊断错误中断），则诊断错误 OB 将中断正常的程序循环。OB 82 是唯一支持诊断错误事件的 OB。如果程序中没有诊断错误 OB，则可以组态 CPU 使其忽略错误或切换到 STOP 模式。

第2章 用西门子 S7-1200 PLC 实现对指示灯的控制

【导读】

西门子 S7-1200 PLC 位逻辑指令处理的对象为二进制位信号，主要包括触点指令、线圈指令、位操作指令及位检测指令。这些指令都是实现逻辑控制的基本指令。一般首先根据控制要求列出真值表，然后列出 PLC 输入/输出的逻辑表达式，即可画出合理的梯形图。西门子 S7-1200 PLC 可以使用定时器指令创建可编程的延迟时间，如预设宽度时间的脉冲定时器（TP）、接通延迟定时器（TON）、关断延迟定时器（TOF）及保持型接通延迟定时器（TONR），还可以使用加计数器（CTU）、减计数器（CTD）和加/减计数器（CTUD）等软件计数器。本章还介绍了各种数据的比较、运算、移动等指令。

2.1 位逻辑指令

2.1.1 概述

位逻辑指令是实现逻辑控制的基本指令。西门子 S7-1200 PLC 的位逻辑指令主要包括触点指令、线圈指令、位操作指令及位检测指令，见表 2-1。

表 2-1 位逻辑指令

指令形式	功能	指令形式	功能
—| |—	常开触点（地址）	—(S)—	置位线圈
—|/|—	常闭触点（地址）	—(R)—	复位线圈
—( )—	输出线圈	—(SET_BF)—	置位域
—(/)—	取反线圈	—(RESET_BF)—	复位域
—|NOT|—	取反逻辑	—| P |—	P 触点，上升沿检测
RS 置位优先型 RS 触发器		—| N |—	N 触点，下降沿检测
		—(P)—	P 线圈，上升沿
		—(N)—	N 线圈，下降沿
SR 复位优先型 SR 触发器		P_TRIG (CLK Q)	在信号上升沿置位输出
		N_TRIG (CLK Q)	在信号下降沿置位输出

2.1.2 逻辑"与""或""非"操作

位逻辑指令是按照一定的控制要求,对"0""1"两个布尔操作数(Bool)进行逻辑组成,可以构成"与""或""非"等逻辑操作,并将结果送入存储器状态字的逻辑运算结果(RLO)。

图 2-1 为逻辑"与"梯形图。表 2-2 为对应的逻辑"与"真值表。

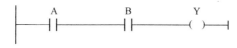

图 2-1 逻辑"与"梯形图

图 2-2 为逻辑"或"梯形图。表 2-3 为对应的逻辑"或"真值表。

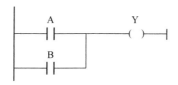

图 2-2 逻辑"或"梯形图

图 2-3 为逻辑"非"梯形图。表 2-4 为对应的逻辑"非"真值表。

图 2-3 逻辑"非"梯形图

表 2-2 逻辑"与"真值表

A	B	Y
0	0	0
0	1	0
1	0	0
1	1	1

表 2-3 逻辑"或"真值表

A	B	Y
0	0	0
0	1	1
1	0	1
1	1	1

表 2-4 逻辑"非"真值表

A	Y
0	1
1	0

需要注意的是,西门子 S7-1200 PLC 内部输入触点(I)的闭合与断开仅与输入映像寄存器相应位的状态有关,与外部输入按钮、接触器、继电器常开/常闭触点的实际接线无关。如果输入映像寄存器的相应位为"1",则内部的常开触点闭合,常闭触点断开。如果输入映像寄存器的相应位为"0",则内部的常开触点断开,常闭触点闭合。

典型的逻辑"与""或"控制示意图如图 2-4 所示。

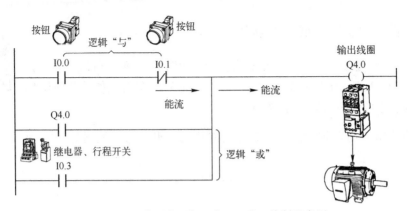

图 2-4　典型的逻辑"与""或"控制示意图

2.1.3　取反线圈与取反逻辑

取反线圈指令运算（/）是对逻辑运算结果（RLO）进行取反，并将结果分配给指定的操作数。取反逻辑操作（ ⊣NOT⊢ ）是对逻辑运算结果（RLO）进行取反。图 2-5 为取反线圈与取反逻辑运算结果示例。图中，当 I1.1 和 I1.2 的信号状态为"1"，或 I2.1 的信号状态为"1"时，Q4.0 的信号状态为"0"；当 I1.1、I1.2、I2.2 的信号状态为"1"，或 I2.1、I2.2 的信号状态为"1"时，Q4.1 的信号状态为"0"。

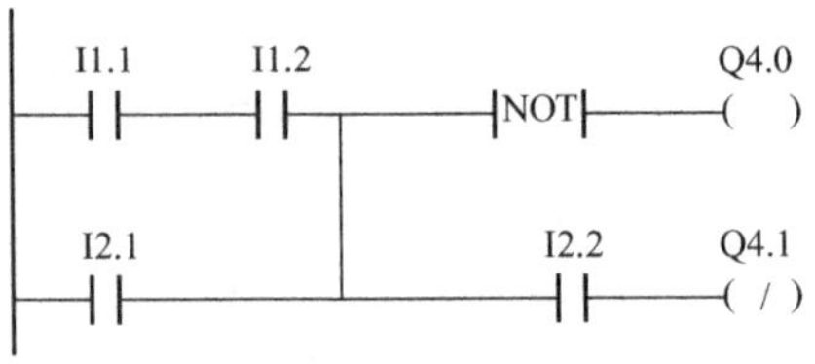

图 2-5　取反线圈与取反逻辑运算结果示例

图 2-6 为取反逻辑操作示例。图中，只有当 I0.0 和 I0.1 相"与"的结果为"0"或 I0.2 为"1"时，与 I0.3、I0.4 相"与"的结果为"1"，Q4.0 的信号状态为"0"；否则，Q4.0 的信号状态为"1"。

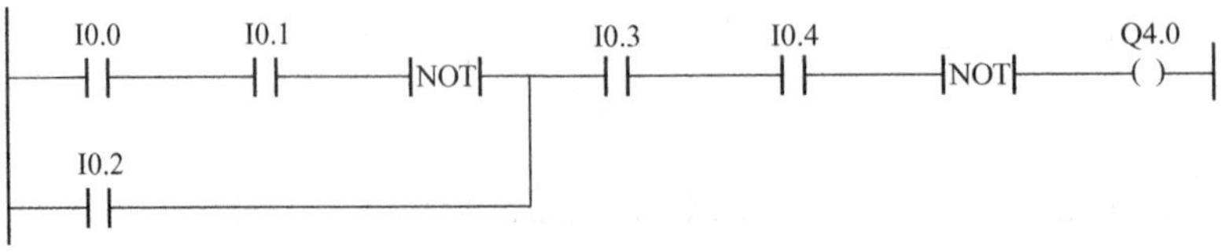

图 2-6　取反逻辑操作示例

2.1.4　置位和复位

置位指令和复位指令根据 RLO 决定被寻址位的信号状态是否需要改变：〔 〕–(R) 为复位输出，即输出为"0"；〔 〕–(S) 为置位输出，即输出为"1"；〔 〕RESET_BF 为复位域指令，将从指定地址开始的连续若干个地址复位（变为"0"状态并保持）；〔 〕SET_BF 为置位域指令，将从指定地址开始的连续若干个地址置位（变为"1"状态并保持）。

除了以上 4 个置位、复位指令，西门子 S7-1200 PLC 还提供了两个双稳态触发器，如图 2-7 所示，即 SR 复位优先触发器和 RS 置位优先触发器。表 2-5 为 SR 复位优先触发器真值表，当置位信号和复位信号都有效时，复位信号优先，输出线圈不接通。表 2-6 为 RS 置位优先触发器真值表，当置位信号和复位信号都有效时，置位信号优先，输出线圈接通。其中，S 连接置位输入，R 连接复位输入，置位、复位输入均为高电平状态有效。

<操作数>　　　　　　　　<操作数>

（a）SR复位优先触发器　　　　　（b）RS置位优先触发器

图 2-7　双稳态触发器

表 2-5　SR 复位优先触发器真值表

S	R1	Q
0	1	0
1	0	1
1	1	0
0	0	不变

表 2-6　RS 置位优先触发器真值表

R	S1	Q
0	1	1
1	0	0
1	1	1
0	0	不变

双稳态触发器应用示例如图 2-8 所示。

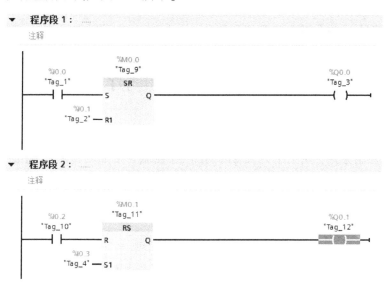

图 2-8　双稳态触发器应用示例

在程序段 1 中，如果 I0.0 的信号状态为"1"，I0.1 的信号状态为"0"，则置位存储器 M0.0，Q0.0 的信号状态为"1"；如果 I0.0 的信号状态为"0"，I0.1 的信号状态为"1"，则复位存储器 M0.0，Q0.0 的信号状态为"0"；如果 I0.0、I0.1 的信号状态均为"0"，则 Q0.0 的信号状态不变化；如果 I0.0、I0.1 的信号状态均为"1"，则复位存储器 M0.0，Q0.0 的信号状态"0"。

在程序段 2 中，如果 I0.2 的信号状态为 "1"，I0.3 的信号状态为 "0"，则复位存储器 M0.1，Q0.1 的信号状态为 "0"；如果 I0.2 的信号状态为 "0"，I0.3 的信号状态为 "1"，则置位存储器 M0.1，Q0.1 的信号状态为 "1"；如果 I0.2、I0.3 的信号状态均为 "0"，则 Q0.1 的信号状态不变化；如果 I0.2、I0.3 的信号状态均为 "1"，则置位存储器 M0.1，Q0.1 的信号状态为 "1"。

2.1.5　边沿识别指令

如图 2-9 所示，当边沿的信号状态变化时，就会产生跳变沿：当边沿的信号状态从 "0" 变到 "1" 时，产生一个上升沿（正跳沿）；当边沿的信号状态从 "1" 变到 "0" 时，产生一个下降沿（负跳沿）。每个扫描周期都把信号状态与前一个扫描周期的信号状态进行比较，若不同，则表明有一个跳变沿。因此，前一个扫描周期的信号状态必须存储，以便与新的信号状态进行比较。

图 2-9　跳变沿

在西门子 S7-1200 PLC 指令中：-|P|- 指令表示上升沿触点输入信号；-|N|- 指令表示下降沿触点输入信号；-(P)- 指令表示置位操作；-(N)- 指令表示复位操作。-(P)- 指令和 -(N)- 指令的输出长度均为一个程序周期。

2.1.6　【实例 2】用三个开关控制一个照明灯

1. PLC 控制任务说明

采用 PLC 控制方式，用三个开关 S1、S2、S3 控制一个照明灯 EL，任何一个开关都可以控制照明灯 EL 的亮/灭。

2. 输入/输出元件

表 2-7 为【实例 2】的输入/输出元件及其控制功能。

表 2-7　【实例 2】的输入/输出元件及其控制功能

PLC 软元件		元件符号/名称	控制功能
输入	I1.0	S1/开关 1	控制照明灯
	I1.2	S2/开关 2	控制照明灯
	I1.4	S3/开关 3	控制照明灯
输出	Q0.0	EL/照明灯	照明

3. 电气接线图

【实例 2】采用西门子 S7-1200 PLC 的 CPU 1214C DC/DC/DC 模块进行控制，电气接线图如图 2-10 所示。将电源部分省略后，【实例 2】简化电气接线图如图 2-11 所示（如无特殊说明，后面章节中介绍的电气接线图均为简化电气接线图）。

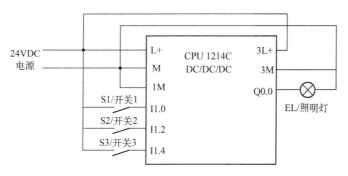

图 2-10　【实例 2】电气接线图

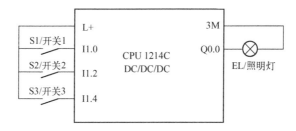

图 2-11　【实例 2】简化电气接线图

4. PLC 编程

经分析可知，只有一个开关闭合时，照明灯亮，若另外一个开关闭合，则照明灯灭，推而广之，有奇数个开关闭合时，照明灯亮，偶数个开关闭合时，照明灯灭。根据控制要求列出真值表，见表 2-8。

表 2-8　【实例 2】真值表

S3	S2	S1	EL
0	0	0	0
0	0	1	1
0	1	0	1
0	1	1	0
1	0	0	1
1	0	1	0
1	1	0	0
1	1	1	1

根据表 2-8 和图 2-11，可以列出 PLC 输入/输出的逻辑表达式为

$$Q0.0 = \overline{I1.4} \cdot \overline{I1.2} \cdot I1.0 + \overline{I1.4} \cdot I1.2 \cdot \overline{I1.0} + I1.4 \cdot \overline{I1.2} \cdot \overline{I1.0} + I1.4 \cdot I1.2 \cdot I1.0$$

$$= \overline{I1.4}(\overline{I1.2} \cdot I1.0 + I1.2 \cdot \overline{I1.0}) + I1.4(\overline{I1.2} \cdot \overline{I1.0} + I1.2 \cdot I1.0) \qquad (2-1)$$

表 2-9 为【实例 2】的变量定义。根据式（2-1）可以画出【实例 2】的梯形图，如图 2-12 所示。

表 2-9　【实例 2】的变量定义

名称	变量表	数据类型	地址
开关1	默认变量表	Bool	%I1.0
开关2	默认变量表	Bool	%I1.2
开关3	默认变量表	Bool	%I1.4
照明灯	默认变量表	Bool	%Q0.0

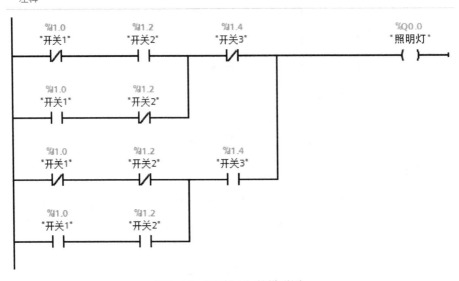

图 2-12　【实例 2】的梯形图

2.1.7　【实例 3】用四个开关控制一个照明灯

1. PLC 控制任务说明

采用 PLC 控制方式，用四个开关 S1、S2、S3、S4 控制一个照明灯 EL，任何一个开关都可以控制照明灯 EL 的亮/灭。

2. 输入/输出元件

表 2-10 为输入/输出元件及其控制功能。

表 2-10　输入/输出元件及其控制功能

PLC 软元件		元件符号/名称	控制功能
输入	I0.0	S1/开关 1	控制照明灯
	I0.1	S2/开关 2	控制照明灯
	I0.2	S3/开关 3	控制照明灯
	I0.3	S4/开关 4	控制照明灯
输出	Q0.0	EL/照明灯	照明

3. 电气接线图

根据表 2-10 可以画出【实例 3】简化电气接线图，如图 2-13 所示。

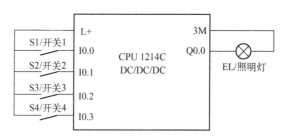

图 2-13　【实例 3】简化电气接线图

4. PLC 编程

与【实例 2】一样，有奇数个开关闭合时，照明灯亮，有偶数个开关闭合时，照明灯灭。根据控制要求列出【实例 3】真值表，见表 2-11。

表 2-11　【实例 3】真值表

S4	S3	S2	S1	EL
0	0	0	0	0
0	0	0	1	1
0	0	1	0	1
0	0	1	1	0
0	1	0	0	1
0	1	0	1	0
0	1	1	0	0
0	1	1	1	1
1	0	0	0	1
1	0	0	1	0
1	0	1	0	0
1	0	1	1	1
1	1	0	0	0
1	1	0	1	1
1	1	1	0	1
1	1	1	1	0

根据表 2-11 和图 2-13，可以列出 PLC 输入/输出的逻辑表达式为

$$Q0.0 = I0.0 \cdot \overline{I0.1} \cdot \overline{I0.2} \cdot \overline{I0.3} + I0.0 \cdot I0.1 \cdot \overline{I0.2} \cdot I0.3 + I0.0 \cdot \overline{I0.1} \cdot I0.2 \cdot I0.3 +$$

$$\overline{I0.0} \cdot I0.1 \cdot I0.2 \cdot I0.3 + \overline{I0.0} \cdot I0.1 \cdot \overline{I0.2} \cdot \overline{I0.3} + I0.0 \cdot \overline{I0.1} \cdot I0.2 \cdot \overline{I0.3} +$$

$$I0.0 \cdot I0.1 \cdot \overline{I0.2} \cdot \overline{I0.3} + \overline{I0.0} \cdot I0.1 \cdot I0.2 \cdot \overline{I0.3}$$

$$= (I0.0 \cdot \overline{I0.1} + \overline{I0.0} \cdot I0.1) \cdot \overline{I0.2} \cdot \overline{I0.3} + (I0.2 \cdot \overline{I0.3} + \overline{I0.2} \cdot I0.3) \cdot I0.0 \cdot \overline{I0.1} +$$

$$(I0.0 \cdot \overline{I0.1} + \overline{I0.0} \cdot I0.1) \cdot I0.2 \cdot I0.3 + (I0.2 \cdot \overline{I0.3} + \overline{I0.2} \cdot I0.3) \cdot \overline{I0.0} \cdot I0.1$$

$$= (I0.0 \cdot \overline{I0.1} + \overline{I0.0} \cdot I0.1)(\overline{I0.2} \cdot \overline{I0.3} + I0.2 \cdot I0.3) +$$

$$(\overline{I0.0} \cdot \overline{I0.1} + I0.0 \cdot I0.1)(I0.2 \cdot \overline{I0.3} + \overline{I0.2} \cdot I0.3) \qquad (2-2)$$

根据式（2-2）可以画出【实例 3】的梯形图，如图 2-14 所示。

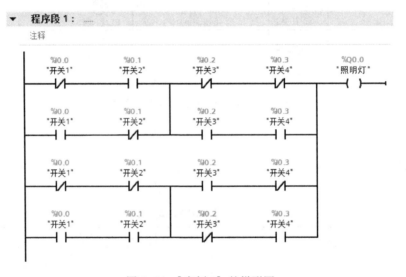

图 2-14　【实例 3】的梯形图

2.1.8　【实例 4】抢答器

1. PLC 控制任务说明

抢答器有三个输入，分别为 I0.0、I0.1 和 I0.2，输出分别为 Q4.0、Q4.1 和 Q4.2，复位输入为 I0.4。任务要求：三个人任意抢答，谁先按按钮，谁的指示灯就亮，且只能亮一个指示灯，进行下一个问题时，主持人按复位按钮，抢答重新开始。

2. 输入/输出元件

表 2-12 为输入/输出元件及其控制功能。

表 2-12　输入/输出元件及其控制功能

PLC 软元件		元件符号/名称	控制功能
输入	I0.0	SB1/抢答按钮 1	1#抢答
	I0.1	SB2/抢答按钮 2	2#抢答
	I0.2	SB3/抢答按钮 3	3#抢答
	I0.4	SB4/复位按钮	主持人复位
输出	Q4.0	EL1/1#抢答	抢答指示灯
	Q4.1	EL2/2#抢答	抢答指示灯
	Q4.2	EL3/3#抢答	抢答指示灯

3. 电气接线图

根据表 2-12 可以画出【实例 4】简化电气接线图，如图 2-15 所示。

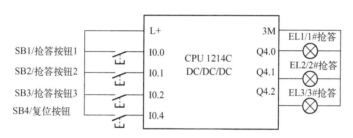

图 2-15　【实例 4】简化电气接线图

4. PLC 编程

由表 2-12 可知，输出 Q4.0 ～ Q4.2 的起始地址与前面所讲实例的表示不同，需要在 PLC 的属性中进行 I/O 地址重新设置，如图 2-16 所示，将输出起始地址由 "0" 改为 "4"。

根据控制要求，需要采用双稳态触发器进行编程。表 2-13 为【实例 4】的变量表。需要注意的是，除了输入、输出变量，还增加了中间变量 M0.0 ～ M0.2，即 SR 双稳态触发器的地址。

【实例 4】的梯形图如图 2-17 所示。程序段 1 可以实现 SB1/抢答按钮 1 的抢答逻辑，采用 SR 复位优先触发器，输出指示灯为 Q4.0，复位按钮为 I0.4。程序段 2 可以实现 SB2/抢答按钮 2 的抢答逻辑，原理同抢答按钮 1。程序段 3 可以实现 SB3/抢答按钮 3 的抢答逻辑。

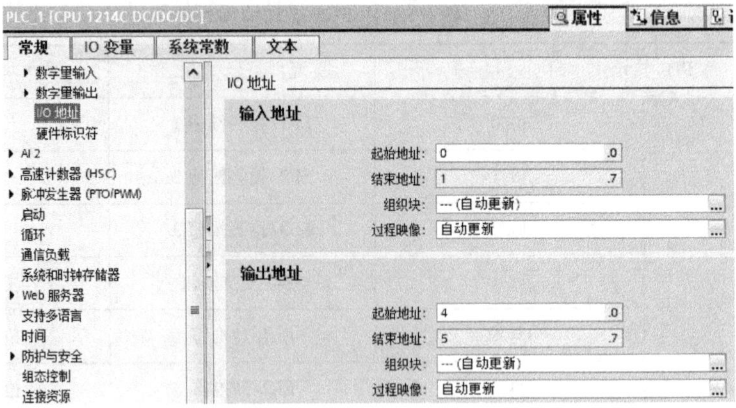

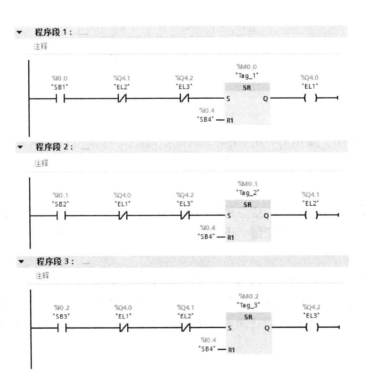

图 2-16 I/O 地址重新设置

表 2-13 【实例 4】的变量表

名称	变量表	数据类型	地址
SB1	默认变量表	Bool	%I0.0
SB2	默认变量表	Bool	%I0.1
SB3	默认变量表	Bool	%I0.2
SB4	默认变量表	Bool	%I0.4
EL1	默认变量表	Bool	%Q4.0
EL2	默认变量表	Bool	%Q4.1
EL3	默认变量表	Bool	%Q4.2
Tag_1	默认变量表	Bool	%M0.0
Tag_2	默认变量表	Bool	%M0.1
Tag_3	默认变量表	Bool	%M0.2

图 2-17 【实例 4】的梯形图

2.2　定时器

2.2.1　定时器的种类

定时器指令可用于创建可编程延迟时间。西门子 S7-1200 PLC 有 4 种常用的定时器。

① TP：脉冲定时器，可生成具有预设宽度时间的脉冲。

② TON：接通延迟定时器，设置输出 Q 在预设的延迟时间后为 ON。

③ TOF：关断延迟定时器，重置输出 Q 在预设的延迟时间后为 OFF。

④ TONR：保持型接通延迟定时器，设置输出 Q 在预设的延迟时间后为 ON，可以进行累积计时，直至 R 信号进行复位。

2.2.2　TON

如图 2-18 所示，选择"定时器操作"中的 TON，将其拖入程序段，这时就会跳出一个"调用选项"窗口，如图 2-19 所示，选择"自动"编号后，直接生成 DB1 数据块，也可以选择"手动"编号，根据用户需要生成 DB 数据块。

图 2-18　选择 TON

在"项目树"界面的"程序块"中可以看到自动生成的 IEC_Timer_0_DB［DB1］数据块，如图 2-20 所示，双击进入，即可读取 DB1 数据块，变量见表 2-14。

TON 指令形式如图 2-21 所示。TON 的参数及数据类型见表 2-15。在表 2-15 中，参数 IN 由 0 跳变为 1 时将启用 TON。

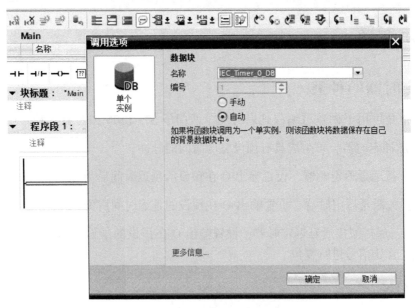

图 2-19　"调用选项"窗口

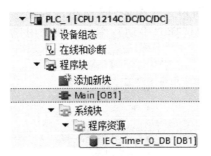

图 2-20　数据块的位置

表 2-14　DB1 数据块的变量

	名称		数据类型	起始值
1	▼ Static			
2		PT	Time	T#0ms
3		ET	Time	T#0ms
4		IN	Bool	false
5		Q	Bool	false

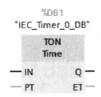

图 2-21　TON 指令形式

表 2-15　TON 的参数及数据类型

参　数	数据类型	说　明
IN	Bool	启用定时器输入
PT	Bool	输入预设的时间
Q	Bool	定时器输出
ET	Time	输出经过的时间

在 TON 指令形式中，PT（预设的时间）和 ET（经过的时间）用有符号、双精度的 32 位整数形式表示，见表 2-16。Time 数据类型使用 T#标识符，用简单时间单元 "T#200ms" 或复合时间单元 "T#2s_200ms" 输入。

表 2-16　Time 数据类型

形　式	标　识　符
32 位整数	T#-24d_20h_31m_23s_648ms 到 T#24d_20h_31m_23s_647ms T#-2 147 483 648ms 到 T#+2 147 483 647ms

TON 的应用与时序图分别如图 2-22 和图 2-23 所示。在时序图中，PT=5s。

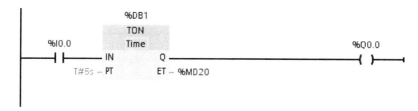

图 2-22　TON 的应用

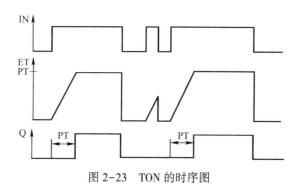

图 2-23　TON 的时序图

2.2.3　TOF

图 2-24 和图 2-25 分别为 TOF 的应用和时序图。在时序图中，PT=10s。

2.2.4　TP

TP 的应用如图 2-26 所示，时序图如图 2-27 所示。在时序图中，PT=5s。

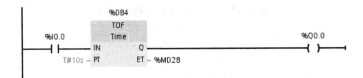

图 2-24 TOF 的应用

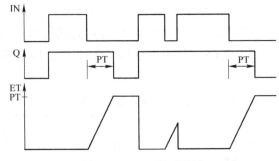

图 2-25 TOF 的时序图

图 2-26 TP 的应用

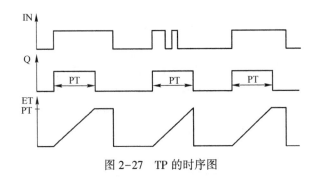

图 2-27 TP 的时序图

2.2.5 【实例 5】 延时开、延时关的指示灯

1. PLC 控制任务说明

按下启动按钮 I0.0，5s 后，指示灯 Q0.0 亮；按下停止按钮 I0.1，10s 后，指示灯 Q0.0 灭。

2. 电气接线图

图 2-28 为【实例 5】简化电气接线图。

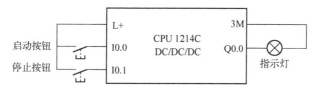

图 2-28　【实例 5】简化电气接线图

3. PLC 编程

根据任务说明，需要设置两个定时器，即延时开的定时器 1 和延时关的定时器 2，并设置不同的 PT 值。【实例 5】的梯形图如图 2-29 所示。

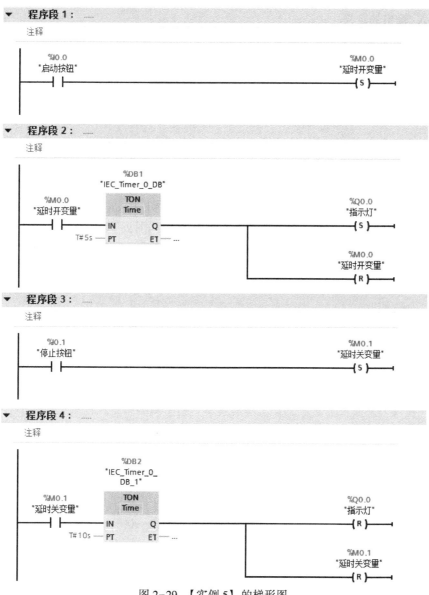

图 2-29　【实例 5】的梯形图

程序段 1 将启动按钮置位延时开变量 M0.0。程序段 2 对 M0.0 进行 TON 定时 5s，延时到后，指示灯 Q0.0 亮，同时将延时开变量 M0.0 复位。程序段 3 将停止按钮启动信号置位延时关变量 M0.1。程序段 4 对 M0.1 变量进行 TON 定时 10s，延时到后，指示灯 Q0.0 灭，同时将延时关变量 M0.1 复位。

2.2.6　【实例6】按一定频率闪烁的指示灯

1. PLC 控制任务说明

采用【实例5】简化电气接线图，当按下启动按钮 I0.0 时，指示灯 Q0.0 按照亮 3s、灭 2s 的频率闪烁，按下停止按钮 I0.1 时，指示灯 Q0.0 停止闪烁后熄灭。

2. 输入/输出的定义

表 2-17 为输入/输出的定义。

表 2-17　输入/输出的定义

名称	数据类型	地址 ▲
启动按钮	Bool	%I0.0
停止按钮	Bool	%I0.1
指示灯	Bool	%Q0.0

3. PLC 编程

根据任务说明，需要设置两个定时器，【实例6】的梯形图如图 2-30 所示。闪烁指示灯的高、低电平时间分别由两个定时器的 PT 值确定，时序图如图 2-31 所示。程序段 1 用于启动按钮为 ON 时，置位指示灯 Q0.0 和中间变量 M0.0。程序段 2 在指示灯 Q0.0 变为 ON 时进行

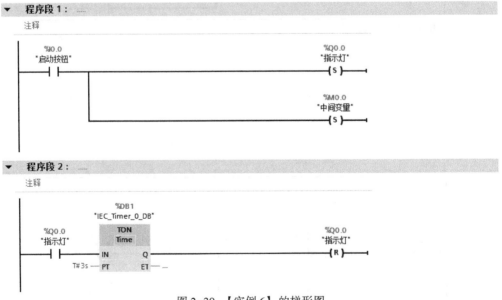

图 2-30　【实例6】的梯形图

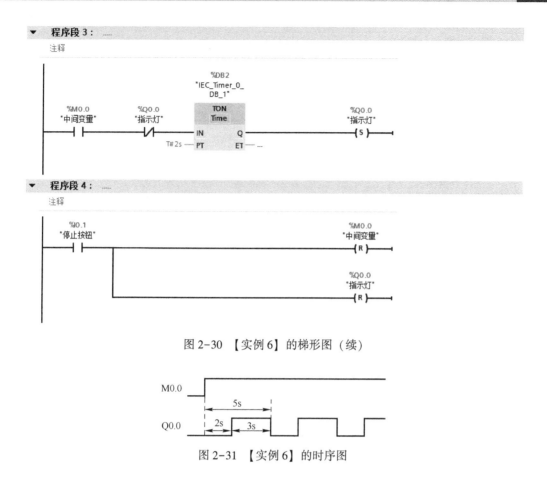

图 2-30　【实例 6】的梯形图（续）

图 2-31　【实例 6】的时序图

TON 定时（此为定时器 1），定时时间为 3s，时间到后，指示灯灭。程序段 3 是中间变量 M0.0 继续 ON、指示灯 Q0.0 为 OFF 的情况下，进行 TON 定时（此为定时器 2），定时时间为 2s，时间到后，指示灯亮。如果程序段 2 和程序段 3 循环执行，则指示灯 Q0.0 就会按任务要求进行闪烁。程序段 4 是停止按钮被按下后，指示灯 Q0.0 和中间变量 M0.0 均被复位。

【实例 6】也可以采用 TP 进行编程，梯形图如图 2-32 所示，引入两个定时器中间变量，在程序段 2 和程序段 3 之间循环执行，形成脉冲。

图 2-32　采用 TP 的梯形图

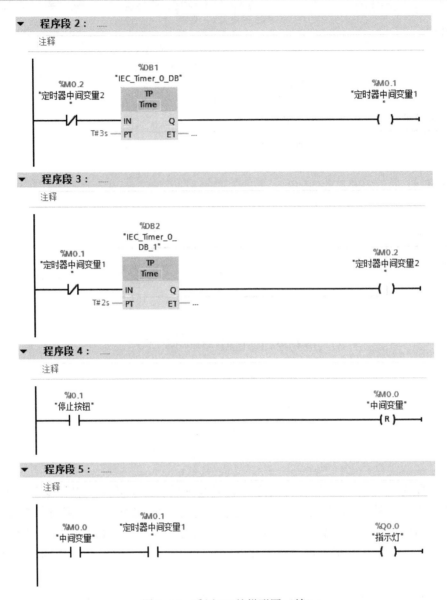

图 2-32　采用 TP 的梯形图（续）

2.3　计数器

2.3.1　计数器的种类

如图 2-33 所示，西门子 S7-1200 PLC 有 3 种计数器：加计数器（CTU）、减计数器（CTD）和加/减计数器（CTUD）。它们都属于软件计数器，最高计数速率受所在组织块执行速率的限制。如果需要速率更高的计数器，则可以使用 CPU 内置的高速计数器。

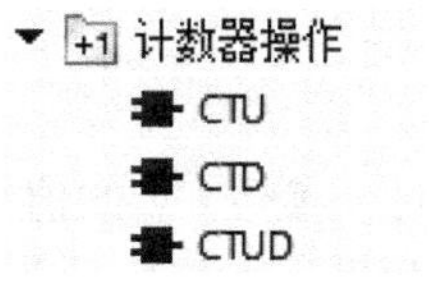

N

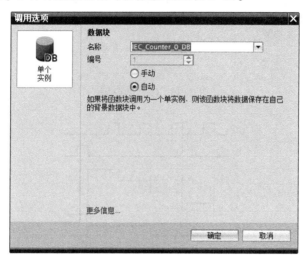

图 2-33　计数器的种类

在调用计数器时，需要生成保存计数器数据的背景数据块，如图 2-34 所示。在如图 2-35 所示中，CU 和 CD 分别是加计数器的输入和减计数器的输入，在 CU 或 CD 由 0 变为 1 时，实际计数值 CV 加 1 或减 1；当复位输入 R 为 1 时，计数器被复位，CV 被清 0，计数器的输出 Q 变为 0。3 种计数器的指令参数说明见表 2-18。

图 2-34　生成数据块

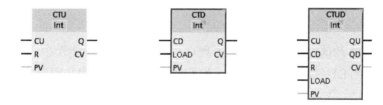

图 2-35　3 种计数器的指令形式

表 2-18　3 种计数器的指令参数说明

参　　数	数 据 类 型	说　　明
CU、CD	Bool	加计数或减计数，按加 1 或减 1 计数
R（CTU、CTUD）	Bool	将计数值重置为 0
LOAD（CTD、CTUD）	Bool	预设值的装载控制
PV	SInt、Int、DInt、USInt、UInt、UDInt	预设计数值
Q、QU	Bool	CV>=PV 时为真
QD	Bool	CV<=0 时为真
CV	SInt、Int、DInt、USInt、UInt、UDInt	当前计数值

2.3.2 CTU

当 CTU 参数 CU 的值由 0 变为 1 时，参数 CV 的值加 1。如果参数 CV（当前计数值）的值大于或等于参数 PV（预设计数值）的值，则 CTU 输出参数 Q＝1。如果复位参数 R 的值由 0 变为 1，则将当前计数值复位为 0。图 2-36 和图 2-37 分别为 CTU 的应用及时序图。

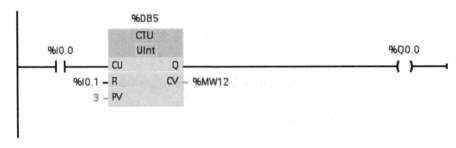

图 2-36　CTU 的应用

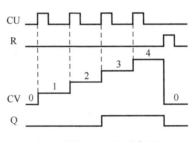

图 2-37　CTU 的时序图

2.3.3 CTD

当 CTD 参数 CD 的值由 0 变为 1 时，参数 CV 的值减 1。如果参数 CV（当前计数值）的值等于或小于 0，则 CTD 输出参数 Q＝1。如果参数 LOAD 的值由 0 变为 1，则参数 PV（预设值）的值将作为新 CV（当前计数值）的值装载到 CTD。图 2-38 和图 2-39 分别为 CTD 的应用及时序图。

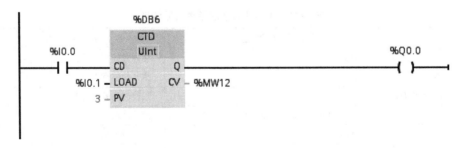

图 2-38　CTD 的应用

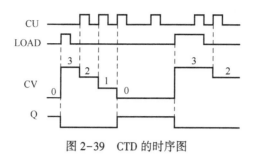

图 2-39　CTD 的时序图

2.3.4　CTUD

当 CTUD 参数 CU 的值或参数 CD 的值由 0 跳变为 1 时，参数 CV 的值加 1 或减 1。如果参数 CV（当前计数值）的值大于或等于参数 PV（预设计数值）的值，则 CTUD 输出参数 QU = 1。如果参数 CV 的值小于或等于 0，则 CTUD 输出参数 QD = 1。如果参数 LOAD 的值由 0 变为 1，则参数 PV（预设计数值）的值将作为新 CV（当前计数值）的值装载到 CTUD。如果复位参数 R 的值由 0 变为 1，则将当前计数值复位为 0。图 2-40 和图 2-41 分别为 CTUD 的应用及时序图。

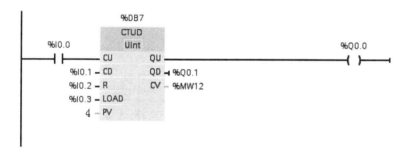

图 2-40　CTUD 的应用

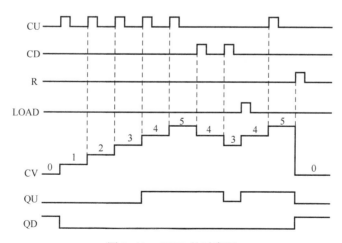

图 2-41　CTUD 的时序图

2.3.5 【实例7】 生产线产量计数

1. PLC 控制任务说明

图 2-42 为生产线产量计数的应用。该应用通过传感器（I0.0）的信号进行计数。如果产量计数为 10，则指示灯（Q0.0）亮。如果产量计数为 15，则指示灯（Q0.0）闪烁。复位按钮为 I0.1。

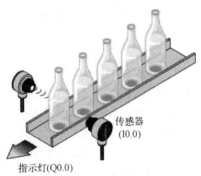

图 2-42 生产线产量计数的应用

2. 电气接线图

图 2-43 为生产线产量计数应用的电气接线图。

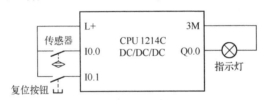

图 2-43 生产线产量计数应用的电气接线图

3. PLC 编程

图 2-44 为生产线产量计数应用的梯形图，需要设置两个计数器和两个定时器。其中，

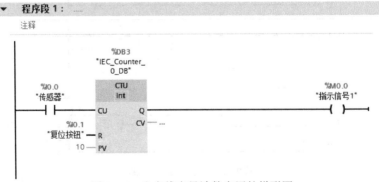

图 2-44 生产线产量计数应用的梯形图

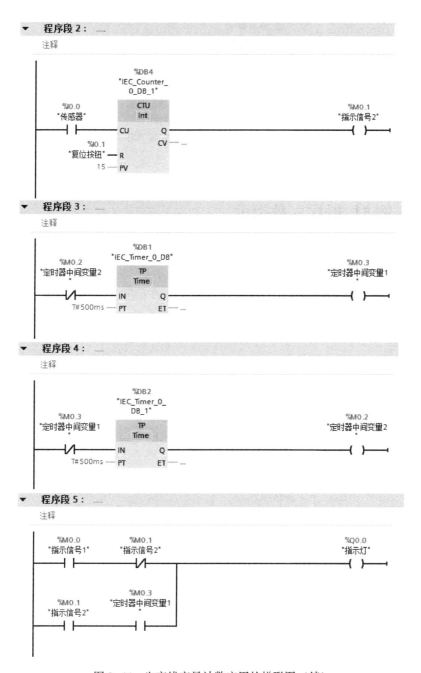

图 2-44　生产线产量计数应用的梯形图（续）

计数器 1 用于计数 10（具体为程序段 1）；计数器 2 用于计数 15（具体为程序段 2）；给定时器 1 和定时器 2 设置不同的 PT 值，可以组成闪烁（振荡）电路（具体为程序段 3、程序段 4）。DB 共有 4 个，分别对应计数器和定时器，如图 2-45 所示。

图 2-45　4 个 DB

2.3.6　【实例 8】展厅人数指示

1. PLC 控制任务说明

现有一展厅，最多可容纳 50 人同时参观。展厅进口和出口各装一个传感器，每当有一人进出，传感器就给出一个脉冲信号。试编程实现如下功能：当展厅内不足 50 人时，绿灯亮，表示可以进入；当展厅满 50 人时，红灯亮，表示不准进入。

2. 电气接线图

图 2-46 为展厅人数指示的电气接线图。表 2-19 为输入/输出元件及其控制功能。

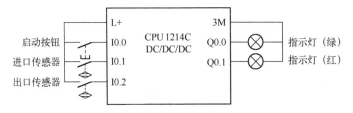

图 2-46　展厅人数指示的电气接线图

表 2-19　输入/输出元件及其控制功能

输 入 元 件	功　能	输 出 元 件	功　能
I0.0	启动按钮	Q0.0	指示灯（绿）
I0.1	进口传感器	Q0.1	指示灯（红）
I0.2	出口传感器		

3. PLC 编程

图 2-47 为展厅人数指示的梯形图，需要设置 1 个 CTUD 计数器（程序段 1）。其中，CU 连接进口传感器，计算进入展厅的人数；CD 连接出口传感器，计算走出展厅的人数。程序段 2 为绿灯亮，表示可以进入。程序段 3 为红灯亮，表示不准进入。

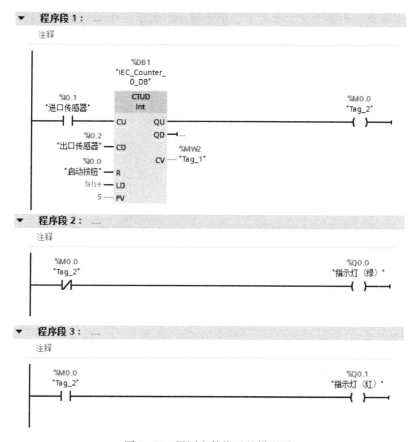

图 2-47　展厅人数指示的梯形图

2.4　比较、运算和移动指令

2.4.1　比较指令

如图 2-48 所示，西门子 S7-1200 PLC 有 10 个比较操作，用来比较数据类型相同的两个操作数的大小。操作数可以是 I/Q/M/L/D 存储区中的变量或常量。当满足比较关系式给出的条件时，等效触点就会接通。

图 2-48　比较操作

表 2-20 为等于、不等于、大于等于、小于等于、大于、小于等 6 种比较指令触点的满足条件。

表 2-20　6 种比较指令触点的满足条件

指　　令	关系类型	满足条件时比较结果为真
⊣ == ??? ⊢	=（等于）	IN1 等于 IN2
⊣ <> ??? ⊢	<>（不等于）	IN1 不等于 IN2
⊣ >= ??? ⊢	>=（大于等于）	IN1 大于等于 IN2
⊣ <= ??? ⊢	<=（小于等于）	IN1 小于等于 IN2
⊣ > ??? ⊢	>（大于）	IN1 大于 IN2
⊣ < ??? ⊢	<（小于）	IN1 小于 IN2

这里以"等于"比较指令为例进行说明。如图 2-49（a）所示，可以使用"等于"比较指令确定第一个比较值（<操作数 1>）是否等于第二个比较值（<操作数 2>），通过比较指令右上角的三角选择关系类型，如图 2-49（b）所示，通过右下角的三角选择数据类型，如整数、实数等，如图 2-49（c）所示。

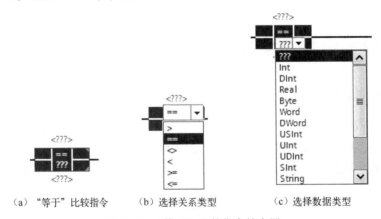

（a）"等于"比较指令　　（b）选择关系类型　　（c）选择数据类型

图 2-49　"等于"比较指令的应用

如果满足条件，则返回比较结果（RLO）"1"。如果不满足条件，则返回比较结果（RLO）"0"。比较结果（RLO）通过以下方式与当前路径的比较结果（RLO）进行逻辑运算：

① 串联比较指令，采用"与"运算；

② 并联比较指令，采用"或"运算。

指定比较指令上方操作数占位符中的第一个比较值（<操作数 1>）。指定比较指令下方操作数占位符中的第二个比较值（<操作数 2>）。比较字符串通过字符的 ASCII 码进行比较，如"a"大于"A"，从左到右执行比较，第一个不同的字符决定比较结果。

表 2-21 为值在范围内、值在范围外、检查有效性、检查无效性等 4 种比较指令的满足条件。

表 2-21　4 种比较指令的满足条件

指　　令	关 系 类 型	满足条件时比较结果为真
IN_RANGE ??? — MIN — VAL — MAX	IN_RANGE （值在范围内）	MIN<=VAL<=MAX
OUT_RANGE ??? — MIN — VAL — MAX	OUT_RANGE （值在范围外）	VAL<MIN 或 VAL>MAX
─┤OK├─	OK(检查有效性)	输入值为有效 REAL 数
─┤NOT_OK├─	NOT_OK(检查无效性)	输入值不是有效 REAL 数

2.4.2　运算指令

ADD、SUB、MUL、DIV 分别是加、减、乘、除等运算指令。操作数的数据类型有 SInt、Int、Dint、USInt、UInt、UDInt、Real。在运算过程中，操作数的数据类型应该相同。

1. 加（ADD）指令

西门子 S7-1200 PLC 的加（ADD）指令可以从"基本指令"下的"数学函数"中直接添加，如图 2-50（a）所示，根据如图 2-50（b）所示选择数据类型，将输入 IN1 的值与输入 IN2 的值相加，在输出 OUT（OUT = IN1+IN2）处查询相加结果。

在初始状态下，在指令框中至少包含两个输入（IN1 的值和 IN2 的值），可以用鼠标单击图符 ❋ 扩展输入数目，如图 2-50（c）所示，按升序对扩展的输入进行编号，当执行加（ADD）指令时，将所有输入参数的值相加，相加结果存储在输出 OUT 中。

表 2-22 列出了加（ADD）指令的参数。根据参数说明，只有使能输入 EN 的信号状态为"1"时才能执行加（ADD）指令。如果成功执行了加（ADD）指令，则使能输出 ENO 的信号状态为"1"。如果满足下列条件之一，则使能输出 ENO 的信号状态为"0"：

① 使能输入 EN 的信号状态为"0"；

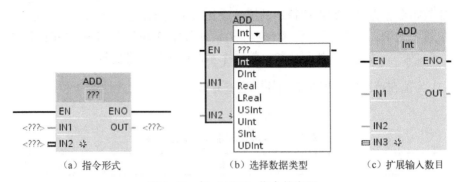

（a）指令形式　　　　（b）选择数据类型　　　（c）扩展输入数目

图 2-50　加（ADD）指令的应用

② 指令结果超出输出 OUT 指定数据类型的允许范围；

③ 浮点数为无效值。

表 2-22　加（ADD）指令的参数

参　数	声　明	数据类型	存　储　区	说　明
EN	输入	Bool	I、Q、M、D、L	使能输入
ENO	输出	Bool	I、Q、M、D、L	使能输出
IN1	输入	整数、浮点数	I、Q、M、D、L 或常数	要相加的第一个数
IN2	输入	整数、浮点数	I、Q、M、D、L 或常数	要相加的第二个数
INn	输入	整数、浮点数	I、Q、M、D、L 或常数	可选输入值
OUT	输出	整数、浮点数	I、Q、M、D、L	相加结果

图 2-51 举例说明了加（ADD）指令的工作原理：如果操作数%I0.0 的信号状态为"1"，则执行加（ADD）指令，将操作数%IW64 的值与%IW66 的值相加，相加结果存储在操作数%MW0 中。如果加（ADD）指令执行成功，则使能输出 ENO 的信号状态为"1"，同时置位输出%Q0.0。

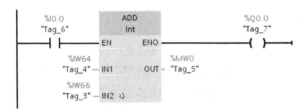

图 2-51　加（ADD）指令的工作原理

2. 减（SUB）指令

如图 2-52 所示，可以使用减（SUB）指令从输入 IN1 的值中减去输入 IN2 的值，并在输出 OUT（OUT = IN1-IN2）处查询相减结果。减（SUB）指令的参数与加（ADD）指令的参数相同。

图 2-53 举例说明了减（SUB）指令的工作原理：如果操作数%I0.0 的信号状态为"1"，则执行减（SUB）指令，从操作数%IW64 的值中减去%IW66 的值，并将相减结果存

储在操作数%MW0 中。如果减（SUB）指令执行成功，则使能输出 ENO 的信号状态为"1"，同时置位输出%Q0.0。

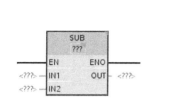

图 2-52　减（SUB）指令形式

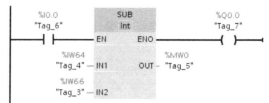

图 2-53　减（SUB）指令的工作原理

3. 乘（MUL）指令

如图 2-54 所示，可以使用乘（MUL）指令将输入 IN1 的值乘以输入 IN2 的值，并在输出 OUT（OUT = IN1 * IN2）处查询相乘结果，与加（ADD）指令一样，可以在指令框中扩展输入数目，按升序对扩展的输入进行编号。表 2-23 为乘（MUL）指令的参数。

图 2-54　乘（MUL）指令形式

表 2-23　乘（MUL）指令的参数

参　　数	声　　明	数据类型	存　储　区	说　　明
EN	输入	Bool	I、Q、M、D、L	使能输入
ENO	输出	Bool	I、Q、M、D、L	使能输出
IN1	输入	整数、浮点数	I、Q、M、D、L 或常数	乘数
IN2	输入	整数、浮点数	I、Q、M、D、L 或常数	被乘数
INn	输入	整数、浮点数	I、Q、M、D、L 或常数	可选输入值
OUT	输出	整数、浮点数	I、Q、M、D、L	相乘结果

图 2-55 举例说明了乘（MUL）指令的工作原理：如果操作数%I0.0 的信号状态为"1"，则执行乘（MUL）指令，将操作数%IW64 的值乘以操作数 IN2 的常数值"4"，相乘结果存储在操作数%MW20 中。如果成功执行乘（MUL）指令，则输出 ENO 的信号状态为"1"，并将置位输出%Q0.0。

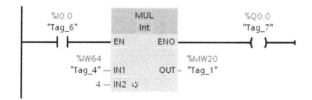

图 2-55　乘（MUL）指令的工作原理

4. 除（DIV）指令和返回余数（MOD）指令

除（DIV）指令和返回余数（MOD）指令形式如图 2-56 所示。前者是返回相除后的商。后者是返回相除后的余数。需要注意的是，MOD 指令只有在整数相除时才能应用。

图 2-56 除（DIV）指令和返回余数（MOD）指令形式

图 2-57 举例说明了除（DIV）指令和返回余数（MOD）指令的工作原理：如果操作数 %I0.0 的信号状态为"1"，则执行除（DIV）指令，用操作数 %IW64 的值除以操作数 IN2 的常数值"4"，相除后的商存储在操作数 %MW20 中，余数存储在操作数 %MW30 中。

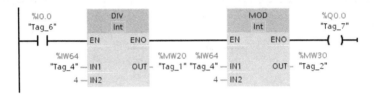

图 2-57 除（DIV）指令和返回余数（MOD）指令的工作原理

除了上述运算指令，西门子 S7-1200 PLC 还有 NEG、INC、DEC、ABS 等运算指令，具体说明如下。

① NEG：将输入 IN 的值取反，保存在 OUT 中。

② INC 和 DEC：将参数 IN/OUT 的值分别加 1 和减 1。

③ ABS：求输入 IN 的值中有符号整数或实数的绝对值。

浮点数函数运算的梯形图及对应的描述见表 2-24。需要注意的是，三角函数指令和反三角函数指令的角度均为以弧度为单位的浮点数。

表 2-24　浮点数函数运算的梯形图及对应的描述

梯形图	描述	梯形图	描述
SQR	平方	TAN	正切函数
SQRT	平方根	ASIN	反正弦函数
LN	自然对数	ACOS	反余弦函数
EXP	自然指数	ATAN	反正切函数
SIN	正弦函数	FRAC	求浮点数的小数部分
COS	余弦函数	EXPT	求浮点数的普通对数

2.4.3　移动指令

移动指令可将数据元素复制到新的存储器地址，并从一种数据类型转换为另一种数据类型，在移动过程中不更改数据元素。常见的移动指令形式和功能见表 2-25。

表 2-25　移动指令形式和功能

指 令 形 式	功 能
MOVE EN　ENO IN　OUT1	将存储在指定地址的数据元素复制到新地址
MOVE_BLK EN　ENO IN　OUT COUNT	将数据元素块复制到新地址的可中断移动，用参数 COUNT 指定要复制的数据元素块的个数
UMOVE_BLK EN　ENO IN　OUT COUNT	将数据元素块复制到新地址的不可中断移动，用参数 COUNT 指定要复制的数据元素块的个数

1. MOVE

MOVE 的应用如图 2-58 所示，可将 IN 输入端操作数中的数据元素 %MW20 传送到 OUT1 输出端的操作数 %MW40 中，并始终沿地址升序方向传送。表 2-26 列出了 MOVE 可传送的数据类型。

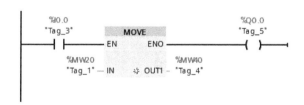

图 2-58　MOVE 的应用

表 2-26　MOVE 可传送的数据类型

参　　数	声　　明	数据类型	存 储 区	说 明
EN	输入	Bool	I、Q、M、D、L	使能输入
ENO	输出	Bool	I、Q、M、D、L	使能输出
IN	输入	位字符串、整数、浮点数、定时器、Date、Time、Tod、Dtl、Char、Struct、Array	I、Q、M、D、L 或常数	数据元素
OUT1	输出	位字符串、整数、浮点数、定时器、Date、Time、Tod、Dtl、Char、Struct、Array	I、Q、M、D、L	传送数据元素中的操作数

若 IN 输入端数据元素的位长度超出了 OUT1 输出端数据元素的位长度，则在传送数据元素时多出来的有效位会丢失。若 IN 输入端数据元素的位长度小于 OUT1 输出端数据元素的位长度，则用 0 填充少的有效位。

在初始状态，在指令框中包含 1 个输出端（OUT1），可以用鼠标单击图符 ❊ 扩展输出端数目，并按升序排列扩展输出端数目，在执行 MOVE 指令时，可将 IN 输入端操作数中的数据元素传送到所有可用的输出端。如果传送结构化数据类型（Dtl，Struct，Array）或字符串（String）的字符，则无法扩展输出端数目。

MOVE 只有在使能输入 EN 的信号状态为 "1" 时才能够执行。在这种情况下，输出 ENO 的信号状态为 "1"。若 EN 的信号状态为 "0"，则将 ENO 使能输出复位为 "0"。

2. MOVE_BLK

如图 2-59 所示，使用 MOVE_BLK（块移动）指令可将存储区（源区域）中的数据元素块复制到其他存储区（目标区域），用参数 COUNT 指定待复制数据元素块的个数用 IN 输入端数据元素块的宽度指定待复制数据元素块的宽度，按地址升序执行操作。

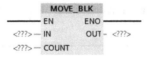

图 2-59　MOVE_BLK（块移动）指令形式

【练习 2-1】 相同数据类型数组之间的复制。

首先在 TIA 软件中添加新数据类型，如图 2-60 所示，如定义 a_array 为 10 个字节的数组，即 Array[0..9]of Byte。数组的数据类型和数组限值可以通过如图 2-61 所示进行修改。

图 2-60　添加新数据类型

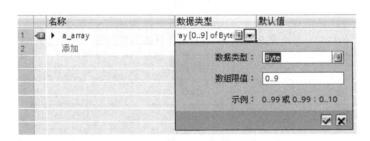

图 2-61　修改数组的数据类型和数组限值

一旦添加新数据类型，即可添加新数据块，如图 2-62 所示。在添加时，选择如图 2-60 所示中定义的数据类型，即 a_array，则 DB1 中就有了一个 a_array 数组。同理，可以添加另外一个数据类型为 b_array、有 20 个字节的数组，即 Array[0..19]of Byte，并添加一个 DB2。

图 2-63 为 MOVE_BLK（块移动）指令的工作原理，就是利用 MOVE_BLK（块移动）指令，将 DB1 中的 a_array[2]到 a_array[4]共 3 个数据元素复制到 DB2 中以 b_array[7]开始

的 3 个地址中。

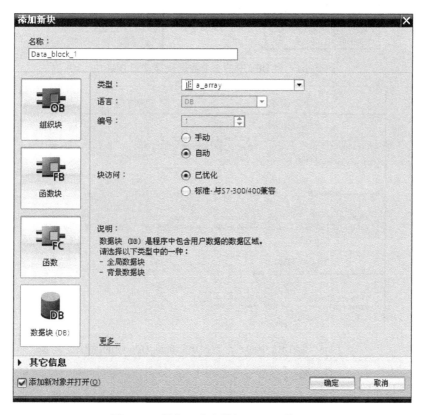

图 2-62　添加一个含数组 a_array 的 DB

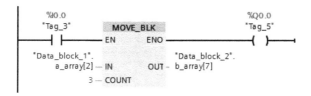

图 2-63　MOVE_BLK（块移动）指令的工作原理

【练习 2-2】 不同数据类型数组之间的复制。

如果想在数据块中存储不同数据类型的数组（如位、字节、字、双整数或实数等），并且将这些数组复制到另一个数据块中，则必须将数据块结构化，以便有可能将所有数据类型中相同数据类型的数组依次存储起来。

所有相同数据类型的变量（如字节等）必须在数组变量中集成一组（块）后，才可以使用 MOVE_BLK（块移动）指令将一个数组变量中的所有数据块复制到另一个数据块中，如图 2-64 所示，即将 DB3 中的 5 个数据块移动到 DB4 中。图 2-65 为其梯形图。

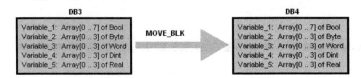

图 2-64　将 DB3 中的 5 个数据块移动到 DB4 中

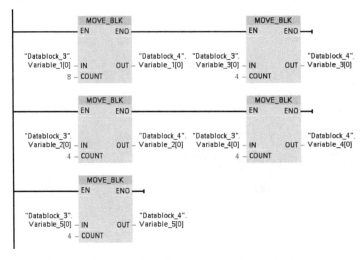

图 2-65　将 DB3 中的 5 个数据块移动到 DB4 中的梯形图

3. UMOVE_BLK

如图 2-66 所示，使用 UMOVE_BLK（无中断块移动）指令可将存储区（源区域）中的数据元素块复制到其他存储区（目标区域），用参数 COUNT 指定待复制数据元素块的个数，用 IN 输入端数据元素块的宽度指定待复制数据元素块的宽度按地址升序执行操作。

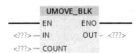

图 2-66　UMOVE_BLK（无中断块移动）指令形式

4. FILL_BLK 和 SWAP

除上述 3 个移动指令外，填充块指令（FILL_BLK，UFILL_BLK）和交换指令（SWAP）也可以当作特殊情况的移动指令，见表 2-27。

表 2-27　填充块指令和交换指令及其功能

指　令	功　能
FILL_BLK — EN　　ENO — — IN　　OUT — — COUNT	可中断填充块指令，使用指定数据元素的副本填充地址范围，用参数 COUNT 指定要填充数据元素的个数
UFILL_BLK — EN　　ENO — — IN　　OUT — — COUNT	不可中断填充块指令，使用指定数据元素的副本填充地址范围，用参数 COUNT 指定要填充数据元素的个数

指　　令	功　　能
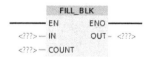	交换指令，用于调换两个字节和 4 个字节数据元数的字节顺序，不改变每个字节的位顺序，需要指定数据类型

图 2-67 为 FILL_BLK 指令形式，用输入 IN 的值填充一个存储区域（目标区域），用输出 OUT 指定的起始地址填充目标区域，用参数 COUNT 指定填充操作的次数。

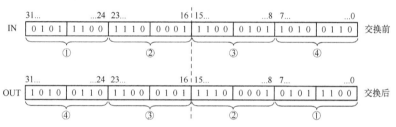

图 2-67　FILL_BLK 指令形式

使用 SWAP 指令可以更改输入 IN 的值中字节的顺序，在输出 OUT 中查询结果。图 2-68 为 SWAP 指令的执行操作。表 2-28 为 SWAP 指令的参数。

图 2-68　SWAP 指令的执行操作

表 2-28　SWAP 指令的参数

参　　数	声　　明	数据类型	存　储　区	说　　明
EN	输入	Bool	I、Q、M、D、L	使能输入
ENO	输出	Bool	I、Q、M、D、L	使能输出
IN	输入	Word，DWord	I、Q、M、D、L 或常数	要交换字节的操作数
OUT	输出	Word，DWord	I、Q、M、D、L	结果

【练习 2-3】　在选择开关 %I0.0 为 ON 时将 %MW20 字节的高低进行交换，并送入 %MW40。

图 2-69 为梯形图。表 2-29 为执行 SWAP 指令后的结果。如果操作数 %I0.0 的信号状态为 "1"，则执行 SWAP 指令，更换 %MW20 的字节顺序，并存储在操作数 %MW40 中。如果成功执行了 SWAP 指令，则输出 ENO 的信号状态为 "1"，并置位输出 %Q0.0。

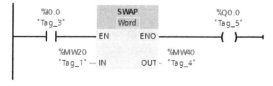

图 2-69　梯形图

表 2–29　执行 SWAP 指令后的结果

参　　数	操　作　数	结　　　果
IN	%MW20	0000 1111 0101 0101
OUT	%MW40	0101 0101 1111 0000

2.4.4 【实例9】单按钮控制灯

1. PLC 控制任务说明

用比较指令和计数器编写开/关灯的程序，要求控制按钮 I0.0 被按下一次，灯 Q0.0 亮，被按下两次，灯 Q0.0、Q0.1 全亮，被按下三次，灯 Q0.0、Q0.1 全灭，如此循环。

2. 电气接线图

图 2-70 为单按钮控制灯的电气接线图。表 2-30 为输入/输出元件及其控制功能。

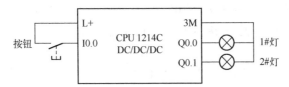

图 2-70　单按钮控制灯的电气接线图

表 2–30　输入/输出元件及其控制功能

输 入 元 件	功　　能	输 出 元 件	功　　能
I0.0	按钮	Q0.0	1#灯
		Q0.1	2#灯

3. PLC 编程

图 2-71 为单按钮控制灯的梯形图。在梯形图中，所用的计数器都为加法计数器，当加到 3 时，必须复位计数器。程序段 1 为根据按钮上升沿的情况进行计数。其中，PV=10，是大于 3 的任意数，因为到了 3 就被复位。程序段 2 为计数值=1，1#灯 Q0.0 亮。程序段 3 为计数值=2，1#灯 Q0.0、2#灯 Q0.1 全亮。程序段 4 为计数值=3，1#灯 Q0.0、2#灯 Q0.1 全灭，且通过 M0.0 复位计数器。

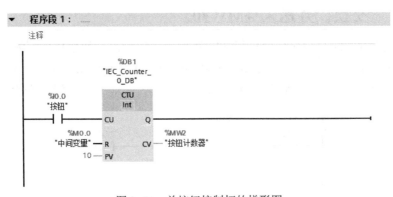

图 2-71　单按钮控制灯的梯形图

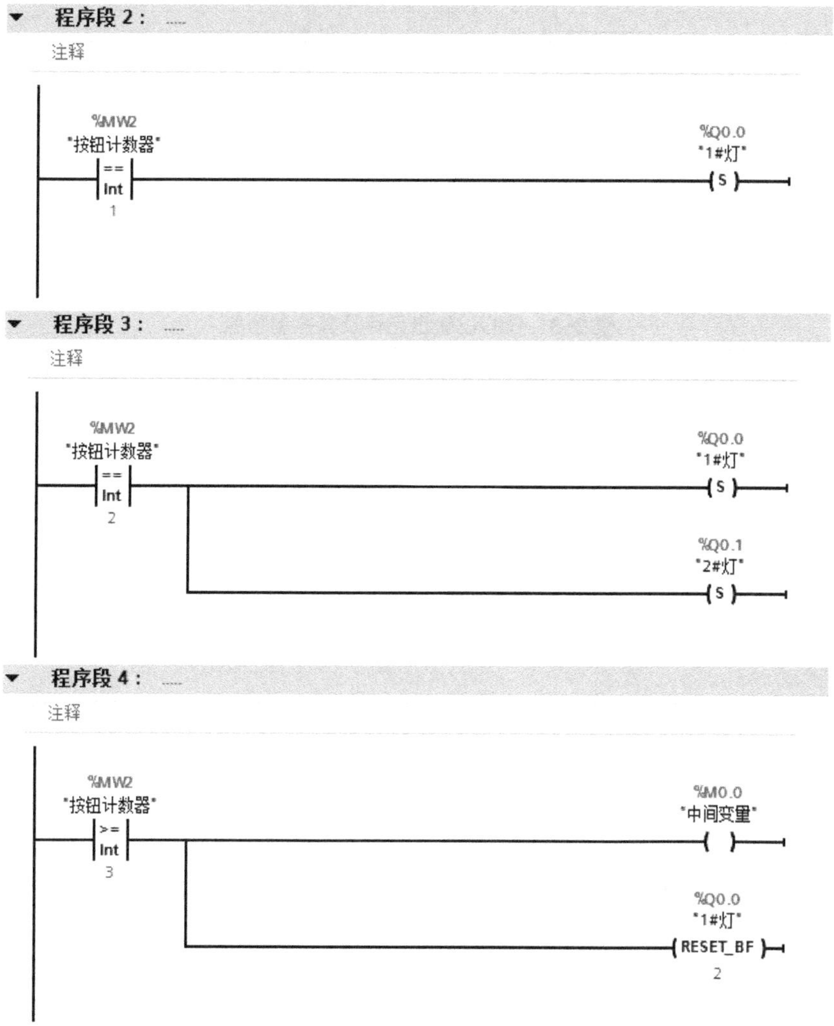

图 2-71　单按钮控制灯的梯形图（续）

2.4.5　【实例 10】用一个按钮控制四个灯（先亮后灭）

1. PLC 控制任务说明

用一个按钮控制四个灯，以达到控制灯的亮灭。用 PLC 组成一个控制器，每按一次按钮，增加一个灯亮，待四个灯全亮后，每按一次按钮，灭一个灯，灭的顺序是先亮的那个灯后灭、后亮的那个灯先灭。

2. 电气接线图

图 2-72 为用一个按钮控制四个灯的电气接线图。表 2-31 为输入/输出元件及其控制功能。

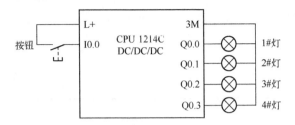

图 2-72   用一个按钮控制四个灯的电气接线图

表 2-31   输入/输出元件及其控制功能

输 入 元 件	功　能	输 出 元 件	功　能
I0.0	按钮	Q0.0	1#灯
		Q0.1	2#灯
		Q0.2	3#灯
		Q0.3	4#灯

3. PLC 编程

　　根据任务要求，设置一个状态值变量 MW0，当 MW0 = 0 时开始，按下按钮，MW0 依次加 1（INC 指令），直至 MW0 = 4，进入灯逐个亮的过程；待 MW0 = 4 后，进入灯逐个灭的过程，此时，MW0 依次减 1（DEC 指令），直至 MW0 = 0，进行下一个循环。

　　【实例 10】的程序相对比较复杂，为了能够确保程序的正常执行，MW0 在初始状态时必须为 0，引入一个 OB100，以便进行初始化。程序是从头至尾按顺序循环执行的，一个循环被称为一个扫描周期，如图 2-73 所示。

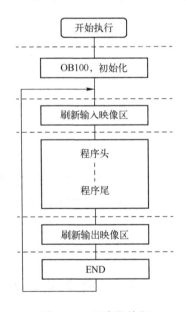

图 2-73   程序的执行

在上电运行或复位时，OB100 初始化一次，完成如下任务：刷新输入/输出映像区；自诊断；清除数据区；分配输入/输出映像区的地址；等等。

"添加新块"界面如图 2-74 所示，在如图 2-75 所示中选择"组织块"中的"Startup"，即 OB100 后，就可以在正常的 OB1 中进行梯形图的编程，将"0"移动到状态值变量 MW0 中，如图 2-76 所示。

图 2-74　"添加新块"界面

图 2-75　添加组织块 OB100

先亮后灭的控制方式可以得出如下规律：当 MW0＝1 时，1#灯 Q0.0 亮；当 MW0＝2 时，1#灯 Q0.0、2#灯 Q0.1 亮；当 MW0＝3 时，1#灯 Q0.0、2#灯 Q0.1、3#灯 Q0.2 亮；当 MW0＝4 时，1#灯 Q0.0、2#灯 Q0.1、3#灯 Q0.2、4#灯 Q0.3 亮。这个规律可以使用"＞＝"比较指令实现，梯形图如图 2-77 所示。程序段 1 是当 MW0＝0 时，灯逐个亮，M10.0 为 ON。程序段 2 是当 M10.0 为 ON 时，按下按钮进行计数，1～3，为灯亮的过程。程序段 3 是当 M10.0 为 OFF 时，按下按钮进行计数，3～1，为灯灭的过程。程序段 4 是当 MW0＝4 时，复位 M10.0。程序段 5～程序段 8 为根据 MW0 的不同值，显示不同灯的状态。

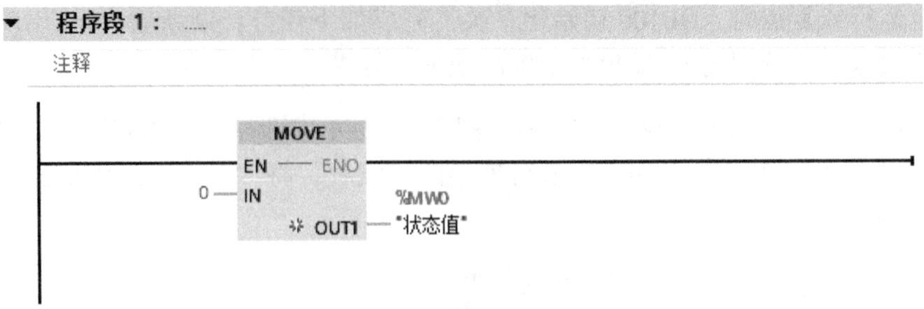

▼ **程序段 1:** ……

注释

图 2-76　OB100 的梯形图

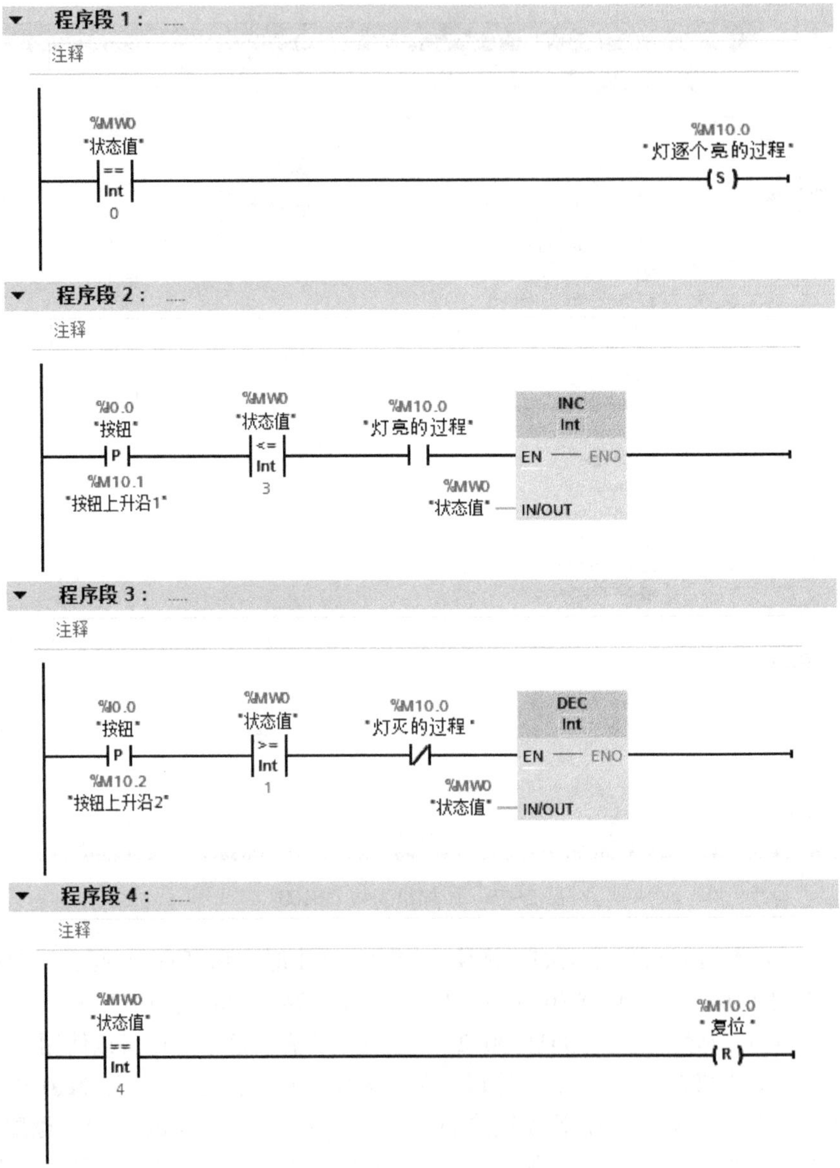

▼ **程序段 1:** ……

注释

▼ **程序段 2:** ……

注释

▼ **程序段 3:** ……

注释

▼ **程序段 4:** ……

注释

图 2-77　先亮后灭控制方式的梯形图

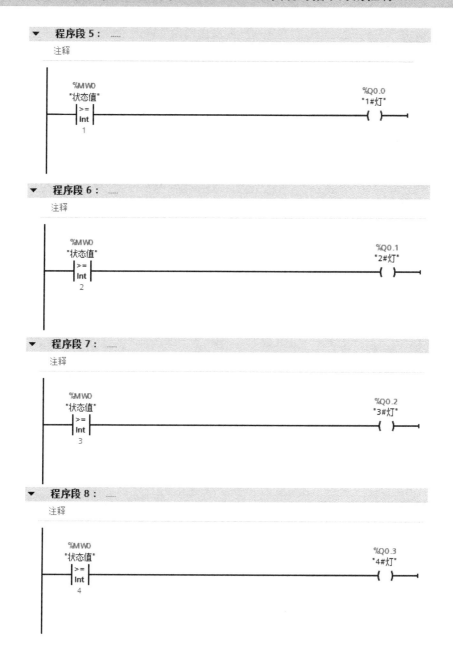

图 2-77　先亮后灭控制方式的梯形图（续）

2.4.6　【实例 11】用一个按钮控制四个灯（先亮先灭）

1. PLC 控制任务说明

用一个按钮控制四个灯，以达到控制灯的亮灭。用 PLC 组成一个控制器，每按一次按钮，增加一个灯亮，待四个灯全亮后，每按一次按钮，灭一个灯，灭的顺序是先亮的那个灯先灭、后亮的那个灯后灭。

2. PLC 编程

【实例 11】的电气接线图和 I/O 定义与【实例 10】一样。状态值 MW0 的变化规律也是相同的。唯一的区别在于输出控制的灯不同，分为灯逐个亮的过程和灯逐个灭的过程。

在灯逐个亮的过程中：当 MW0=1 时，1#灯 Q0.0 亮；当 MW0=2 时，1#灯 Q0.0、2#灯 Q0.1 亮；当 MW0=3 时，1#灯 Q0.0、2#灯 Q0.1、3#灯 Q0.2 亮；当 MW0=4 时，1#灯 Q0.0、2#灯 Q0.1、3#灯 Q0.2、4#灯 Q0.3 亮。在灯逐个灭的过程中：当 MW0=3 时，2# 灯 Q0.1、3#灯 Q0.2、4#灯 Q0.3 亮；当 MW0=2 时，3#灯 Q0.2、4#灯 Q0.3 亮；当 MW0=1 时，4#灯 Q0.3 亮；当 MW0=0 时，全灭。

OB100 相同，OB1 前的四个程序段也是相同的，【实例 11】梯形图与【实例 10】梯形图的主要区别为程序段 5～程序段 8，如图 2-78 所示。

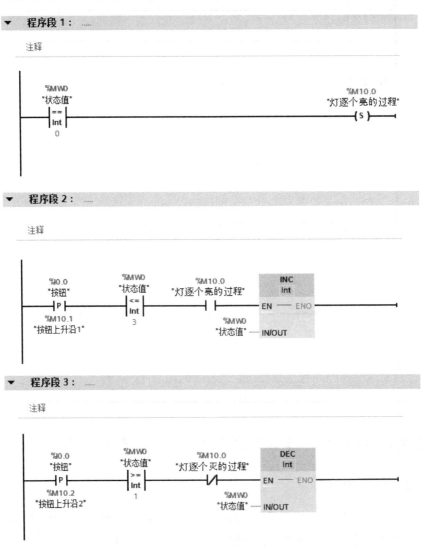

图 2-78　先亮先灭控制方式的梯形图

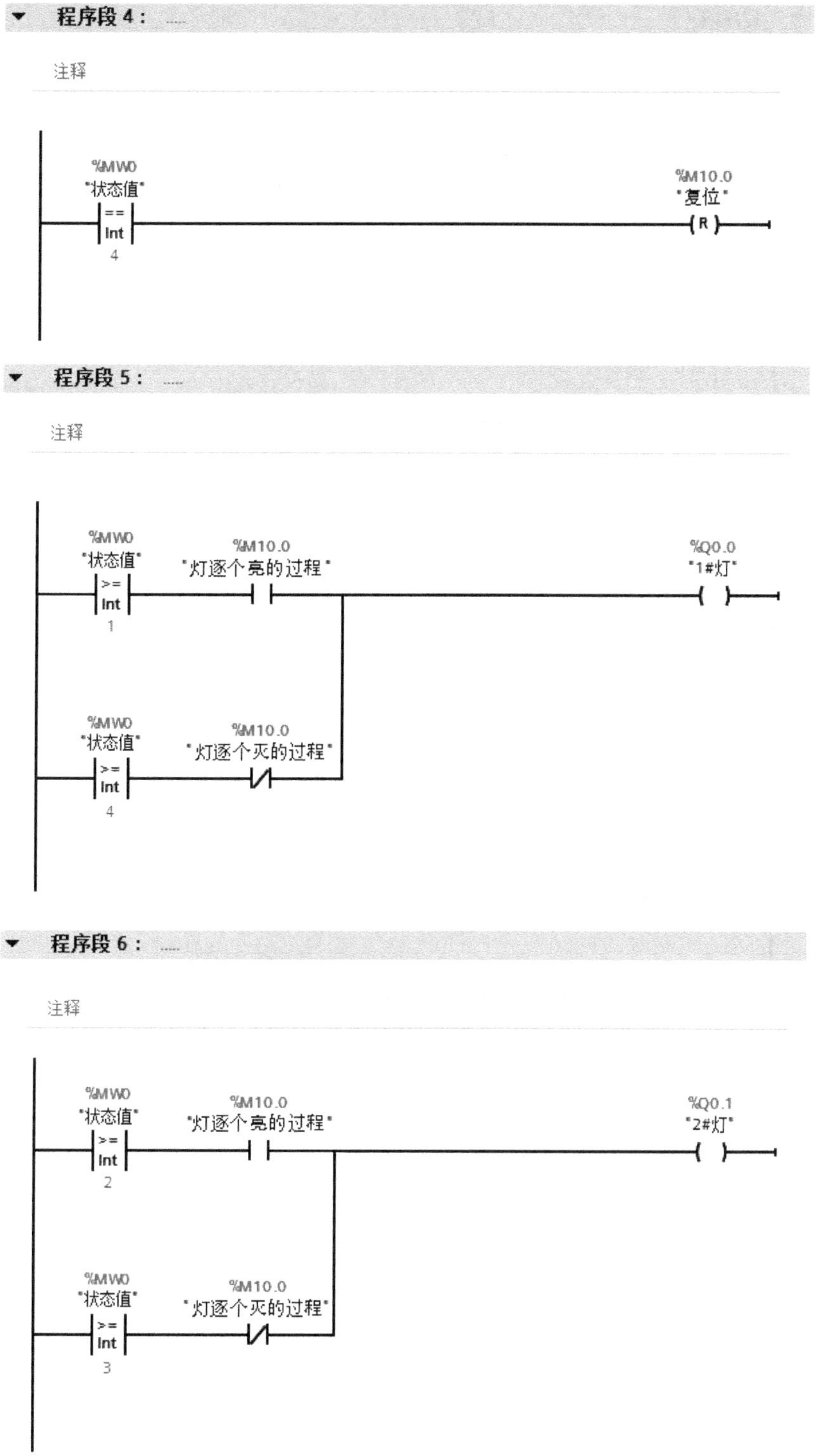

▼　**程序段 4 :**　……

注释

```
      %MW0                                                    %M10.0
     "状态值"                                                  "复位"
      ==                                                      ─( R )─
      Int
       4
```

▼　**程序段 5 :**　……

注释

```
      %MW0           %M10.0                                   %Q0.0
     "状态值"      "灯逐个亮的过程"                            "1#灯"
      >=            ──┤ ├──                                  ─(  )─
      Int
       1

      %MW0           %M10.0
     "状态值"      "灯逐个灭的过程"
      >=            ──┤/├──
      Int
       4
```

▼　**程序段 6 :**　……

注释

```
      %MW0           %M10.0                                   %Q0.1
     "状态值"      "灯逐个亮的过程"                            "2#灯"
      >=            ──┤ ├──                                  ─(  )─
      Int
       2

      %MW0           %M10.0
     "状态值"      "灯逐个灭的过程"
      >=            ──┤/├──
      Int
       3
```

图 2-78　先亮先灭控制方式的梯形图（续）

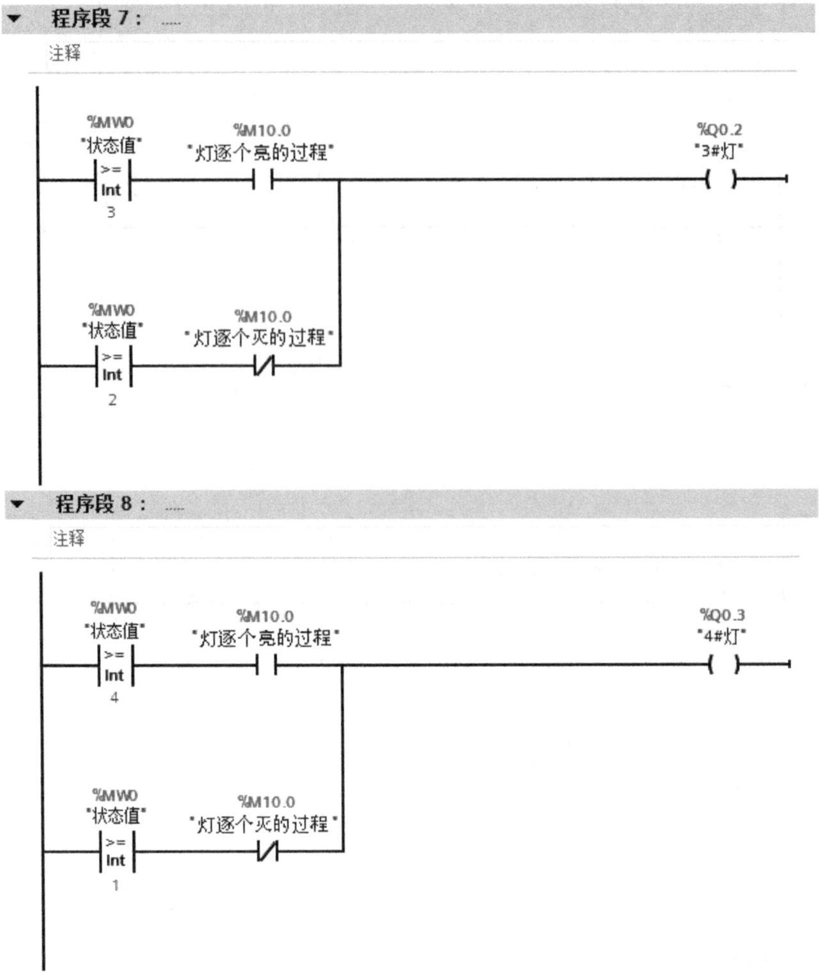

程序段 7：......

注释

程序段 8：......

注释

图 2-78　先亮先灭控制方式的梯形图（续）

对电动机的控制

【导读】

电动机可应用于工农业生产和人类生活的各个领域。西门子 S7-1200 PLC 能够使用更加灵活的指令，使电动机的控制关系清晰直观、编程容易、可读性强，所能实现的功能大大超过了传统的继电器控制电路。目前，在智能制造领域，PLC 已成为工业控制（尤其是对电动机的控制）的标准设备。

3.1 电动机的基本控制

3.1.1 【实例 12】 电动机的正/反转控制

1. PLC 控制任务说明

三相电动机接触器联锁正/反转控制线路如图 3-1 所示。线路采用 KM1 和 KM2 两个接触器：当 KM1 接通时，三相电源按 L1→L2→L3 的相序接入电动机；当 KM2 接通时，三相电源按 L3→L2→L1 的相序接入电动机；当 KM1、KM2 分别工作时，电动机的旋转方向相反。

线路要求 KM1 和 KM2 不能同时通电，否则 KM1 和 KM2 的主触头同时闭合，可造成 L1、L3 两相电源短路，为此在 KM1 和 KM2 线圈各自的支路中相互串接对方的一副动断辅助触头，以保证 KM1 和 KM2 不会同时通电。KM1 和 KM2 的动断辅助触头在线路中所起的作用被称为联锁或互锁。

要求采用 PLC 控制电动机的正/反转，画出硬件接线图，并进行软件编程。

2. 电气接线图

电动机正/反转控制的电气接线图如图 3-2 所示。图中，停止按钮 SB1 与图 3-1 中一致，采用常闭触点。

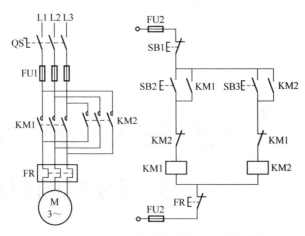

图 3-1   三相电动机接触器联锁正/反转控制线路

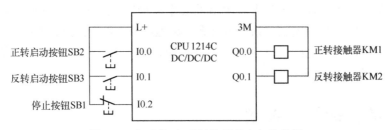

图 3-2   电动机正/反转控制的电气接线图

3. PLC 编程

根据要求定义变量，电动机正/反转控制的 PLC 变量见表 3-1。

表 3-1   电动机正/反转控制的 PLC 变量

	名称	数据类型	地址 ▲
1	正转启动按钮	Bool	%I0.0
2	反转启动按钮	Bool	%I0.1
3	停止按钮	Bool	%I0.2
4	正转接触器	Bool	%Q0.0
5	反转接触器	Bool	%Q0.1

电动机正/反转控制的梯形图如图 3-3 所示。程序段 1 是正转接触器 Q0.0 的启动和停止，采用自锁，并与反转接触器 Q0.1 互锁。程序段 2 是反转接触器 Q0.1 的启动和停止，采用自锁，并与正转接触器 Q0.0 互锁。

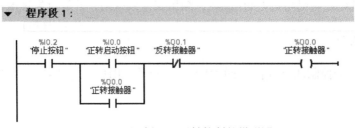

图 3-3   电动机正/反转控制的梯形图

▼ 程序段 2：

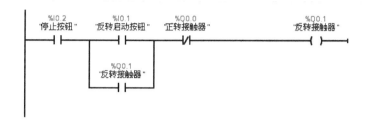

图 3-3　电动机正/反转控制的梯形图（续）

3.1.2 【实例 13】三相电动机星形—三角形连接启动

1. PLC 控制任务说明

三相电动机星形—三角形连接启动的典型线路如图 3-4 所示。图中，延时继电器 KT 用于切换。要求采用 PLC 控制硬件接线设计，并进行软件编程。

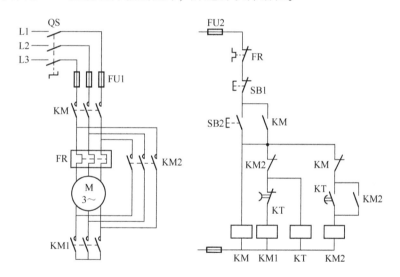

图 3-4　三相电动机星形—三角形连接启动的典型线路

2. 电气接线图

三相电动机星形—三角形连接启动的电气接线图如图 3-5 所示。图中，停止按钮 SB1 采用常闭触点。

3. PLC 编程

三相电动机星形—三角形连接启动的 PLC 变量见表 3-2。

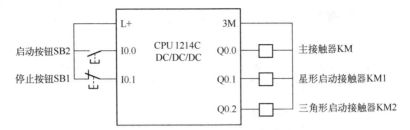

图 3-5 三相电动机星形—三角形连接启动的电气接线图

表 3-2 三相电动机星形—三角形连接启动的 PLC 变量

	名称	数据类型	地址 ▲
1	启动按钮	Bool	%I0.0
2	停止按钮	Bool	%I0.1
3	主接触器KM	Bool	%Q0.0
4	星形启动接触器KM1	Bool	%Q0.1
5	三角形启动接触器KM2	Bool	%Q0.2
6	延时继电器	Bool	%M0.0

三相电动机星形—三角形连接启动的梯形图如图 3-6 所示。程序段 1 是主接触器 KM 的启动和停止。程序段 2 是三角形延时启动。程序段 3 是星形启动接触器 KM1 先启动，延时后，星形启动接触器 KM1 断开。

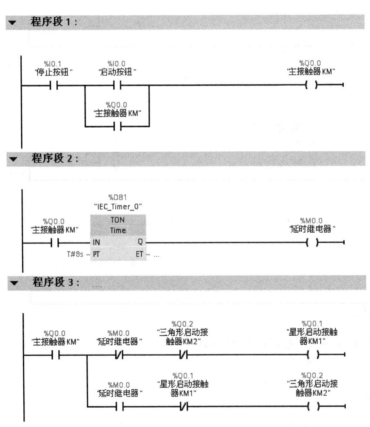

图 3-6 三相电动机星形—三角形连接启动的梯形图

将硬件配置和程序下载到 PLC 后，对定时器进行调试，如图 3-7 所示。

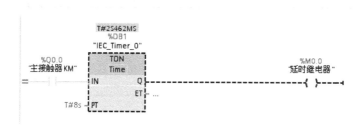

图 3-7　对定时器进行调试

3.2　电动机的顺序控制

3.2.1　【实例 14】四台电动机顺序定时启动，同时停止

1. PLC 控制任务说明

用按钮控制四台电动机：按下启动按钮，在启动第一台电动机后，每隔 5s 启动一台电动机，直至第四台电动机启动；按下停止按钮，四台电动机同时停止运转。

2. 电气接线图

表 3-3 为输入/输出元件及其控制功能。图 3-8 为四台电动机顺序定时启动、同时停止的电气接线图。图中，停止按钮 SB2 采用常开触点。

表 3-3　输入/输出元件及其控制功能

输入元件	功　能	输出元件	功　能
I0.0	启动按钮 SB1	Q0.0	1#电动机
I0.1	停止按钮 SB2	Q0.1	2#电动机
		Q0.2	3#电动机
		Q0.3	4#电动机

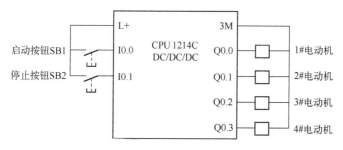

图 3-8　四台电动机顺序定时启动、同时停止的电气接线图

3. PLC 编程

图 3-9 为四台电动机顺序定时启动、同时停止的时序图，即按下启动按
钮，Q0.0 先置位，1#电动机启动，同时定时器 1 开始计时，5s 后，Q0.1 置
位，2#电动机启动，依次 5s 后，3#电动机启动，4#电动机启动；按下停止按
钮，所有的电动机同时复位，停止运转。

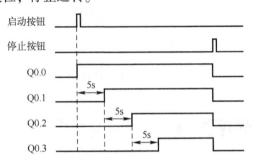

图 3-9　四台电动机顺序定时启动、同时停止的时序图

图 3-10 为四台电动机顺序定时启动、同时停止的梯形图，用到三个定时器，调用三个
DB，如图 3-11 所示。

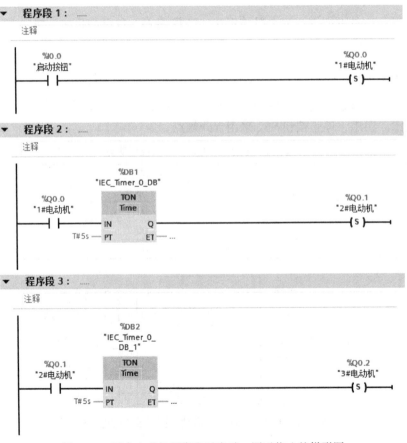

图 3-10　四台电动机顺序定时启动、同时停止的梯形图

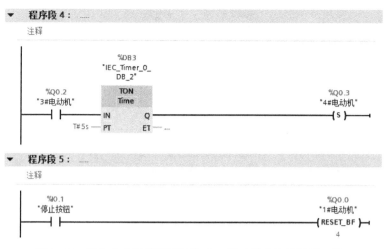

图 3-10　四台电动机顺序定时启动、同时停止的梯形图（续）

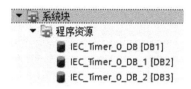

图 3-11　调用三个 DB

当直接为定时器指定单一背景数据块时，该数据块仅包括一个 IEC_Timer 类型的变量：优点是易于区分多个定时器；缺点是当使用多个定时器时，会导致出现多个独立的数据块，程序结构显得零散。为了解决这个问题，使用全局数据块定义一个 IEC_Timer 类型的变量供定时器使用，优点是不会因为使用多个定时器导致出现多个独立的数据块。

图 3-12 为"添加新块"界面。三个定时器 IEC_TIMER 的选择界面如图 3-13 所示。表 3-4 为"数据块_1"（DB1）中的内容，修改后的梯形图如图 3-14 所示。

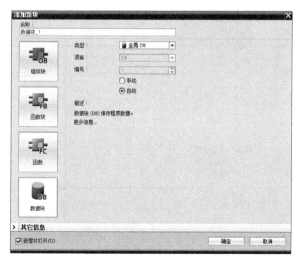

图 3-12　"添加新块"界面

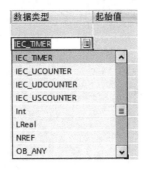

图 3-13   三个定时器 IEC_TIMER 的选择界面

表 3-4   "数据块_1"（DB1）中的内容

数据块_1		
	名称	数据类型
◀▦ ▼	Static	
◀▦ ■ ▶	timer1	IEC_TIMER
◀▦ ■ ▶	timer2	IEC_TIMER
◀▦ ■ ▶	timer3	IEC_TIMER

▼   **程序段 1:** ……

注释

```
       %I0.0                                              %Q0.0
     "启动按钮"                                          "1#电动机"
 ───────┤ ├──────────────────────────────────────────────( S )──
```

▼   **程序段 2:** ……

注释

```
                    "数据块_1".timer1
       %Q0.0            TON                               %Q0.1
     "1#电动机"         Time                             "2#电动机"
 ───────┤ ├──────────┤ IN        Q ├──────────────────────( S )──
                 T#5s ┤ PT       ET ├─ ...
```

▼   **程序段 3:** ……

注释

```
                    "数据块_1".timer2
       %Q0.1            TON                               %Q0.2
     "2#电动机"         Time                             "3#电动机"
 ───────┤ ├──────────┤ IN        Q ├──────────────────────( S )──
                 T#5s ┤ PT       ET ├─ ...
```

图 3-14   修改后的梯形图

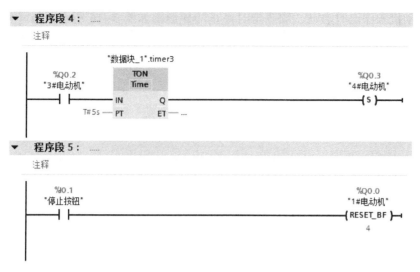

图 3-14　修改后的梯形图（续）

3.2.2　【实例15】四台电动机顺序定时启动，顺序定时停止

1. PLC 控制任务说明

用按钮控制四台电动机：按下启动按钮，在启动第一台电动机后，每隔 5s 启动一台电动机，直至第四台电动机启动；按下停止按钮，在第一台电动机停止后，每隔 5s，一台电动机停止，直至第四台电动机停止。

2. 电气接线图

四台电动机顺序定时启动、顺序定时停止的电气接线图与【实例14】的电气接线图相同。

3. PLC 编程

四台电动机顺序定时启动、顺序定时停止的输入/输出元件及其控制功能同【实例14】，时序图如图 3-15 所示，即按下启动按钮，Q0.0 置位，1#电动机启动，同时定时器 1 开始计时，5s 后，Q0.1 置位，2#电动机启动，依次 5s 后，3#电动机启动，4#电动机启动；按下停止按钮，1#电动机停止，5s 后，2#电动机停止，依次 5s 后，3#、4#电动机相继停止。

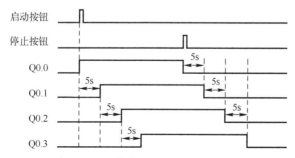

图 3-15　四台电动机顺序定时启动、顺序定时停止的时序图

四台电动机顺序定时启动、顺序定时停止的梯形图如图 3-16 所示，与【实例 14】相比，程序段 1～程序段 4 相同，区别在于停止方式，即在全局 DB 中定义三个顺序定时启动定时器和三个顺序定时停止定时器，分别为"数据块_1". timer1 到"数据块_1". timer6。程序段 5～程序段 8 为顺序停止过程。

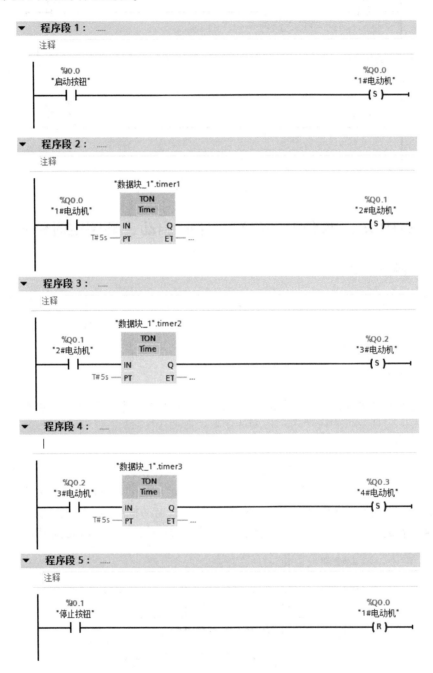

图 3-16　四台电动机顺序定时启动、顺序定时停止的梯形图

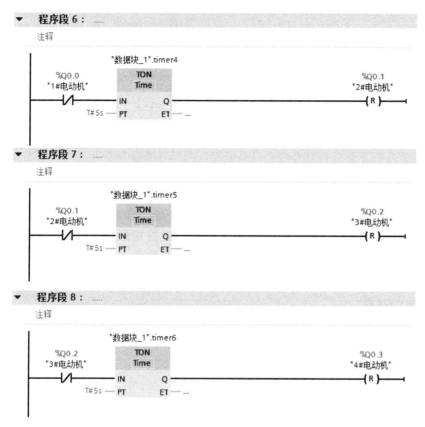

图 3-16　四台电动机顺序定时启动、顺序定时停止的梯形图（续）

3.3　电动机的预警控制

3.3.1　【实例16】预警启动

1. PLC 控制任务说明

为了保证设备的运行安全，许多大型生产机械（如起重机、龙门刨床等）在启动之前都用电铃或蜂鸣器发出预警信号，预示设备即将启动，警告人们迅速退出危险地段。

控制要求：按下启动按钮，电铃响 5s，同时警示灯快速闪烁，之后电动机启动；按下停止按钮，电动机立即停止。

2. 电气接线图

预警启动的电气接线图如图 3-17 所示。图中，启动按钮 SB2 的输入地址为 I0.0，停止按钮 SB1 的输入地址为 I0.1；输出地址 Q0.0 连接电铃 HA，输出地址 Q0.1 连接报警灯 EL，输出地址 Q0.2 连接电动机接触器 KM。

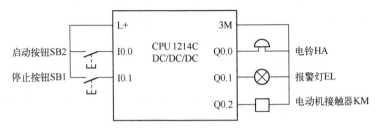

图 3-17　预警启动的电气接线图

3. PLC 编程

预警启动的梯形图如图 3-18 所示。图中，程序段 1 和程序段 2 用于控制报警灯 EL 的闪烁；程序段 3～程序段 5 用于控制延时启动电动机接触器 KM；程序段 6 用于控制在启动按钮 SB2 动作后、电动机接触器 KM 动作之前的电铃 HA 发出预警信号和报警灯 EL 闪烁。

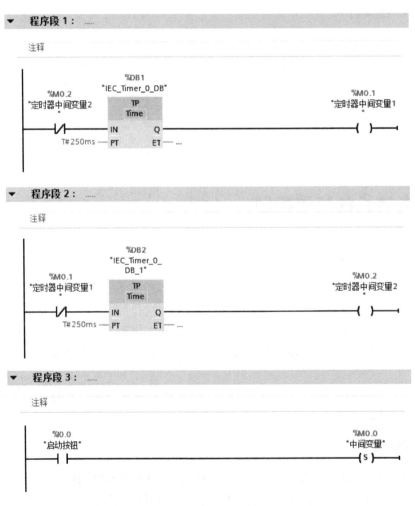

图 3-18　预警启动的梯形图

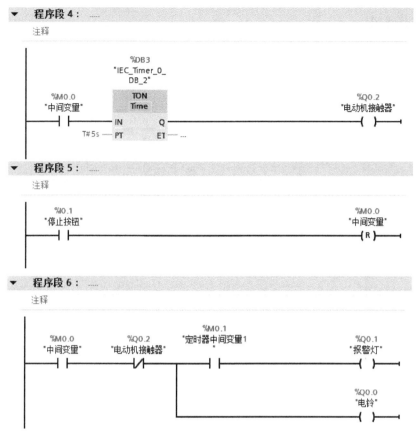

图 3-18　预警启动的梯形图（续）

预警启动的时序图如图 3-19 所示。

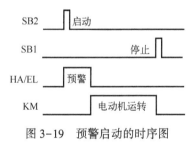

图 3-19　预警启动的时序图

3.3.2　【实例 17】　单按钮定时预警启/停控制

1. PLC 控制任务说明

用一个按钮控制一台电动机的启动和停止：需要启动时，按一下按钮，电铃响，报警灯闪烁，再按一下按钮，电铃响和报警灯闪烁停止，电动机启动；需要停止时，按一下按钮，电铃响，报警灯闪烁，再按一下按钮，电铃响和报警灯闪烁停止，电动机停止。

2. 电气接线图

单按钮定时预警启/停控制的电气接线图如图 3-20 所示。图中，按钮 SB 的输入地址为 I0.0；输出地址 Q0.0 连接电铃 HA，输出地址 Q0.1 连接报警灯 EL，输出地址 Q0.2 连接电动机接触器 KM。

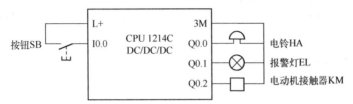

图 3-20　单按钮定时预警启/停控制的电气接线图

3. PLC 编程

单按钮定时预警启/停控制的时序图如图 3-21 所示。图中引入状态值 MW2，根据按钮 SB 的动作，可以通过数学运算从 0 一直累加到 4，再依次循环，不同状态值时的动作方式不同，具体为：MW2=0，初始化状态；MW2=1，预警状态，即电铃响和报警灯闪烁；MW2=2，电动机接触器动作，即电动机启动；MW2=3，电动机仍在运转状态，同时预警；MW2=4，预警停止，电动机停止，状态值 MW2 归 0。

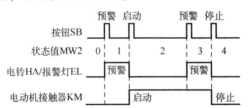

图 3-21　单按钮定时预警启/停控制的时序图

单按钮定时预警启/停控制的梯形图（OB100 初始化）如图 3-22 所示。单按钮定时预警启/停控制的梯形图（OB1 主程序）如图 3-23 所示。共有两个 OB。初始化 OB100，主要完成状态值 MW2=0。在主程序 OB1 中：程序段 1 和程序段 2 用于控制报警灯的闪烁；程序段 3 用于完成状态值的累加；程序段 4 用于完成当状态值 MW2=1 或 3 时，电铃响和报警灯闪烁；程序段 5 用于完成当状态值 MW2=2 或 3 时，启动电动机接触器；程序段 6 用于完成状态值 MW2 的归 0。

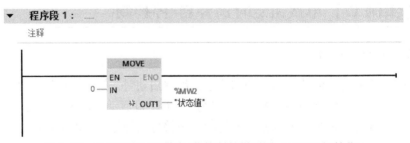

图 3-22　单按钮定时预警启/停控制的梯形图（OB100 初始化）

程序段 1： ……

注释

```
         %M0.2                    %DB1                                    %M0.1
      "定时器中间变量2"          "IEC_Timer_0_DB"                      "定时器中间变量1"
            *                      ┌─────────┐                              *
      ──────┤/├──────────────────┤   TP    ├──────────────────────────────( )──────
                                  │  Time   │
                                  │         │
                                  │ IN    Q │
                        T#250ms ──┤ PT   ET ├── ...
                                  └─────────┘
```

程序段 2： ……

注释

```
         %M0.1                    %DB2                                    %M0.2
      "定时器中间变量1"          "IEC_Timer_0_                         "定时器中间变量2"
            *                        DB_1"                                  *
                                  ┌─────────┐
      ──────┤/├──────────────────┤   TP    ├──────────────────────────────( )──────
                                  │  Time   │
                                  │         │
                                  │ IN    Q │
                        T#250ms ──┤ PT   ET ├── ...
                                  └─────────┘
```

程序段 3： ……

注释

```
        %I0.0              %MW2                      ┌─────────────┐
       "按钮"            "状态值"                    │    INC      │
                         ┌────┐                     │    Int      │
      ───┤ P ├──────────┤ <= ├──────────────────────┤ EN     ENO ├───────────
        %M0.0           │ Int│                       │             │
      "按钮上升沿"       └────┘             %MW2      │             │
                           3              "状态值" ──┤ IN/OUT      │
                                                     └─────────────┘
```

程序段 4： ……

注释

```
        %MW2                %M0.1                                  %Q0.1
       "状态值"          "定时器中间变量1"                        "报警灯"
       ┌────┐                 *                                     *
      ─┤ == ├────────────────┤ ├──────────────────────────────────( )──────
       │ Int│        │                                      %Q0.0
       └────┘        │                                     "电铃"
          1          │                                       *
                     └──────────────────────────────────────( )──────
        %MW2
       "状态值"
       ┌────┐
      ─┤ == ├──────┘
       │Word│
       └────┘
          3
```

图 3-23　单按钮定时预警启/停控制的梯形图（OB1 主程序）

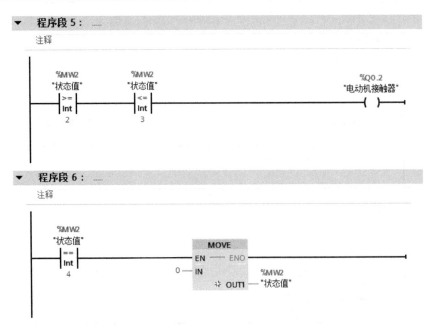

图 3-23　单按钮定时预警启/停控制的梯形图（OB1 主程序）（续）

3.3.3　【实例 18】皮带跑偏报警控制

1. PLC 控制任务说明

皮带输送机用跑偏传感器进行纠偏，如图 3-24 所示，当通过纠偏还是无法达到效果时将进行报警、降速甚至停机。具体要求：皮带输送机用一个按钮控制启/停，正常时为高速运行，在高速运行期间，如果跑偏传感器 1 或跑偏传感器 2 感应到皮带跑偏，则报警灯就会闪烁；如果 5s 内仍无法纠偏皮带，则皮带输送机会立即转入低速运行，报警灯仍然闪烁；在低速运行期间，如果跑偏传感器 1 或跑偏传感器 2 还是感应到皮带跑偏，且持续时间达到5s，则皮带输送机就会停机，电铃响，报警灯闪烁。需要注意的是，复位按钮只有在跑偏传感器 1 和跑偏传感器 2 都正常的情况下才会执行相关的复位指令。

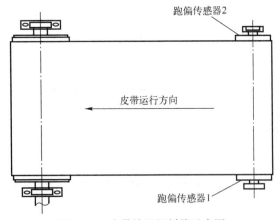

图 3-24　皮带输送机纠偏示意图

2. 电气接线图

皮带跑偏报警控制的电气接线图如图 3-25 所示。图中，启/停按钮 SB1 的输入地址为 I0.0，跑偏传感器 1 和跑偏传感器 2 的输入地址分别为 I0.1 和 I0.2，复位按钮 SB2 的输入地址为 I0.3；电铃 HA 的输出地址为 Q0.0，报警灯 EL 的输出地址为 Q0.1，高速接触器 KM1 的输出地址为 Q0.2，低速接触器 KM2 的输出地址为 Q0.3。

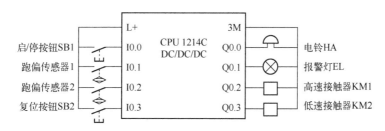

图 3-25　皮带跑偏报警控制的电气接线图

3. PLC 编程

由于采用单按钮控制启/停，因此引入状态值 MW2，根据启/停按钮 SB1 的动作，可以通过数学运算获取不同的启/停状态，即 MW2=0 表示停机、MW2=1 表示运行。在运行过程中，根据跑偏传感器的状态可以切换为高速运行或低速运行，甚至停机。

图 3-26 为 OB100 初始化梯形图，即对 MW2 进行复位。

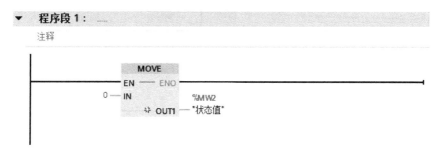

图 3-26　OB100 初始化梯形图

图 3-27 为 OB1 主程序的梯形图。程序段 1 和程序段 2 用于控制定时闪烁脉冲。程序段 3 用于控制在跑偏传感器 1 和跑偏传感器 2 都正常时执行复位。程序段 4 和程序段 5 用于控制启/停，即运行状态值 MW2 在 0、1 之间进行切换。程序段 6 用于控制停机时，将高速接触器 KM1、低速接触器 KM2 复位。程序段 7 用于控制高速接触器 KM1 的启动。程序段 8 用于控制在高速运行过程中，如果跑偏传感器 1 或跑偏传感器 2 感应到皮带跑偏，5s 内仍无法纠偏，则皮带输送机会立即转入低速运行状态。程序段 9 用于控制在低速运行期间，如果跑偏传感器 1 或跑偏传感器 2 还是感应到皮带跑偏，且持续时间达到 5s，则皮带输送机停机。程序段 10 用于控制报警灯闪烁。

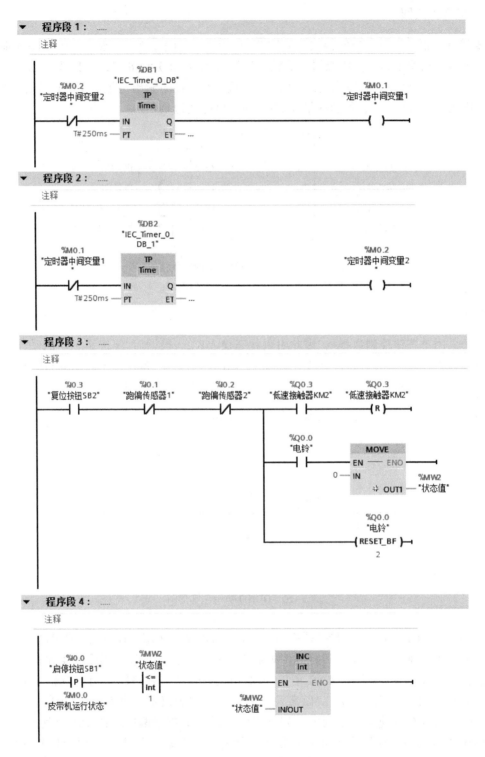

图 3-27   OB1 主程序的梯形图

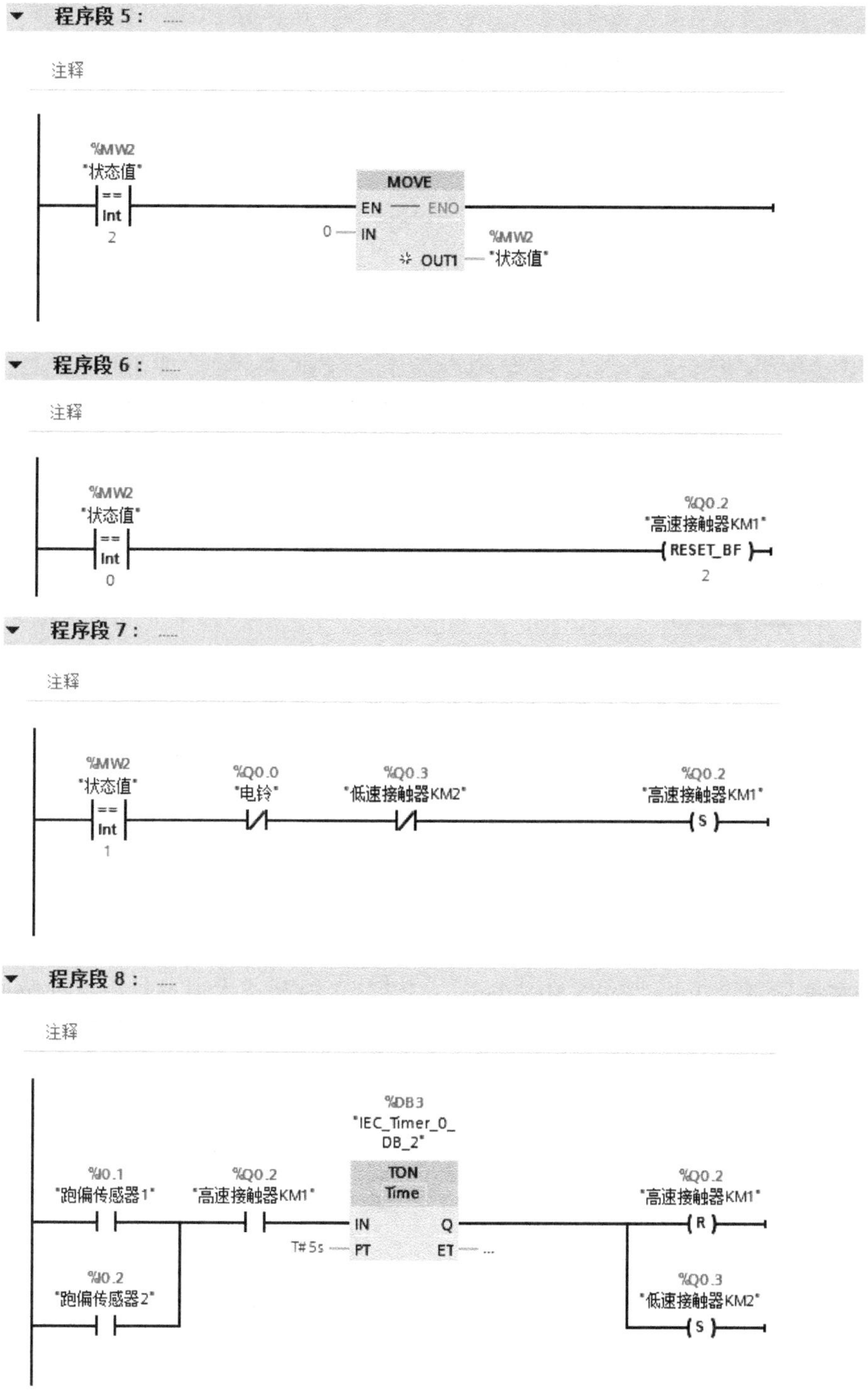

▼　**程序段 5：** .....

注释

```
    %MW2
   "状态值"
     ==                    MOVE
     Int            EN ── ENO
      2        0 ─ IN
                              %MW2
                        ⚹ OUT1 ─"状态值"
```

▼　**程序段 6：** .....

注释

```
    %MW2
   "状态值"                                        %Q0.2
     ==                                      "高速接触器KM1"
     Int                                      ─(RESET_BF)─
      0                                             2
```

▼　**程序段 7：** .....

注释

```
    %MW2              %Q0.0          %Q0.3               %Q0.2
   "状态值"           "电铃"      "低速接触器KM2"      "高速接触器KM1"
     ==               ─/─            ─/─                 ─(S)─
     Int
      1
```

▼　**程序段 8：** .....

注释

```
                                          %DB3
                                     "IEC_Timer_0_
                                         DB_2"
    %I0.1            %Q0.2            TON                %Q0.2
 "跑偏传感器1"    "高速接触器KM1"     Time           "高速接触器KM1"
    ─┤├─            ─┤├─        ─ IN    Q ─            ─(R)─
                          T#5s ─ PT   ET ─ ...
    %I0.2                                               %Q0.3
 "跑偏传感器2"                                       "低速接触器KM2"
    ─┤├─                                                ─(S)─
```

图 3-27　OB1 主程序的梯形图（续）

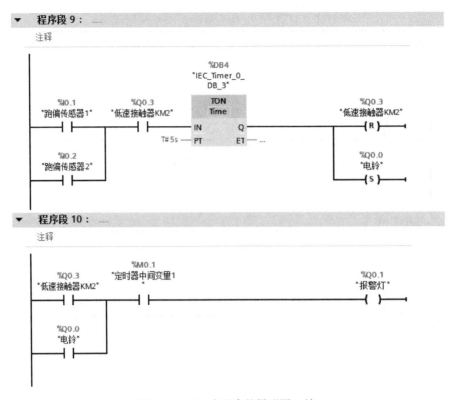

图 3-27　OB1 主程序的梯形图（续）

3.4　电动机的软启动控制

3.4.1　PWM 控制的基本概念

脉冲宽度调制（Pulse Width Modulation，PWM）控制技术通过对一系列脉冲的宽度进行调制来等效获得所需要的波形，应用广泛，可以控制电动机的转速、阀门的位置等。

当脉冲量相等、形状不同的窄脉冲加在具有惯性的环节时，输出响应基本相同，在低频段非常接近，仅在高频段略有差异，各种窄脉冲如图 3-28 所示。

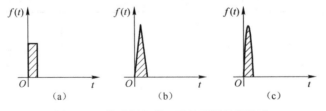

图 3-28　脉冲量相等、形状不同的窄脉冲

占空比就是在一串理想的脉冲序列中，正脉冲的持续时间与脉冲总周期的比值。

占空比也可以理解为高电平所占的时间与整个周期的比值，如图 3-29 所示，占空比为 t/T。

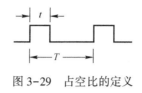

图 3-29　占空比的定义

3.4.2　西门子 S7-1200 PLC 的 PWM 应用

1. 硬件配置

西门子 S7-1200 PLC 所提供的两个输出通道主要用于高速脉冲输出，可以分别组态为 PTO 或 PWM。当一个输出通道被组态为 PTO 时，就不能再用于 PWM 输出，反之亦然。

PTO 或 PWM 是两种形式的脉冲发生器，可以使用板载 CPU 输出，也可以使用可选的信号板输出。表 3-5 列出了脉冲默认输出分配情况（假定使用默认输出组态）。需要注意的是，PWM 脉冲发生器仅需要一个输出通道，PTO 脉冲发生器可选择两个输出通道。如果脉冲不需要输出，则相应的输出通道可用于其他用途。

表 3-5　脉冲默认输出分配情况

脉　　冲		默认输出分配	
PTO 1	板载 CPU	Q0.0	Q0.1
	信号板	Q4.0	Q4.1
PWM 1	板载 CPU	Q0.0	—
	信号板	Q4.0	—
PTO 2	板载 CPU	Q0.2	Q0.3
	信号板	Q4.2	Q4.3
PWM 2	板载 CPU	Q0.2	—
	信号板	Q4.2	—

2. CTRL_PWM 指令的调用

PWM 指令可以直接从如图 3-30 所示的"扩展指令"下的"脉冲"中获得，如 CTRL_PWM 指令。CTRL_PWM 指令形式如图 3-31 所示。

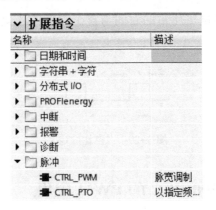

图 3-30　获得 PWM 指令

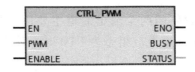

图 3-31　CTRL_PWM 指令形式

与其他指令相同，CTRL_PWM 指令的调用也需要背景数据块的支持。

背景数据块中的参数见表 3-6。

表 3-6　背景数据块中的参数

名称	数据类型	起始值
▼ Input		
■　　PWM	HW_PWM	0
■　　ENABLE	Bool	False
▼ Output		
■　　BUSY	Bool	False
■　　STATUS	Word	16#0

由图 3-31 可知，当 EN 端变为 1 时，ENABLE 端用于使能或禁止脉冲输出，脉冲宽度通过组态的 QW（输出字）来调节：对于 PWM 1，默认位置为 QW1000；对于 PWM 2，默认认位置为 QW1002。默认位置的值用于调节脉冲宽度，在每次 CPU 从 STOP 模式切换到 RUN 模式时都会进行初始化，在运行期间更改默认位置会引起脉冲宽度的变化。当 CTRL_PWM 指令正在运行时，BUSY 端一直为 0。有错误发生时，ENO 端输出为 0，同时 STATUS 端显示错误状态"80A1"（硬件识别号非法）。表 3-7 为 CTRL_PWM 指令的输入/输出参数类型、数据类型、初始值及说明。

表 3-7　CTRL_PWM 指令的输入/输出参数类型、数据类型、初始值及说明

参　　数	参数类型	数据类型	初　始　值	说　　明
PWM	输入	Word	0	PWM 标识符：已启用脉冲发生器的名称将变为"常量"变量表中的变量，并可用作 PWM 参数

续表

参　数	参数类型	数据类型	初始值	说　明
ENABLE	输入	Bool		1=启动脉冲发生器，0=停止脉冲发生器
BUSY	输出	Bool	0	功能忙
STATUS	输出	Word	0	执行条件代码

3. PWM 功能在使用中的错误分析

PWM 功能硬件配置和软件编程经常会出现如图 3-32 所示的错误。

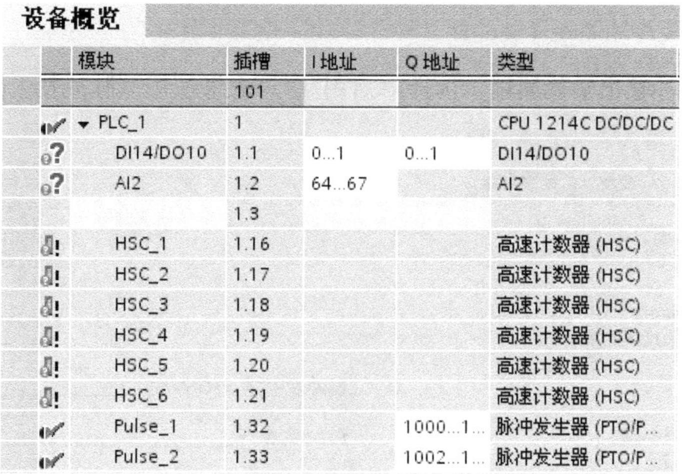

设备概览

模块	插槽	I 地址	Q 地址	类型
	101			
PLC_1	1			CPU 1214C DC/DC/DC
DI14/DO10	1.1	0...1	0...1	DI14/DO10
AI2	1.2	64...67		AI2
	1.3			
HSC_1	1.16			高速计数器 (HSC)
HSC_2	1.17			高速计数器 (HSC)
HSC_3	1.18			高速计数器 (HSC)
HSC_4	1.19			高速计数器 (HSC)
HSC_5	1.20			高速计数器 (HSC)
HSC_6	1.21			高速计数器 (HSC)
Pulse_1	1.32		1000...1...	脉冲发生器 (PTO/P...
Pulse_2	1.33		1002...1...	脉冲发生器 (PTO/P...

图 3-32　PWM 功能硬件配置和软件编程经常出现的错误

出现错误的原因如下：

① 在程序中出现 Q0.0 或 Q0.2 的双重定义；

② 端口号没有匹配；

③ 硬件配置不完全正确。

3.4.3 【实例 19】电动机软启动、软停止的控制

1. PLC 控制任务说明

对电动机进行软启动和软停止的控制：按一下启动按钮，电动机在 10s 内从 0 转速线性增加到额定转速；按一下停止按钮，电动机在 10s 内从额定转速降到 0 转速。

2. 电气接线图

控制电动机软启动、软停止的电气接线图如图 3-33 所示。图中，启动按钮 SB1 的输入地址为 I0.0，停止按钮 SB2 的输入地址为 I0.1；输出端连接 PWM 调速电路。

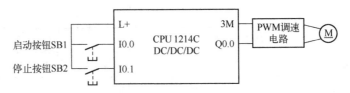

图 3-33　控制电动机软启动、软停止的电气接线图

3. PLC 编程

首先进入 TIA Portal 软件的设备组态界面，选中 CPU，单击"属性"按钮，可以看到如图 3-34 所示的 PLC 常规属性，根据需要可以选择脉冲输出端。

图 3-35 为脉冲输出常规属性，选择"启用"，即允许使用该脉冲发生器。

PLC_1 [CPU 1214C DC/DC/DC]
常规 ＩＯ 变量 系统常数
▶ 常规
▶ PROFINET接口 [X1]
▶ DI 14/DQ 10
▶ AI 2
▶ 高速计数器 (HSC)
脉冲发生器 (PTO/PWM)
启动
循环
通信负载
系统和时钟存储器
▶ Web 服务器
支持多语言
时间
▶ 防护与安全
组态控制
连接资源
地址总览

脉冲发生器 (PTO/PWM)
　
PTO1/PWM1
　
> 常规
　
启用
☑ 启用该脉冲发生器

图 3-34　PLC 常规属性　　　　　　　图 3-35　脉冲输出常规属性

按照如图 3-36 所示定义启用脉冲发生器的脉冲选项参数，首先选择"信号类型"，这里选择"PWM"。

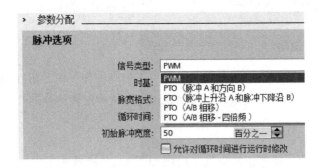

> 参数分配

脉冲选项

信号类型:	PWM
	PWM
时基:	PTO（脉冲 A 和方向 B）
	PTO（脉冲上升沿 A 和脉冲下降沿 B）
脉宽格式:	PTO（A/B 相移）
循环时间:	PTO（A/B 相移 - 四倍频）
初始脉冲宽度:	50　　百分之一 ▲▼
	☐ 允许对循环时间进行运行时修改

图 3-36　定义脉冲选项参数

接下来就会看到默认输出分配——板载 CPU 输出，按如图 3-37 所示定义时基，可以选择毫秒或微秒，这里选择"毫秒"。

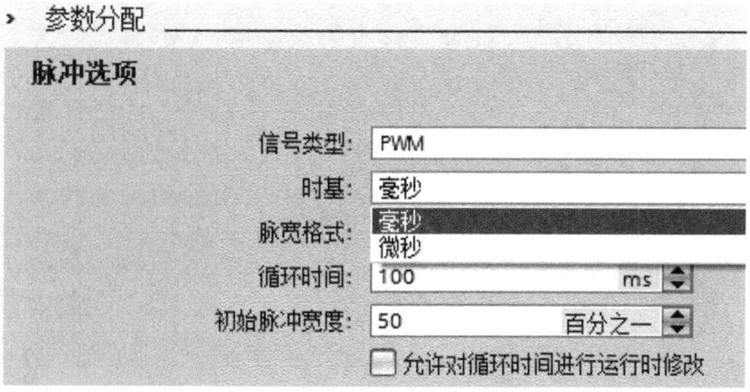

图 3-37　"时基"的选择

脉宽格式是非常重要的参数，可以选择百分之一、千分之一、万分之一或 S7 模拟量格式，这里选择"百分之一"，如图 3-38 所示。

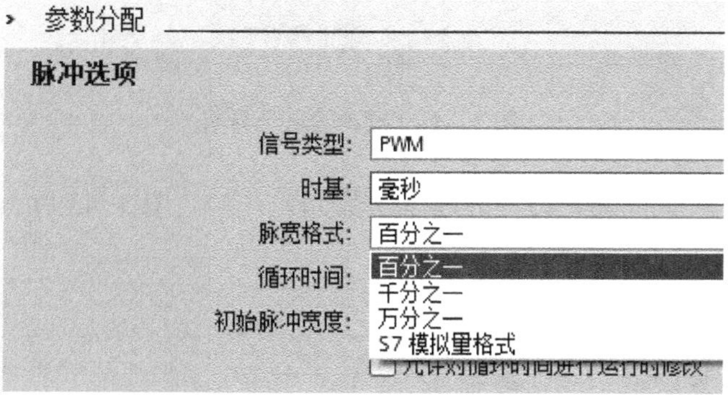

图 3-38　"脉宽格式"的选择

图 3-39 为"循环时间"的选择。循环时间用来表示脉冲周期，单位为"时基"选择的单位。

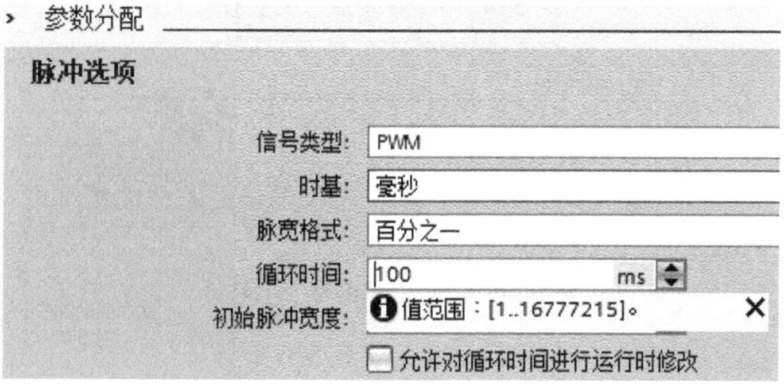

图 3-39　"循环时间"的选择

图 3-40 为"初始脉冲宽度"的选择，这里选择"百分之一"，值为"50"。如果选择"S7 模拟量格式"，则 值范围 [0..27648]。依次类推。

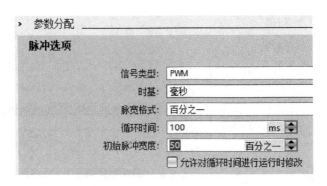

图 3-40　"初始脉冲宽度"的选择

"硬件输出"就是如图 3-41 所示的默认"脉冲输出"，即"%Q0.0"。

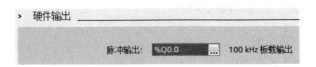

图 3-41　"硬件输出"界面

"I/O 地址"和"硬件标识符"的选择分别如图 3-42、图 3-43 所示，可以采用默认地址，也可以进行修改，值范围：0..1023。

图 3-42　"I/O 地址"的选择

图 3-43　"硬件标识符"的选择

根据任务要求，定义变量见表 3-8。其中包括 PWM 输出为 %QW1000。

表 3-8　定义变量

名称	变量表	数据类型	地址 ▲
启动按钮	默认变量表	Bool	%I0.0
停止按钮	默认变量表	Bool	%I0.1
PWM输出	默认变量表	Int	%QW1000
PWM故障	默认变量表	Bool	%M0.0
运行状态	默认变量表	Bool	%M0.1
定时器中间变量2	默认变量表	Bool	%M0.2
定时器中间变量1	默认变量表	Bool	%M0.3
定时器上升沿1	默认变量表	Bool	%M0.4
运行状态上升沿	默认变量表	Bool	%M0.5
定时器上升沿2	默认变量表	Bool	%M0.6
脉冲输出宽度	默认变量表	Int	%MW4
PWM状态字	默认变量表	Word	%MW12

OB1 主程序的梯形图如图 3-44 所示。程序段 1 和程序段 2 用于实现定时脉冲。程序段 3 用于调用 CTRL_PWM 指令。程序段 4 用于在脉冲宽度为 0 时，按下启动按钮，进入线性增速阶段。程序段 5 和程序段 6 为停机指令，输出 PWM 宽度为 0。程序段 7 用于在增速阶段，按照定时脉冲上升沿进行脉冲宽度的增加，从 0 ～ 100。程序段 8 为停机阶段，按照定时脉冲的上升沿进行脉冲宽度的减少，从 100 ～ 0。程序段 9 用于将脉冲宽度直接输出到 QW1000。

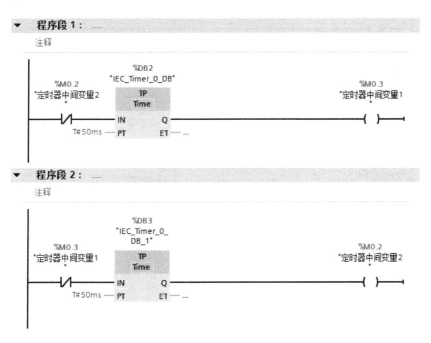

图 3-44　OB1 主程序的梯形图

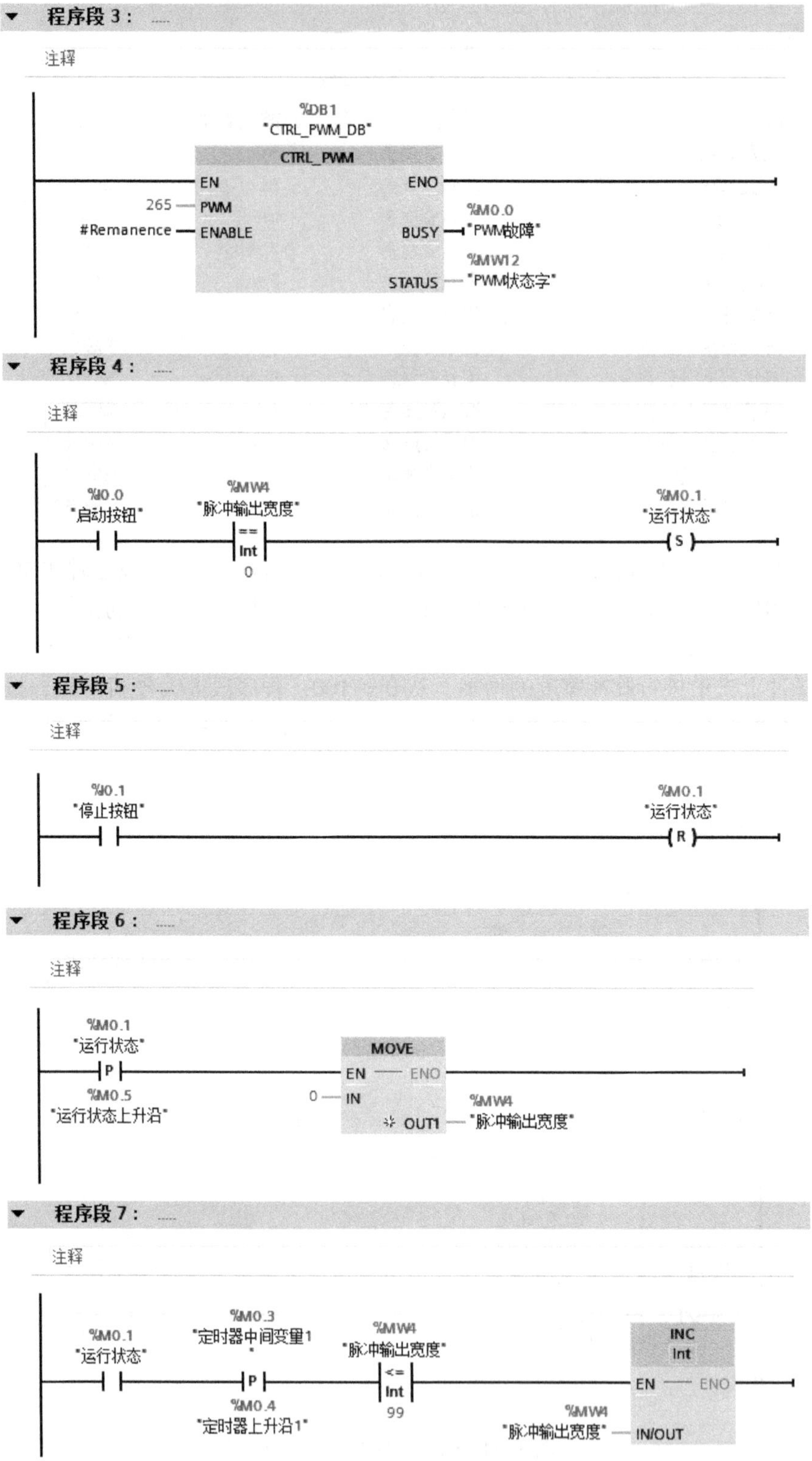

▼ 程序段 3：......

注释

```
                            %DB1
                        "CTRL_PWM_DB"
                          CTRL_PWM
              ┌──────────────────────────────┐
    ──────────┤EN                        ENO├──────────────
        265 ──┤PWM                            │
 #Remanence ──┤ENABLE                         │    %M0.0
              │                         BUSY├──"PWM故障"
              │                               │    %MW12
              │                       STATUS├──"PWM状态字"
              └──────────────────────────────┘
```

▼ 程序段 4：......

注释

```
    %I0.0         %MW4                              %M0.1
   "启动按钮"    "脉冲输出宽度"                      "运行状态"
  ───┤ ├──────────┤==├──────────────────────────────( S )──
                    Int
                     0
```

▼ 程序段 5：......

注释

```
    %I0.1                                           %M0.1
   "停止按钮"                                       "运行状态"
  ───┤ ├──────────────────────────────────────────( R )──
```

▼ 程序段 6：......

注释

```
    %M0.1
   "运行状态"                      MOVE
    ──┤P├──────────────────────┌──────────┐
                               ┤EN    ENO├──────────────
    %M0.5                  0 ──┤IN        │
 "运行状态上升沿"              │          │   %MW4
                              │ ✱ OUT1├──"脉冲输出宽度"
                              └──────────┘
```

▼ 程序段 7：......

注释

```
    %M0.1          %M0.3          %MW4                    INC
   "运行状态"   "定时器中间变量1"  "脉冲输出宽度"           Int
   ───┤ ├──────────┤P├──────────┤<=├─────────────────┌──────────┐
                      │            Int               ┤EN    ENO├──────
                    %M0.4          99        %MW4     │          │
                "定时器上升沿1"          "脉冲输出宽度"┤IN/OUT    │
                                                      └──────────┘
```

图 3-44　OB1 主程序的梯形图（续）

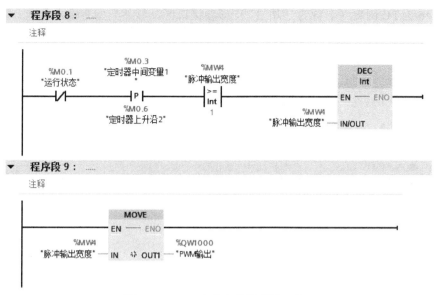

图 3-44　OB1 主程序的梯形图（续）

3.5　使用函数（FC）或函数块（FB）控制电动机

3.5.1　函数（FC）形参接口区

从项目树的"程序块"→"添加新块"界面中添加 FC 函数，如图 3-45 所示，名称可以是中文或英文，可以手动或自动编号。

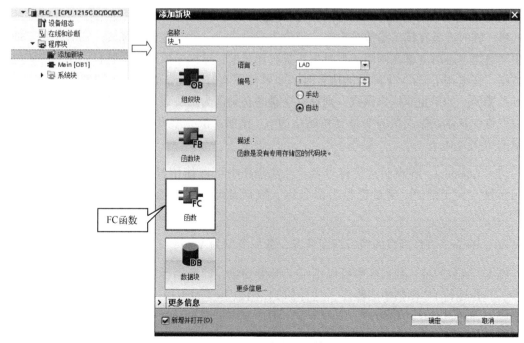

图 3-45　添加 FC 函数

图 3-46 为 FC 函数（名称为"块_1"）形参接口区，形参类型有输入参数、输出参数、输入/输出参数和返回值。本地数据包括临时数据和本地常量。每种形参类型和本地数据均可以定义多个变量。

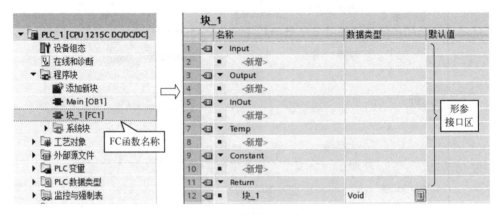

图 3-46　FC 函数形参接口区

FC 函数形参类型如下：

（1）Input：输入参数，只能读取，调用时，将用户程序传递到函数，实参可为常数。

（2）Output：输出参数，只能写入，调用时，将执行结果传递到用户程序，实参不能为常数。

（3）InOut：输入/输出参数，可读取和写入，调用时，由函数读取后进行运算，执行后，将结果返回，实参不能为常数。

（4）Temp：用于存储临时中间结果的变量，为本地数据区 L，只能用作函数内部的中间变量。临时变量在调用函数时生效。函数执行完成后，临时变量被释放。临时变量不能存储中间数据。临时变量在调用函数时由系统自动分配，退出函数时由系统自动回收，不能保持数据。在采用上升沿/下降沿的信号时，如果使用临时变量存储上一个周期的位状态，将会导致错误。如果是非优化函数，则临时变量的初始值为随机数。如果是优化存储函数，则临时变量中基本数据类型的变量会初始化为 0。比如，Bool 型变量初始化为 FALSE，Int 型变量初始化为 0。

（5）Constant：在声明常量符号名后，在程序中可以使用符号名代替常量，使程序具有可读性，易于维护。常量符号名由名称、数据类型和常量值组成。局部常量仅在块内适用。

（6）Return：FC 函数的执行返回情况，数据类型为 Void。

在 FC 函数的接口数据区中可以不定义形参变量，即调用程序与 FC 函数之间没有数据交换，只是运行 FC 函数中的程序，这样的 FC 函数可作为子程序被调用。使用子程序可将整个控制程序进行结构化划分，清晰明了，便于设备的调试和维护。

例如，可将控制三个相互独立设备的程序分别编写在三个子程序中，在主程序中分别调用子程序，实现对设备的控制，程序结构如图 3-47 所示。

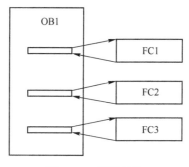

图 3-47　程序结构

3.5.2　函数块（FB）形参接口区

与 FC 函数相同，从项目树的"程序块"→"添加新块"中添加 FB 函数块，如图 3-48 所示，名称可以是中文或英文，可以手动或自动编号。

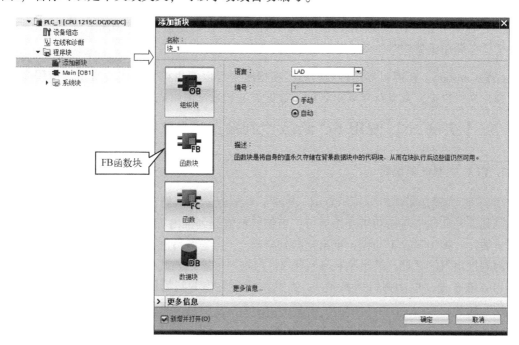

图 3-48　添加 FB 函数块

与 FC 函数相同，FB 函数块也有形参接口区。形参类型除输入参数、输出参数、输入/输出参数、临时数据区、本地常量外，还有存储中间变量的静态数据区，如图 3-49 所示。

FB 函数块形参类型如下：

（1）Input：输入参数，调用时，将用户程序传递到函数块，实参可为常数。

（2）Output：输出参数，调用时，将执行结果传递到用户程序，实参不能为常数。

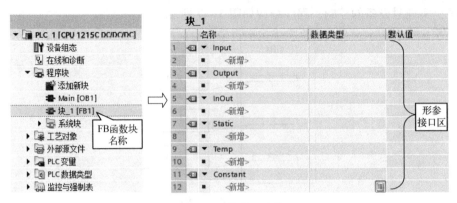

图 3-49 FB 函数块形参接口区

（3）InOut：输入/输出参数，调用时，由函数块读取后进行运算，执行后，将结果返回，实参不能为常数。

（4）Static：静态变量，不参与参数传递，用于存储中间过程值。

（5）Temp：用于函数块内部临时存储中间结果的临时变量，不占用单个实例 DB 空间。临时变量在调用函数块时生效，执行完成后，临时变量被释放。

（6）Constant：在声明常量符号名后，在程序中可以使用符号名代替常量，使程序可读性增强，易于维护。常量符号名由名称、数据类型和常量值组成。

3.5.3 【实例 20】使用 FC 函数控制输送带物料分拣

1. PLC 控制任务说明

图 3-50 为输送带物料分拣示意图。图中，物料经送料装置送到输送带上后，物料传感器检测到信号，输送带电动机开始运行；当物料被输送到推出气缸 1 的位置时，输送带电动机停止运行，推出气缸 1 动作，推出物料到料箱 1；当物料传感器检测到第二个物料时，输送物料到推出气缸 2 处，推出物料到料箱 2；当物料传感器检测到第三个物料时，输送物料到推出气缸 3 处，推出物料到料箱 3；当物料传感器检测到第四个物料时，推出气缸 1 动作，依次循环。

任务要求如下：

（1）能正确完成 PLC 控制的电气接线。

（2）能完成电气接线图的连接。

（3）能编写程序。

2. 电气接线图

从输送带分拣物料的工艺过程出发，定义输入/输出元件及其控制功能，见表 3-9。

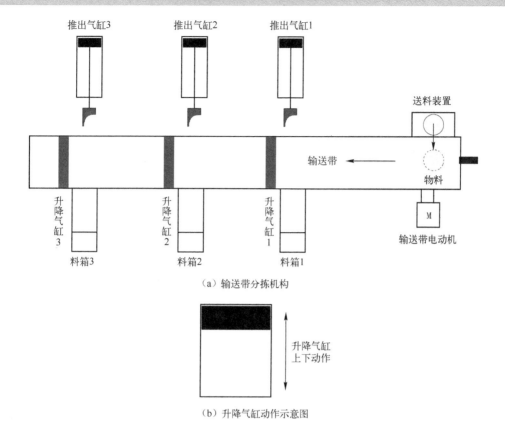

（a）输送带分拣机构

（b）升降气缸动作示意图

图 3-50　输送带物料分拣示意图

表 3-9　输入/输出元件及其控制功能

输入元件	功　　能	输出元件	功　　能
I0.0	B1/物料传感器（NO）	Q0.0	YV1/推出气缸 1 动作
I0.1	FJ1/1#道闸物料传感器（NO）	Q0.1	YV2/升降气缸 1 上下动作
I0.2	FJ2/1#道闸物料传感器（NO）	Q0.2	YV3/推出气缸 2 动作
I0.3	FJ3/1#道闸物料传感器（NO）	Q0.3	YV4/升降气缸 2 上下动作
I0.4	DK1/1#推出到位传感器（NO）	Q0.4	YV5/推出气缸 3 动作
I0.5	DK2/2#推出到位传感器（NO）	Q0.5	YV6/升降气缸 3 上下动作
I0.6	DK3/3#推出到位传感器（NO）	Q1.1	KA1/输送带开启
I0.7	TC1/1#推出气缸限位（NO）		
I1.0	TC2/2#推出气缸限位（NO）		
I1.1	TC3/3#推出气缸限位（NO）		
I1.2	SJ1/1#升降气缸限位（NO）		
I1.3	SJ2/2#升降气缸限位（NO）		
I1.4	SJ3/3#升降气缸限位（NO）		

图 3-51 为输送带物料分拣电气接线图。

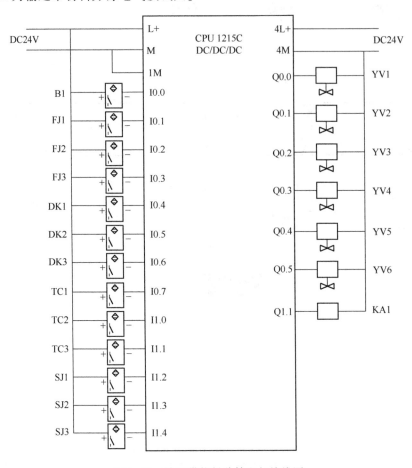

图 3-51　输送带物料分拣电气接线图

3. PLC 编程

采用 FC 函数编程，FC 函数的流程图如图 3-52 所示。

定义 FC1 函数的形参输入如图 3-53 所示。

FC1 函数的梯形图如图 3-54 所示。

图 3-55 为完成后的 FC1 函数位置。

图 3-56 为主程序 OB1 的变量说明。

图 3-57 为 OB1 主程序。

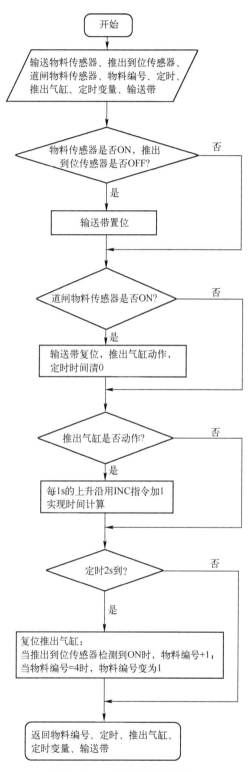

图 3-52 FC 函数的流程图

名称	数据类型
▼ Input	
■　　物料传感器	Bool
■　　推出到位传感器	Bool
■　　道闸物料传感器	Bool
▼ Output	
■　　<新增>	
▼ InOut	
■　　物料编号	Int
■　　定时	Int
■　　推出气缸	Bool
■　　定时变量	Bool
■　　输送带	Bool

图 3-53　定义 FC1 函数的形参输入

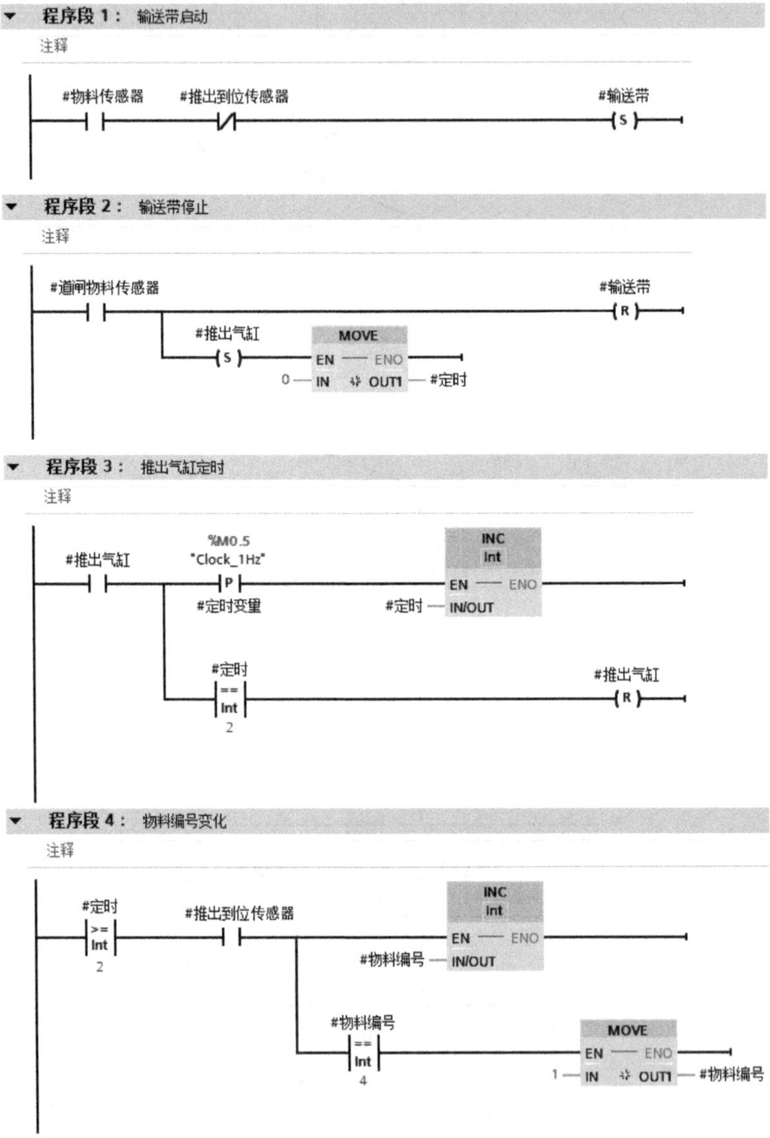

图 3-54　FC1 函数的梯形图

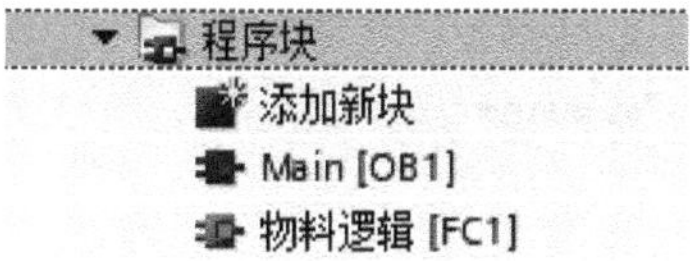

图 3-55　完成后的 FC1 函数位置

名称	变量表	数据类型	地址
定时1	默认变量表	Int	%MW12
定时2	默认变量表	Int	%MW14
定时3	默认变量表	Int	%MW16
定时变量1	默认变量表	Bool	%M20.0
定时变量2	默认变量表	Bool	%M20.1
定时变量3	默认变量表	Bool	%M20.2

图 3-56　主程序 OB1 的变量说明

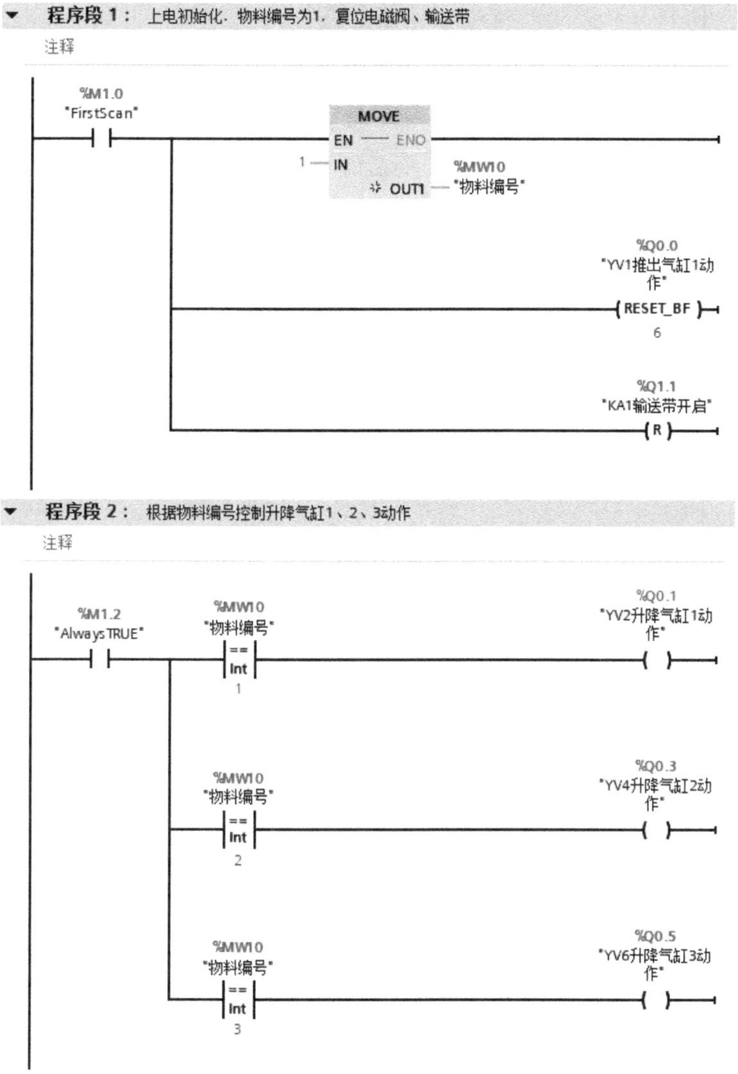

图 3-57　OB1 主程序

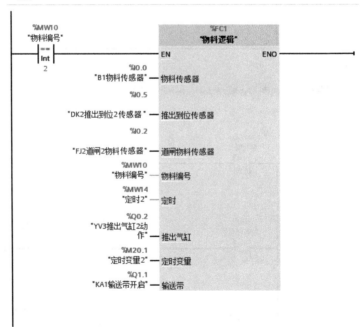

▼ 程序段 3：调用FC1控制物料编号1

注释

▼ 程序段 4：调用FC1控制物料编号2

注释

图 3-57　OB1 主程序（续）

▼ **程序段 5：** 调用FC1控制物料编号3

注释

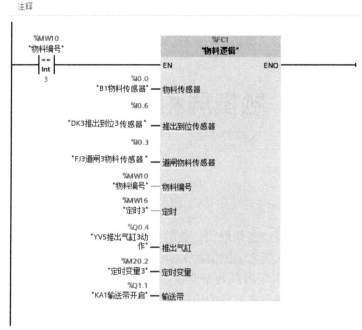

图 3-57　OB1 主程序（续）

第 4 章 触摸屏和组态软件

【导读】

触摸屏和组态软件的主要功能是取代传统的控制面板和显示仪表，通过 PLC 等控制单元建立通信，实现人与控制系统之间的信息交换，能够更方便地实现对现场设备的操作和监控。触摸屏可以通过博途软件与 PLC 共享变量，通过 PROFINET 通信轻松实现对设备的自动控制。触摸屏基于组态软件丰富灵活的组网功能，可以接入现场总线和 Internet 网络，使成本降到最低，实现对整个车间、不同设备的集中监控。触摸屏和组态软件都具有离线仿真功能，可在不下载相关 PLC 程序和画面组态的情况下，将控制系统一一呈现出来，大大缩短了调试时间，提升了编程效率。

4.1 触摸屏与 PLC 的连接

4.1.1 西门子精简触摸屏

西门子的触摸屏产品主要分为 SIMATIC 精简系列面板（以下简称精简触摸屏）、SIMATIC 精智面板和 SIMATIC 移动式面板，均可以通过博途软件进行组态。表 4-1 为西门子触摸屏规格汇总。

表 4-1　西门子触摸屏规格汇总

触摸屏类型	规　　格
SIMATIC 精简系列面板	3 英寸、4 英寸、6 英寸、7 英寸、9 英寸、10 英寸、12 英寸、15 英寸显示屏
SIMATIC 精智面板	4 英寸、7 英寸、9 英寸、10 英寸、12 英寸、15 英寸、19 英寸、22 英寸显示屏
SIMATIC 移动式面板	4 英寸、7 英寸、9 英寸显示屏，170s、270s 系列

西门子精简触摸屏是面向基本应用的触摸屏，适合与 S7-1200 PLC 配合使用，常用型号及其参数见表 4-2。

表 4-2　精简触摸屏常用型号及其参数

型　　号	显示屏尺寸	可组态按键	分辨率	网络接口
KTP400 Basic	4.3 英寸	4	480 像素×272 像素	PROFINET
KTP700 Basic	7 英寸	8	800 像素×480 像素	PROFINET
KTP700 Basic DP	7 英寸	8	800 像素×480 像素	PROFIBUS DP
KTP700 Basic	9 英寸	8	800 像素×480 像素	PROFINET
KTP1200 Basic	12 英寸	10	1280 像素×800 像素	PROFINET
KTP1200 Basic DP	12 英寸	10	1280 像素×800 像素	PROFIBUS DP

图 4-1 为触摸屏与 PC、PLC（这里是 S7-1200 CPU）之间通过交换机进行 PROFINET 连接的示意图。

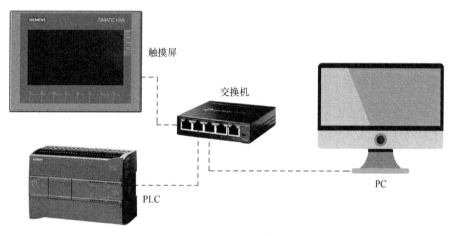

图 4-1　连接示意图

4.1.2　触摸屏的组态和使用

对触摸屏进行编程通常被称为组态。其内涵是指操作人员根据工业应用对象和控制实例的要求，配置用户应用软件的过程，包括定义、制作和编辑对象，以及设定对象的状态特征属性参数等。虽然不同品牌触摸屏的组态软件不同，但都有一些通用的功能，如画面、标签、配方、上传、下载、仿真等。

触摸屏组态的目的在于操作与监控现场设备。触摸屏与现场设备之间通过 PLC 等控制单元连接，利用变量进行信息交互。触摸屏上的按钮对应 PLC 的 M$x.y$ 数字量"位"，按下按钮时，M$x.y$ 置位（为"1"），释放按钮时，M$x.y$ 复位（为"0"），只有建立了这种对应关系，操作人员才可以通过触摸屏与 PLC 的 CPU 建立关系。触摸屏的变量值不仅可以写入 PLC 存储单元（变量映像区），还可以从变量映像区读取信息。

现场设备、PLC、触摸屏之间的关系示意图如图 4-2 所示。

触摸屏通常提供多种 PLC 等硬件设备的驱动程序，能够与绝大多数 PLC 进行通信，实现 PLC 的在线实时控制和显示。有些触摸屏可以提供多个通信口，且可以同时使用，可以与任何开放协议的设备进行通信。触摸屏基于丰富灵活的组网功能，可以接入现场总线和 Internet 网络，使成本降到最低，实现对整个车间、不同设备的集中监控。

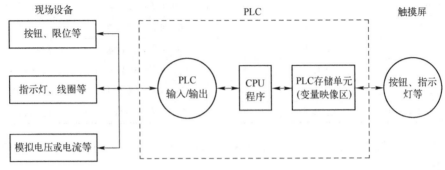

图 4-2　现场设备、PLC、触摸屏之间的关系示意图

4.1.3 【实例 21】用触摸屏控制水泵降压启动

1. PLC 控制任务说明

图 4-3 为 KTP700 Basic 触摸屏与 S7-1200 PLC 通过 PROFINET 相连，并通过触摸屏的按钮控制水泵降压启动的示意图。

（1）完成触摸屏的电源接线，并用网线与 S7-1200 PLC 进行 PROFINET 连接，实现正常的通信。

（2）为触摸屏设置启动和停止按钮，设置星形-三角形切换时间，用于控制水泵降压启动。

（3）当因电动机故障导致热继电器动作时，水泵自动停机，故障指示灯闪烁，同时触摸屏上有显示。

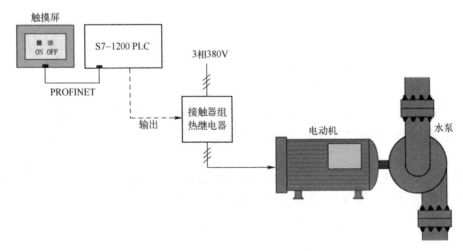

图 4-3　【实例 21】控制示意图

2. 电气接线图

表 4-3 为 S7-1200 PLC 的输入/输出分配表。

表 4-3　S7-1200 PLC 的输入/输出分配表

软元件		符号/名称
输入	I0.2	FR/热继电器
输出	Q0.0	HL1/指示灯
	Q0.1	KA1/控制主接触器 KM1
	Q0.2	KA2/控制三角形接触器 KM2
	Q0.3	KA3/控制星形接触器 KM3

图 4-4 为用触摸屏控制水泵降压启动电气接线图。

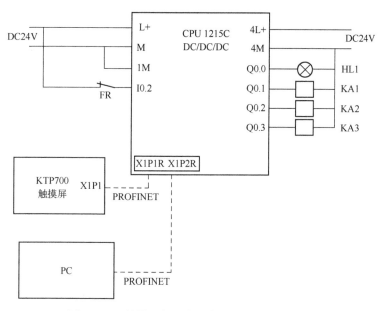

图 4-4　用触摸屏控制水泵降压启动电气接线图

3. PLC 编程

（1）变量设置

为了完成本实例的要求，需要在触摸屏上设置启动和停止按钮，设置星形-三角形切换时间，显示运行、故障状态，如将触摸屏上的按钮分别定义为 M10.0（停止按钮）、M10.1（启动按钮），星形-三角形切换时间的设置需要将传统的固定时间修改为 MD12（数据类型为 Time），如图 4-5 所示，以便能够在触摸屏上进行修改。

（2）梯形图

图 4-6 为用触摸屏控制水泵降压启动的梯形图。

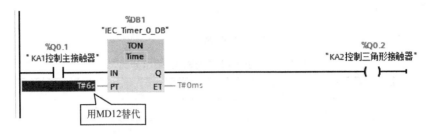

图 4-5　星形-三角形切换时间的设置

程序解释如下：

程序段 1：上电初始化设置降压切换时间 MD12=5s。

程序段 2：主接触器 KM1 和星形接触器 KM3 动作逻辑，其中 M10.0 按钮信号与实际的按钮信号略有不同，要注意常开或常闭信号的区别。

程序段 3：主接触器 KM1 ON 后延时设置时间 MD12，三角形接触器 KM2 动作。

程序段 4：故障指示灯闪烁。

程序段 5：设置最低切换时间 3s。

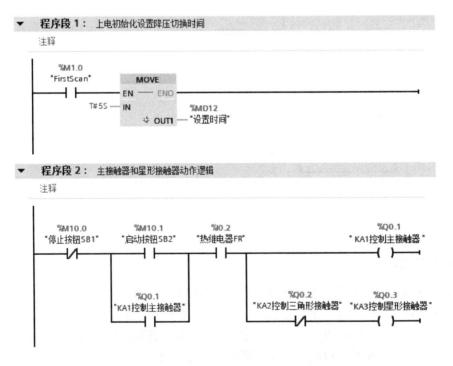

图 4-6　用触摸屏控制水泵降压启动的梯形图

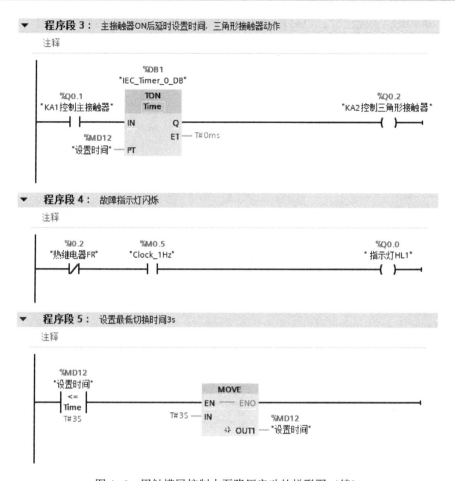

图 4-6　用触摸屏控制水泵降压启动的梯形图（续）

4. 触摸屏组态

（1）添加触摸屏

完成 PLC 编程之后，在项目树中按如图 4-7 所示添加新设备，选择 KTP700 Basic，确认相应的订货号和版本：订货号为 6AV2 123-2GB03-0AX0，版本为 16.0.0.0。如果遇到软件版本较低的触摸屏，则选择低版本，否则无法正确下载触摸屏画面组态。

单击"确定"按钮，出现如图 4-8 所示的"HMI 设备向导"界面，包括 PLC 连接、画面布局、报警、画面、系统画面和按钮等六个步骤。这六个步骤可以通过选择"下一步"按钮逐一完成，也可以直接单击"完成"按钮。这里只介绍"PLC 连接"，在"浏览"按键后的下拉菜单中选择"PLC_1"，单击✔，出现如图 4-9 所示的 PLC 与 HMI 的通信属性。

（2）画面组态

在完成上述步骤后，会出现如图 4-10 所示的根画面，也就是一个项目在运行时的起始画面。根画面有类似 PPT 页面上的页眉、页脚设置，可以放置 LOGO 和时间等图文信息。图 4-11 为"根画面"→"属性"→"常规"→"样式"→"模板"的选择界面，这里选择无页眉、页脚的"模板_2"，也是任何添加新模板后不编辑的原始画面。

图 4-7 "添加新设备"界面

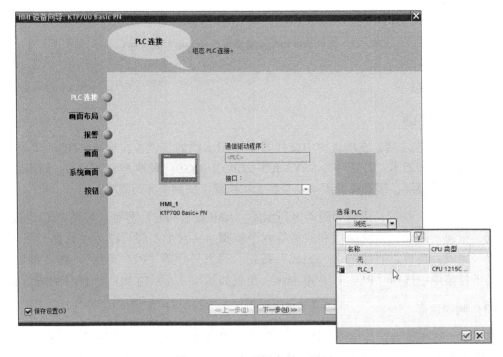

图 4-8 "HMI 设置向导"界面

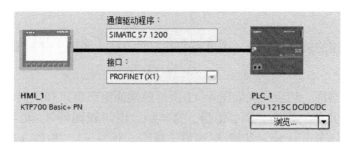

图 4-9　PLC 与 HMI 的通信属性

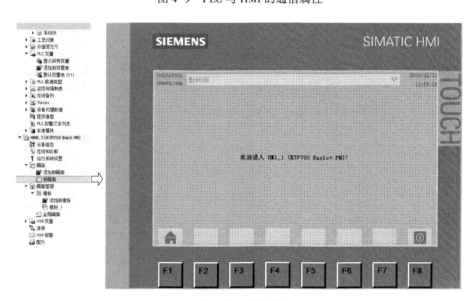

图 4-10　根画面

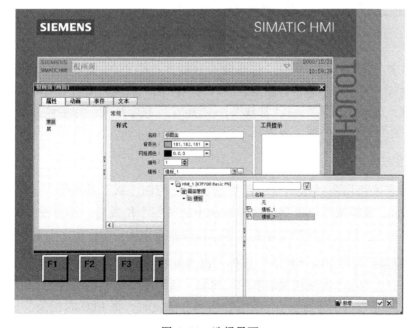

图 4-11　选择界面

① 文本组态。

触摸屏的画面组态就是将表示实例过程的基本对象插入画面，并对基本对象进行组态，使其符合过程要求。

单击任何一个画面，均会出现如图4-12所示的画面组态窗口和工具箱。其中，工具箱包括基本对象（如直线、椭圆、圆、矩形、文本域、图形视图等）、元素（如I/O域、按钮、符号I/O域、图形I/O域、日期/时间域、棒图、开关等）、控件（如报警视图、趋势视图、用户视图、HTML浏览器、配方视图、系统诊断视图等）、图形（如WinCC图形文件夹、我的图形文件夹等）。

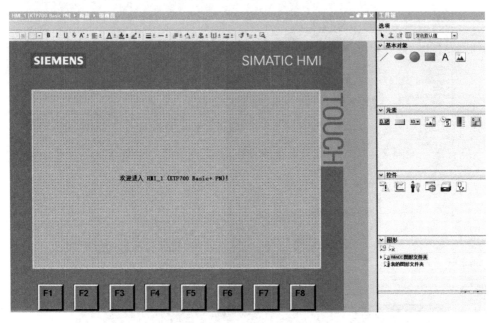

图4-12　画面组态窗口和工具箱

在根画面中，首先单击已有的"欢迎进入 HMI_1（KTP700 Basic+ PN）！"文本域或选择基本对象中的"Ａ"文本域进行新建，写入实例标题"触摸屏控制水泵降压启动"，单击文本域的右键，选择"属性"→"常规"→"样式"进行修改，如字体为"宋体，23px，style＝Bold"，还可以修改外观、布局等。

② 按钮组态。

接下来组态按钮用来对指示灯进行启动、停止控制，从工具箱的"元素"中把按钮拖曳至画面，在将按钮放置到触摸屏画面中的某一个位置后，即可设置按钮的相关属性，比如文本标签，输入"启动"字符，表示该按钮用来执行彩灯按序点亮操作。

图4-13是触摸屏按钮的"按下"事件，包括单击、按下、释放、激活、取消激活、更改等，按下和释放为与本实例相关的事件。比如，这里定义按钮的属性为：当按下按钮时，将PLC的相关变量置位，即处于ON状态；当释放按钮时，将PLC的相关变量复位，即处于OFF状态。选择"编辑位"→"置位位"，用按钮选择"PLC_1"中的变量后，从中

找到按下按钮事件变量"启动按钮 SB2"，如图 4-14 所示，出现 符号表示按下事件已经成立。同理，对按钮释放选择"编辑位"→"复位位"事件，触发变量不变，仍旧为"启动按钮 SB2"，如图 4-15 所示。

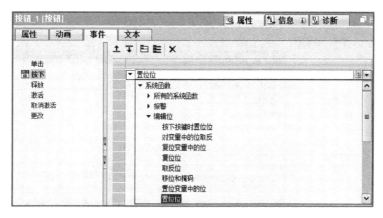

图 4-13　按下事件

图 4-14　找到事件变量"启动按钮 SB2"

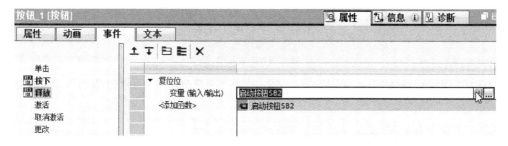

图 4-15　"释放事件"组态完成

按照同样的方法，增加停止按钮，并进行类似的"按下"和"释放"事件的组态，在组态过程中，可以采取复制和粘贴方式。

③ 指示灯组态。

与按钮不同，指示灯是动态元素，根据过程会改变状态。如图 4-16 所示，从基本对象中将 🔘 拖曳至画面，可添加外观、可见性动画，这里选择"外观"。

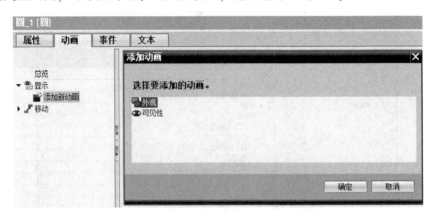

图 4-16　"添加动画"界面

在一般情况下，触摸屏上的指示灯存在颜色变化，比如信号接通为红色，信号不接通为灰色等。图 4-17 为新建指示灯的"外观"动画，与 PLC 的"控制主接触器 KM1"变量（Q0.1）关联。在"范围"的"0"处选择"背景色"、"边框颜色"和"闪烁"等属性，这里背景色选择为灰色，单击"添加"，即会出现"范围"为"1"的横栏，背景色选择为红色。

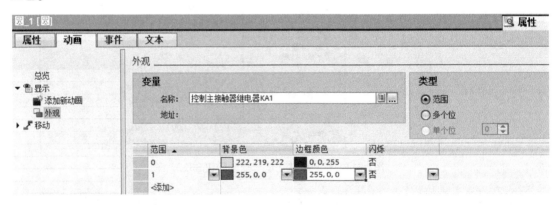

图 4-17　"外观"动画

④ I/O 域组态。

I/O 域的动画设置如图 4-18 所示，这里选择"变量连接"→"过程值"，数据类型为"Time"。

图 4-19 为完成后的画面组态。

完成画面组态后的 HMI 变量如图 4-20 所示。除了 Tag_ScreenNumber 为内部变量，其余的按钮、指示灯、设置时间等变量都是从 PLC 中导入的，这也是博途软件具有的变量共享特征。

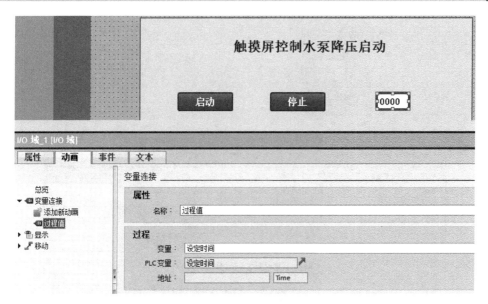

图 4-18　I/O 域的动画设置

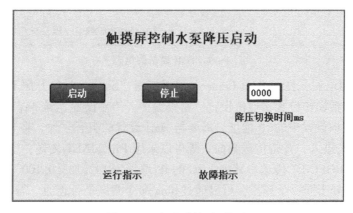

图 4-19　完成后的画面组态

名称 ▲	变量表	数据类型	连接	PLC 名称	PLC 变量
Tag_ScreenNumber	默认变量表	UInt	<内部变量>		<未定义>
故障指示灯HL1	默认变量表	Bool	HMI_连接_1	PLC_1	故障指示灯HL1
控制主接触器继电器KA1	默认变量表	Bool	HMI_连接_1	PLC_1	控制主接触器继电器KA1
启动按钮SB2	默认变量表	Bool	HMI_连接_1	PLC_1	启动按钮SB2
设置时间	默认变量表	Time	HMI_连接_1	PLC_1	设定时间
停止按钮SB1	默认变量表	Bool	HMI_连接_1	PLC_1	停止按钮SB1

图 4-20　HMI 变量

5. 触摸屏程序的下载和调试

触摸屏就是这里的 HMI 设备，在博途软件中用 HMI 设备来统称触摸屏，HMI 设备的组态如图 4-21 所示，根据 HMI 和 PC、PLC 等设备在同一个 IP 频段的原则，可以设置"IP 地址"为"192.168.0.4"，"子网掩码"为"255.255.255.0"。

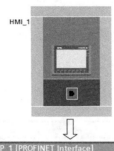

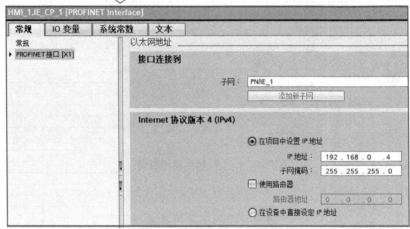

图 4-21 HMI 设备的组态

将 HMI 设备通电后，显示 Start Center，通过按钮 "Settings" 打开用于对 HMI 设备进行参数化的设置，包括操作设置、通信设置、密码保护、传输设置、屏幕保护程序、声音信号等，最重要的是通信设置中的 IP 地址，需要与 HMI 设备的组态一致。将 HMI 设备的画面切换到 Transfer，单击进入，等待传送画面，既可以采用 PROFINET 传送，也可以采用 USB 传送。本实例采用 PROFINET 传送。其中，PC 的 IP 地址为 192.168.0.100，与 HMI 设备的 IP 地址 192.168.0.4 处于同一个频段，可以通过 ping 命令测试是否连通。需要注意的是，在实际下载程序过程中，HMI 设备会根据博途软件的下载命令自动切换到 Transfer 画面。

实际运行画面如图 4-22 所示。需要注意的是，触摸屏的故障指示若不能正常显示，则是因为该变量的采集周期默认为 1s，刚好与 PLC 的变量闪烁周期同频，需要将闪烁周期设置为 100ms。

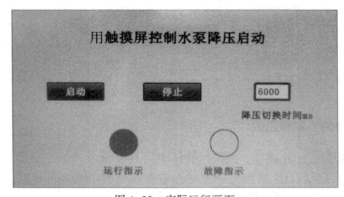

图 4-22 实际运行画面

4.2　组态王的结构及与西门子 S7-1200 PLC 的连接

4.2.1　组态王的结构

组态王 6.x 版本是运行在微软 Windows 系统中的中文人机界面软件，采用多线程、COM 组件等新技术实现了实时多任务，由工程管理器、工程浏览器及画面运行系统三部分组成。

图 4-23 为"工程管理器"界面，可用于新工程的创建和已有工程的管理。图 4-24 为"工程浏览器"界面，可用于查看工程的各个组成部分，完成数据库的构造、定义外部设备等工作。画面运行系统由工程浏览器调用画面制作系统 $\boxed{\text{MAKE}}$ 和工程运行系统 $\boxed{\text{VIEW}}$ 来完成。

图 4-23　"工程管理器"界面

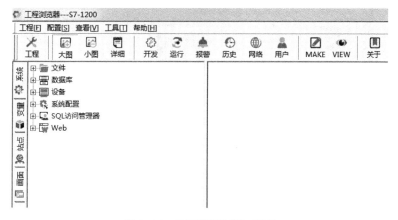

图 4-24　"工程浏览器"界面

4.2.2　组态王与西门子 S7-1200 PLC 的连接

1. 通信设置

组态王把与其通信的设备（包括西门子 S7-1200 PLC）都看作外部设备。

为了实现与外部设备的通信，组态王内置了大量的设备驱动作为与外部设备的通信接口。在开发过程中，用户只需要根据工程浏览器提供的"设备配置向导"一步一步地完成连接，即可实现组态王与外部设备的连接。在运行期间，组态王可以通过通信接口与外部设备交换数据，包括采集数据和发送数据/指令。组态王与西门子 S7-1200 PLC 的连接如图 4-25 所示。每一个驱动都是一个 COM 组件，既可保证运行系统的高效率，也可使系统有很强的扩展性。

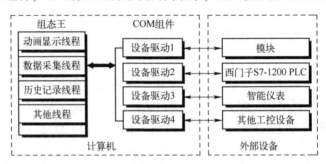

图 4-25　组态王与西门子 S7-1200 PLC 的连接

西门子 S7-1200 PLC 与组态王通过以太网相连的步骤如下。

首先在组态王的"工程浏览器"树状目录中选择"设备"，在右边的工作区中出现"新建"图标，双击"新建"图标，弹出"设备配置向导"窗口，如图 4-26 所示，选择西门子 S7-1200 的 TCP 通信方式。

图 4-26　"设备配置向导"对话框

在"设备"下的子项中，默认列出的项目表示组态王与外部设备的几种常用通信方式，如 COM1、COM2、DDE、板卡、OPC 服务器、网络站点等。其中，COM1、COM2 表示组态王支持串口通信方式；DDE 表示组态王支持通过 DDE 数据传输标准进行数据通信。需要特别说明的是，因为标准的 PC 都有两个串口，所以此处只是作为一种固定的显示形式，并不表示组态王只支持 COM1、COM2 通信方式，也不表示组态王在 PC 上肯定有两个串口，在"设备"下也不会显示 PC 上的实际串口数目，用户通过"设备配置向导"选择实际设备连接的 PC 串口即可。

图 4-27 为逻辑名称的填写界面。这里填写"西门子 1200PLC"。

图 4-27　逻辑名称的填写界面

接下来设置通信地址，注意 CPU 的槽号默认为 0，地址为 192.168.0.1：0，如图 4-28 所示。

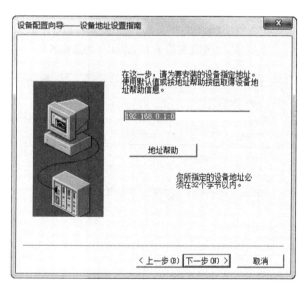

图 4-28　设置通信地址

完成后的界面如图 4-29 所示。

为了测试西门子 S7-1200 PLC 与组态王之间是否可以进行正常通信，右键单击"西门子 1200PLC"，弹出如图 4-30 所示界面，选择"测试 西门子 1200PLC"，弹出"串口设备测试"窗口，如图 4-31 所示，可以添加寄存器，如 I0.0、Q0.0，数据类型为 Bit。如果可以正确读取变量的状态值（位），则说明通信成功。

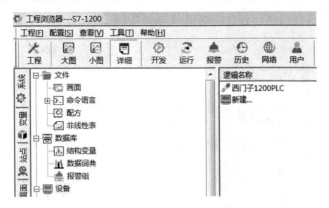

图 4-29 完成后的界面

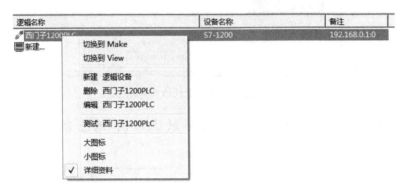

图 4-30 "测试 西门子 1200PLC"的选择界面

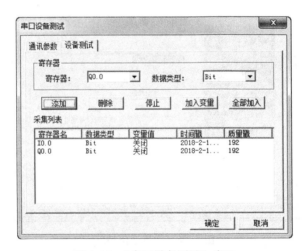

图 4-31 "串口设备测试"窗口

2. 通信设置要点

西门子 S7-1200 PLC 与组态王之间在进行通信之前，需要进行如下设置。

（1）确认在 PC 上安装有以太网卡，并与西门子 S7-1200 PLC 连接在同一个网络中。

（2）在 TIA Portal 中设置 IP 地址（如 192.168.0.1）、子网掩码（如 255.255.255.0）及连接属性（需要勾选"允许来自远程对象的 PUT/GET 通信访问"），并下传到西门子 S7-1200 PLC 中，如图 4-32 所示。

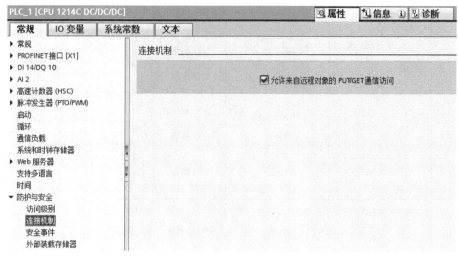

图 4-32　设置连接机制

（3）为 PC 设置 IP 地址和子网掩码，如 IP 地址为 192.168.0.2，子网掩码为 255.255.255.0。

（4）使用 ping 命令，保证 PC 能连接到西门子 S7-1200 PLC，如图 4-33 所示。

图 4-33　使用 ping 指令连接

3. 西门子 S7-1200 PLC 的设备寄存器

西门子 S7-1200 PLC 的设备寄存器列表见表 4-4。

表 4-4　西门子 S7-1200 PLC 的设备寄存器列表

寄存器名称	通道范围	数据类型	变量类型	读/写属性	寄存器说明
Idd	dd：0～65535	Byte	I/O 整型	只读	数字量输入区
Idd.xx	dd：0～65535 xx：0～7	Bit	I/O 离散		

续表

寄存器名称	通道范围	数据类型	变量类型	读/写属性	寄存器说明
Qdd	dd：0～65535	Byte	I/O 整型	读/写	数字量输出区
Qdd. xx	dd：0～65535 xx：0～7	Bit	I/O 离散		
Mdd	dd：0～65535	Byte，Short，Ushort Float	I/O 整型 I/O 实数	读/写	中间寄存器区
Mdd. xx	dd：0～65535 xx：0～7	Bit	I/O 离散		
DBx. y	x：1～65535 y：0～65535	Byte，Short，Ushort，Long	I/O 整型	读/写	数据块寄存器：x 为数据块（DB）的编号；y 为寄存器的起始字节号；z 为相对于 y 字节号从低位起的第 z 位
		Float	I/O 实数		
DBx. y. z	x：1～65535 y：0～65535 z：0～7	Bit	I/O 离散		
DBx. y. z	x：1～65535 y：0～65533 z：1～127 （y + z <65535）	String	I/O 字符串	读/写	数据块寄存器，x、y 的含义同上，z 为字符串的长度

表 4-4 的说明如下：

（1）对于只写寄存器，将采集频率设置为 0。

（2）如果要向西门子 S7-1200 PLC 的设备寄存器中写入 Short 或 Ushort 型数据，则通道号不能存在重叠的情况，如 Ushort 型数据 M10、M11，向 M10 中写入数据，实际上就是向西门子 S7-1200 PLC 设备寄存器的数据块 MB10、MB11 中写入数据，将影响 M11 映射的西门子 S7-1200 PLC 数据块 MB11、MB12 中的 MB11，如图 4-34 所示。

图 4-34   M10 和 M11 的定义

（3）在 TIA Portal 中定义 DB 时，不要勾选"优化的块访问"选项，可以对 DB 按标准地址的偏移方式进行数据采集。

（4）在定义变量对应的寄存器数据类型时，共有 9 种数据类型可以使用。9 种数据类型如下。

Bit：1 位，范围为 0 或 1。

Byte：8 位，1 个字节，范围为 0～255。

Short：2 个字节，范围为 -32768～32767。

Ushort：16 位，2 个字节，范围为 0～65535。

Bcd：16 位，2 个字节，范围为 0～9999。

Long：32 位，4 个字节，范围为-2147483648 ～ 2147483647。

Longbcd：32 位，4 个字节，范围为 0 ～ 4294967295。

Float：32 位，4 个字节，范围为 10e-38 ～ 10e38，有效位为 7 位。

String：128 个字符长度。

4.2.3 【实例 22】交通指示灯

1. PLC 控制任务说明

对交通指示灯采用组态软件进行监控，可以对现场的按钮进行启/停控制，也可以在组态软件画面上进行启/停控制，设置红灯亮 10s 后，绿灯亮 12s，接着黄灯闪烁 3s 后进入下一个循环。

2. 电气接线图

交通指示灯的电气接线图如图 4-35 所示。

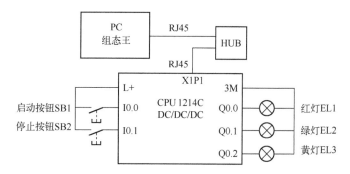

图 4-35　交通指示灯的电气接线图

3. PLC 编程

根据要求定义变量，见表 4-5。

表 4-5　定义变量

名称	变量表	数据类型	地址 ▲
启动按钮	默认变量表	Bool	%I0.0
停止按钮	默认变量表	Bool	%I0.1
红灯	默认变量表	Bool	%Q0.0
绿灯	默认变量表	Bool	%Q0.1
黄灯	默认变量表	Bool	%Q0.2
运行状态	默认变量表	Bool	%M0.0
定时器中间变量1	默认变量表	Bool	%M0.1
定时器中间变量2	默认变量表	Bool	%M0.2
组态软件启动信号	默认变量表	Bool	%M1.0
组态软件停止信号	默认变量表	Bool	%M1.1
定时器实际值	默认变量表	Time	%MD4

图 4-36 为交通指示灯的梯形图。编程时，需要将启动按钮 I0.0 和组态软件启动信号 M1.0 进行并联"或操作"（程序段 3），将停止按钮 I0.1 和组态软件停止信号 M1.1 进行并联"或操作"（程序段 4），设置一个 TON 定时器用于一个循环周期 25s 的定时，当时间到后，自动进行复位（程序段 5）。在循环周期中进行的定时器比较与其他变量的比较指令类似，只是类型为 Time 而已（程序段 6）。

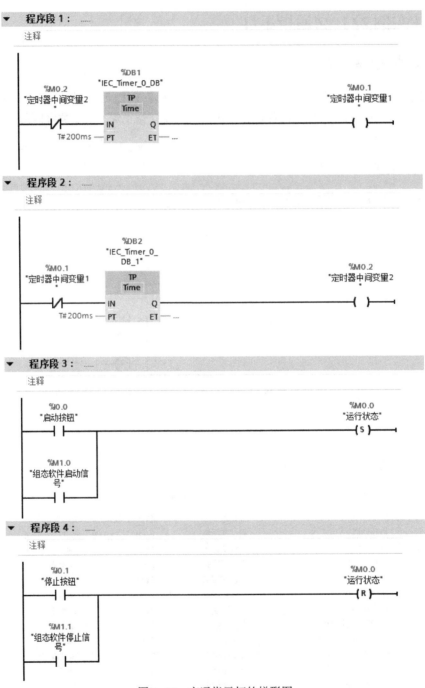

图 4-36　交通指示灯的梯形图

程序段 5：......

注释

图 4-36　交通指示灯的梯形图（续）

4. 组态

（1）新建设备，将组态王与西门子 S7-1200 PLC 进行通信连接。

（2）新建变量，需要 5 个变量，如图 4-37 所示。

红灯	绿灯	黄灯	组态软件 启动信号	组态软件 停止信号
Q0.0	Q0.1	Q0.2	M1.0	M1.1

图 4-37　新建变量

每个变量的定义如图 4-38 所示，需要与西门子 S7-1200 PLC 的变量对应起来，包括数据类型和读/写属性。由于 Q0.0 等均为输出，因此为只读属性。由于 M1.0 和 M1.1 需要组态软件进行监控，因此为读/写属性。

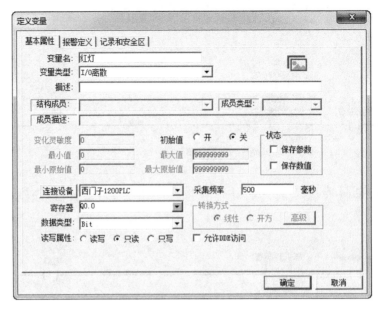

图 4-38　每个变量的定义

（3）新建画面，并对画面中的指示灯变量进行动画连接，如图 4-39 所示。以红灯为例，按如图 4-40 所示填充属性，包括变量表达式，可以直接在框内输入"\\本站点\红灯"，也可以单击右侧的"?"，出现一系列的变量名，选择"\\本站点\红灯"；根据数据类型的不同，"刷属性"默认为整数数据，这里为位信号，需要将数值"100.00"修改为"1.00"（注意：这里的小数点不代表实数类型）；选择颜色，"1.00"为红色，"0.00"为白色，按照"刷属性"的修改方式依次修改绿灯、黄灯的属性。

图 4-39　动画连接

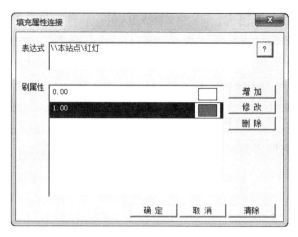

图 4-40　填充属性连接

（4）图 4-41 为"交通指示灯监控画面"。

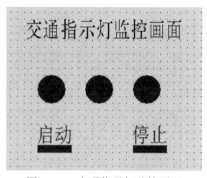

图 4-41　交通指示灯监控画面

由于启动按钮和停止按钮是模拟现实中的按钮属性，因此需要设置"按下时"和"弹起时"不同的状态量，单击右键，出现"启动"按钮动画连接界面，如图 4-42 所示。

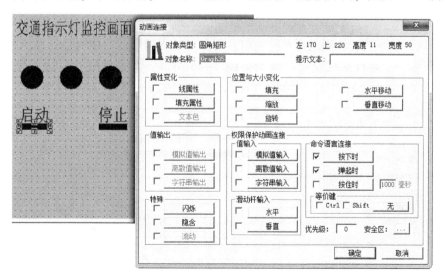

图 4-42　"启动"按钮动画连接界面

图 4-43 为按下时的命令语言，即 "\\本站点\组态软件启动信号=1;"。图中，变量可以从左下角的 变量[.域] 中选择；"=1;" 需要手动输入；结束符 ";" 必须输入，否则会出现语法错误。

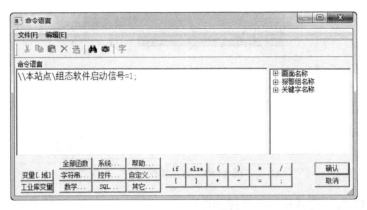

图 4-43 按下时的命令语言

弹起时的命令语言为 "\\本站点\组态软件启动信号=0;"，如图 4-44 所示。

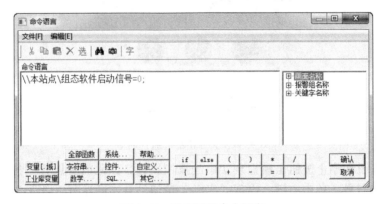

图 4-44 弹起时的命令语言

（5）在从开发系统切换到运行系统之前，要在 "工程浏览器" 中对运行系统进行设置，如图 4-45 所示。"运行系统设置" 界面如图 4-46 所示。设置后的 "运行系统" 界面如图 4-47 所示。

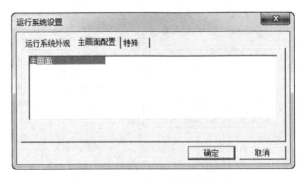

图 4-45 选择 "运行系统"　　　　　　图 4-46 "运行系统设置" 界面

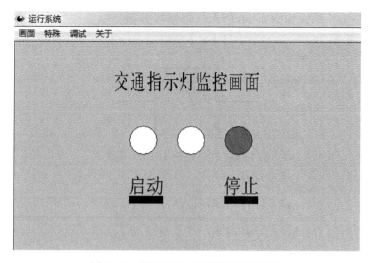

图 4-47　设置后的"运行系统"界面

4.3　移位指令及其应用实例

4.3.1　右移指令（SHR）和左移指令（SHL）

右移指令（SHR）形式如图 4-48 所示，可将输入 IN 操作数中的内容按位向右移动，在输出 OUT 中查询结果。参数 N 用于指定移动的位数。当参数 N 的值为"0"时，输入 IN 操作数中的内容将被复制到输出 OUT 的操作数中。如果参数 N 的值大于可用位数，则输入 IN 操作数中的内容向右移动可用位数。对于无符号值，在移动时，操作数左边空出的位用 0 填充。如果指定值有符号，则可用符号位的信号状态填充空出的位。

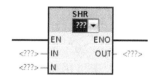

图 4-48　右移指令（SHR）形式

图 4-49 为将整数数据类型操作数中的内容向右移动 4 位示意图。

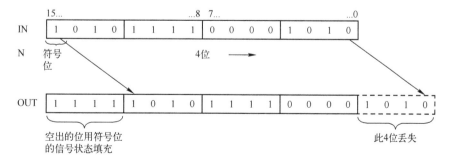

图 4-49　将整数数据类型操作数中的内容向右移动 4 位示意图

左移指令（SHL）形式如图 4-50 所示。将整数数据类型操作数中的内容向左移动 6 位示意图如图 4-51 所示。

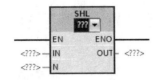

图 4-50 左移指令（SHL）形式

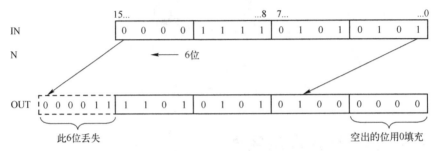

图 4-51 将整数数据类型操作数中的内容向左移动 6 位示意图

4.3.2 循环右移指令（ROR）和循环左移指令（ROL）

循环右移指令（ROR）形式如图 4-52（a）所示，可以将输入 IN 中操作数的内容按位向右循环移动，在输出 OUT 中查询结果。参数 N 用于指定移动的位数。用移出的位填充因循环移动空出的位。当参数 N 的值为 "0" 时，输入 IN 操作数中的内容将被复制到输出 OUT 的操作数中。

循环左移指令（ROL）形式如图 4-52（b）所示，可以将输入 IN 操作数中的内容按位向左循环移动，在输出 OUT 中查询结果。参数 N 用于指定移动的位数。用移出的位填充因循环移动空出的位。当参数 N 的值为 "0" 时，输入 IN 操作数中的内容将被复制到输出 OUT 的操作数中。当参数 N 的值大于可用位数时，输入 IN 操作数中的内容将循环移动指定位数。

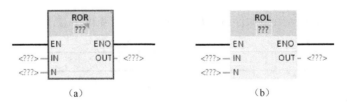

图 4-52 循环右移指令（ROR）和循环左移指令（ROL）形式

图 4-53 为将 Dword 数据类型操作数中的内容向右循环移动 3 位示意图。

图 4-54 为将 Dword 数据类型操作数中的内容向左循环移动 3 位示意图。

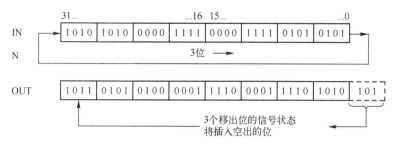

图 4-53　将 Dword 数据类型操作数中的内容向右循环移动 3 位示意图

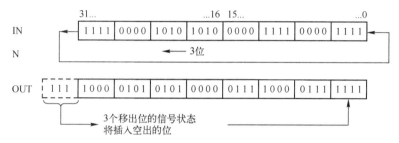

图 4-54　将 Dword 数据类型操作数中的内容向左循环移动 3 位示意图

4.3.3　【实例 23】6 位单点移位

1. PLC 控制任务说明

用一个开关控制 6 盏灯，每隔一定的时间亮 1 盏灯，从左到右依次点亮，不断重复上述循环过程。要求在组态软件中可以自由选择 3 种间隔时间，即 1s、2s、3s。

2. 电气接线图

6 位单点移位的电气接线图如图 4-55 所示。

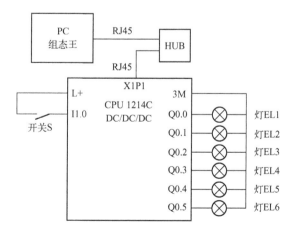

图 4-55　6 位单点移位的电气接线图

3. PLC 编程

根据要求定义变量，见表 4-6。

表 4-6 定义变量

名称	变量表	数据类型	地址 ▲
开关	默认变量表	Bool	%I1.0
输出字节	默认变量表	Byte	%QB0
定时器中间变量1	默认变量表	Bool	%M0.1
定时器中间变量2	默认变量表	Bool	%M0.2
定时脉冲上升沿1	默认变量表	Bool	%M0.3
定时脉冲上升沿2	默认变量表	Bool	%M0.4
开关下降沿	默认变量表	Bool	%M0.5
开关上升沿	默认变量表	Bool	%M0.6
状态值	默认变量表	Int	%MW2
左移计时单位	默认变量表	Time	%MD4
左移计时单位数	默认变量表	Int	%MW8
移位字节	默认变量表	Byte	%MB10

初始化 OB100 的梯形图如图 4-56 所示。将左移计时单位设置为 500ms，左移计时单位数设置为 1。

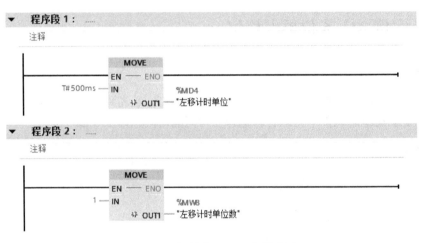

图 4-56　初始化 OB100 的梯形图

主程序 OB1 的梯形图如图 4-57 所示。各个程序段说明如下：

程序段 1～程序段 2 为左移计时单位的脉冲。其中，1s 脉冲时 MD4＝500ms，2s 脉冲时 MD4＝1000ms，3s 脉冲时 MD4＝1500ms。程序段 3 为开关 I1.0 闭合时，按左移脉冲周期依次将 MB10 中的数值左移 1 位。程序段 4 为开关 I1.0 闭合时计算脉冲周期数，计算结果放入 MW2 中，也就是从 1 计数到 6。程序段 5 为开关 I1.0 断开时，MW2 状态值为 1，MB10 为 1。程序段 6 为 MW2 计数到 7 时，变量自动变为 1，重新开始循环，同时 MB10 为 1。程序段 7 为开关 I1.0 闭合时，输出 MB10～QB0，即 Q0.0～Q0.5 共 6 位。程序段 8 为开关 I1.0 断开时，输出 Q0.0～Q0.5 关闭。程序段 9 是在开关 I1.0 为 ON 的瞬间，将 MB10 置 1。程序段 10～程序段 12 是根据 MW8 的值分析输出 MD4 的值。

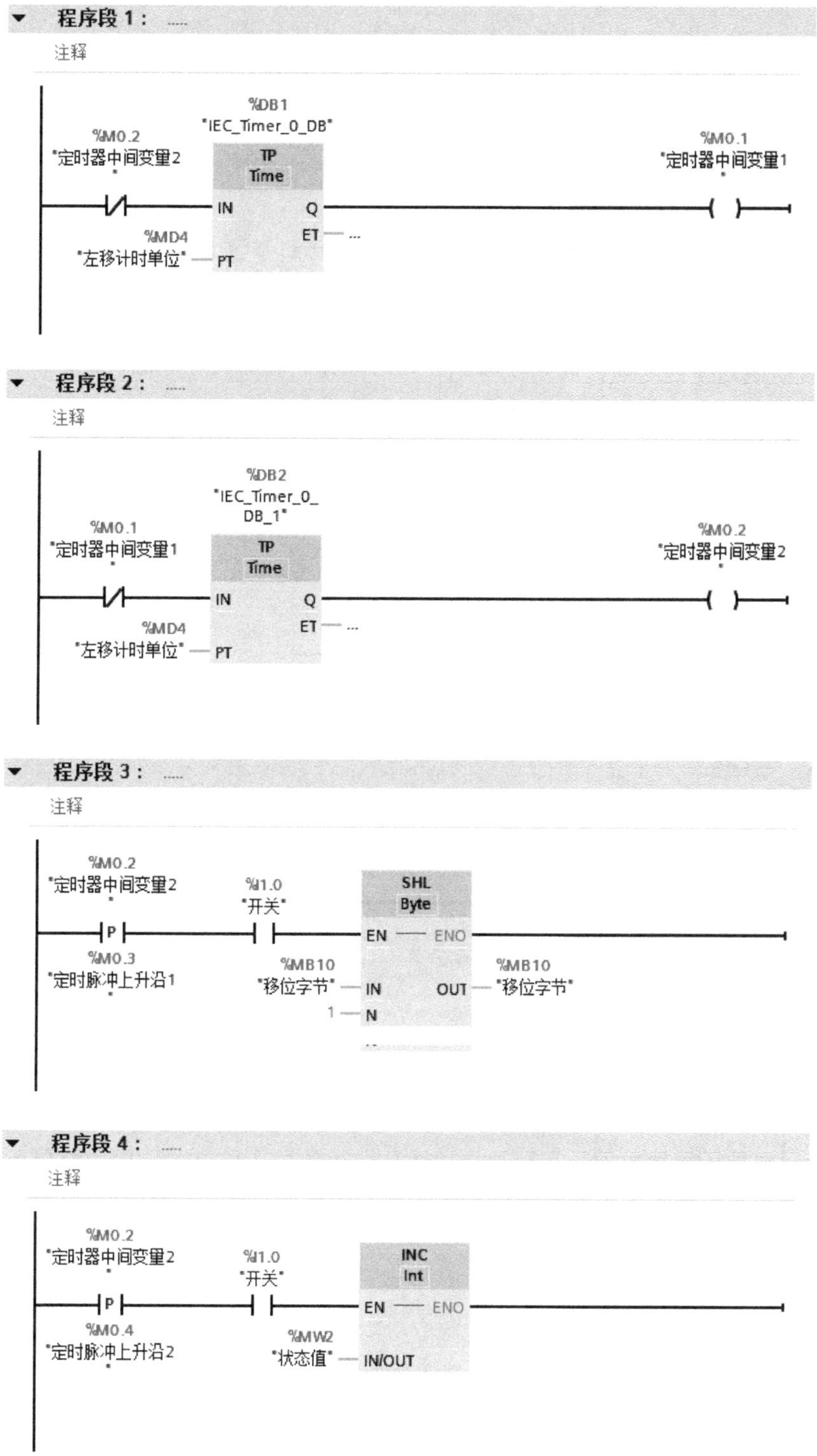
程序段 1： ......
注释
%DB1
"IEC_Timer_0_DB"
%M0.2
"定时器中间变量2"
TP
Time
IN
Q
ET
PT
%MD4
"左移计时单位"
%M0.1
"定时器中间变量1"
程序段 2： ......
注释
%DB2
"IEC_Timer_0_DB_1"
%M0.1
"定时器中间变量1"
TP
Time
IN
Q
ET
PT
%MD4
"左移计时单位"
%M0.2
"定时器中间变量2"
程序段 3： ......
注释
%M0.2
"定时器中间变量2"
P
%M0.3
"定时脉冲上升沿1"
%I1.0
"开关"
SHL
Byte
EN
ENO
%MB10
"移位字节"
IN
OUT
1
N
程序段 4： ......
注释
%M0.2
"定时器中间变量2"
P
%M0.4
"定时脉冲上升沿2"
%I1.0
"开关"
INC
Int
EN
ENO
%MW2
"状态值"
IN/OUT

图 4-57 主程序 OB1 的梯形图

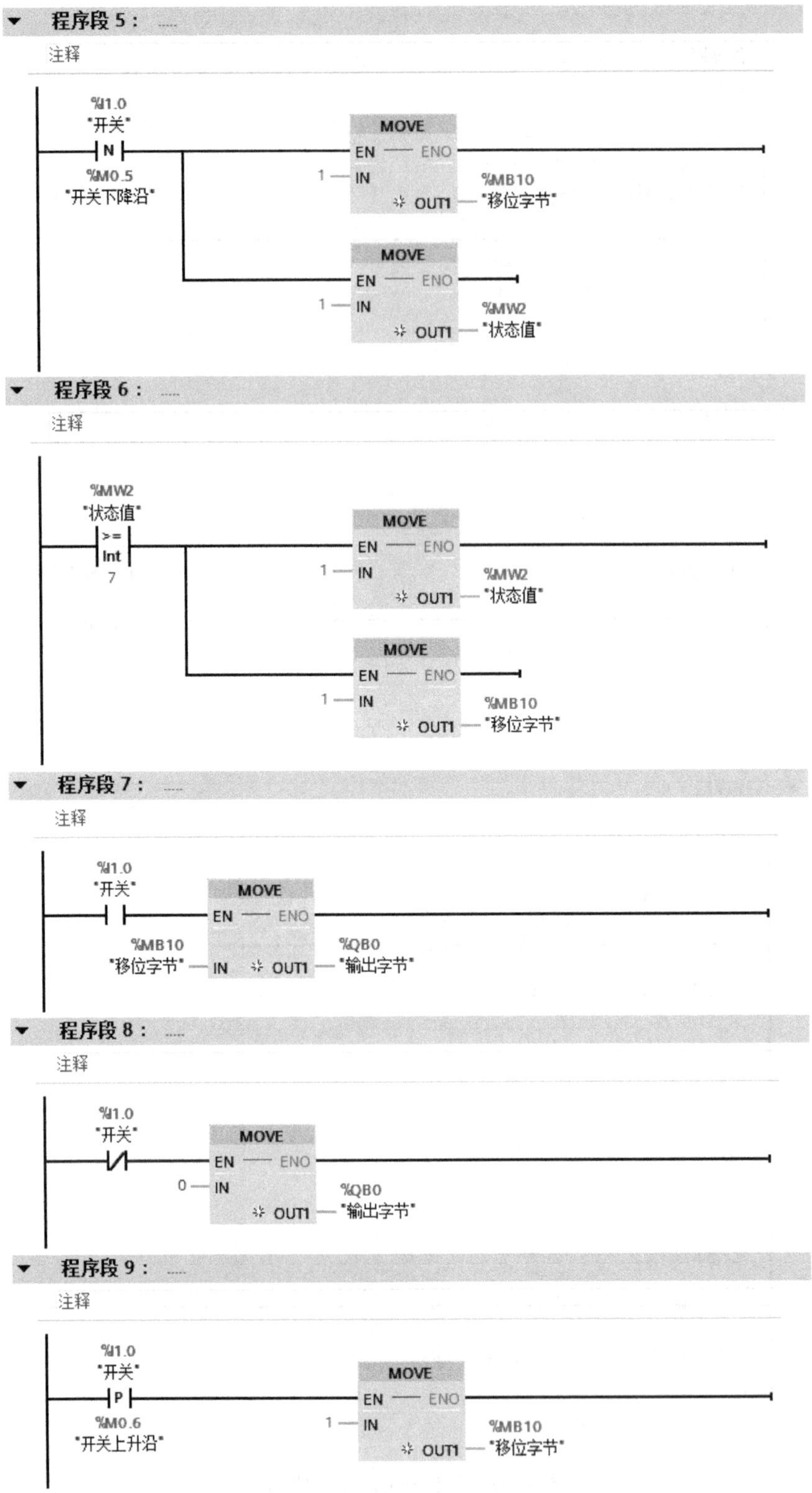

▼ 程序段 5： ......

注释

```
    %I1.0
    "开关"
    ─┤N├─────────┬──────────┌────MOVE────┐
    %M0.5        │          │ EN ── ENO  │
  "开关下降沿"    │        1 ─┤ IN         │      %MB10
                 │          │       OUT1 ├──── "移位字节"
                 │          └────────────┘
                 │          ┌────MOVE────┐
                 │          │ EN ── ENO  │
                 └────────1 ─┤ IN         │      %MW2
                            │       OUT1 ├──── "状态值"
                            └────────────┘
```

▼ 程序段 6： ......

注释

```
    %MW2
   "状态值"
    ─┤>=├────────┬──────────┌────MOVE────┐
      Int        │          │ EN ── ENO  │
       7         │        1 ─┤ IN         │      %MW2
                 │          │       OUT1 ├──── "状态值"
                 │          └────────────┘
                 │          ┌────MOVE────┐
                 │          │ EN ── ENO  │
                 └────────1 ─┤ IN         │      %MB10
                            │       OUT1 ├──── "移位字节"
                            └────────────┘
```

▼ 程序段 7： ......

注释

```
    %I1.0          ┌────MOVE────┐
    "开关"          │ EN ── ENO  │
    ─┤ ├───────────┤            │
    %MB10          │            │      %QB0
  "移位字节" ───────┤ IN    OUT1 ├──── "输出字节"
                   └────────────┘
```

▼ 程序段 8： ......

注释

```
    %I1.0          ┌────MOVE────┐
    "开关"          │ EN ── ENO  │
    ─┤/├───────────┤            │
                 0 ─┤ IN         │      %QB0
                   │       OUT1 ├──── "输出字节"
                   └────────────┘
```

▼ 程序段 9： ......

注释

```
    %I1.0          ┌────MOVE────┐
    "开关"          │ EN ── ENO  │
    ─┤P├───────────┤            │
    %M0.6        1 ─┤ IN         │      %MB10
  "开关上升沿"      │       OUT1 ├──── "移位字节"
                   └────────────┘
```

图 4-57　主程序 OB1 的梯形图（续）

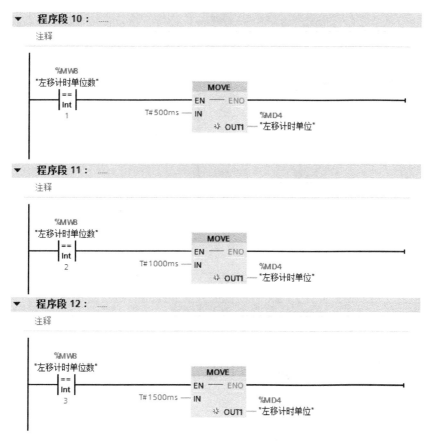

图 4-57　主程序 OB1 的梯形图（续）

4. 组态

（1）新建变量。新建变量见表 4-7，左移时间 M8 对应的是西门子 S7-1200 PLC 的 MB8 字节。

表 4-7　新建变量

变量名	变量类型	连接设备	寄存器
左移时间	I/O整型	西门子1200PLC	M8
灯EL1	I/O离散	西门子1200PLC	Q0.0
灯EL2	I/O离散	西门子1200PLC	Q0.1
灯EL3	I/O离散	西门子1200PLC	Q0.2
灯EL4	I/O离散	西门子1200PLC	Q0.3
灯EL5	I/O离散	西门子1200PLC	Q0.4
灯EL6	I/O离散	西门子1200PLC	Q0.5

（2）新建画面，添加灯，并对灯的"动画连接"设置"填充属性连接"，如图4-58所示。

（3）如图 4-59 所示，对画面中的左移时间进行动画连接，包括"值输出"中的"模拟值输出"连接（见图 4-60）、"值输入"中的"模拟值输入连接"（见图 4-61）。图中，变量名均为"\\本站点\左移时间"，为了确保输入数值的正确，设置最小值为1s，最大值为3s。

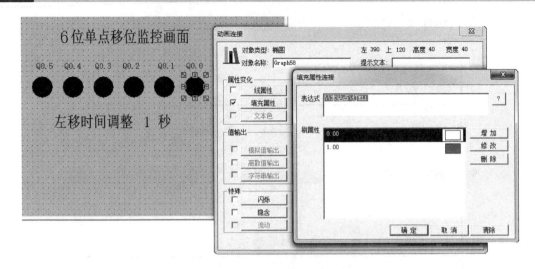

图 4-58　设置"动画连接"的"填充属性连接"

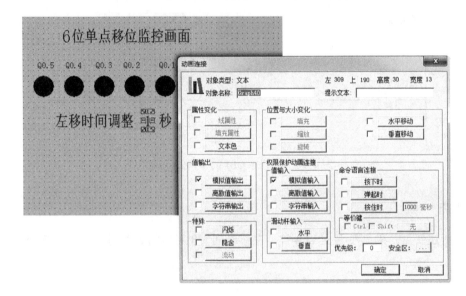

图 4-59　左移时间动画连接

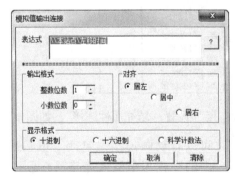

图 4-60　"模拟值输出连接"界面

图 4-61　"模拟值输入连接"界面

（4）进入运行系统，画面如图 4-62 所示，左移时间调整界面如图 4-63 所示，调整后的画面如图 4-64 所示。

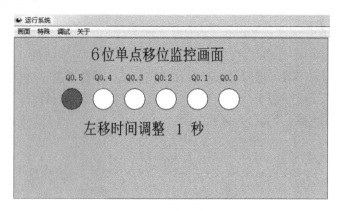

图 4-62　运行系统画面

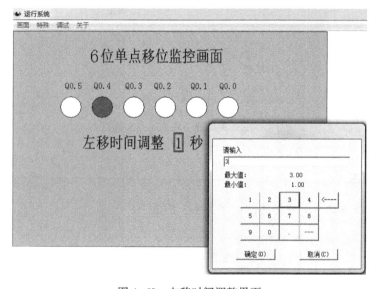

图 4-63　左移时间调整界面

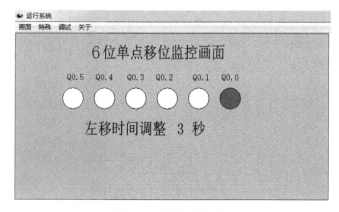

图 4-64　调整后的画面

4.3.4　【实例 24】 点数可调的单点移位

1. PLC 控制任务说明

如图 4-65 所示，用一个开关 I1.0 控制圆环状分布的 8 盏装饰灯（Q0.0～Q0.7），每隔一定的时间亮一盏或多盏，逆时针或顺时针依次点亮，不断重复上述循环过程。要求在组态软件中选择循环点亮时间为 1s、2s、3s，可以选择逆时针或顺时针点亮方式，也可以选择连续点亮的盏数，即 1 盏、2 盏、3 盏或 4 盏。

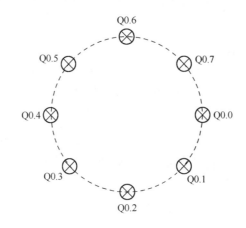

图 4-65　圆环状分布的 8 盏装饰灯

2. 电气接线图

点数可调的单点移位电气接线图如图 4-66 所示。

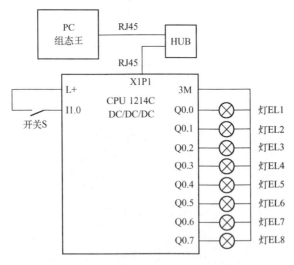

图 4-66　点数可调的单点移位电气接线图

3. PLC 编程

根据要求定义变量，见表 4-8。

表 4-8　定义变量

名称	变量表	数据类型	地址
开关	默认变量表	Bool	%I1.0
输出字节	默认变量表	Byte	%QB0
定时器中间变量1	默认变量表	Bool	%M0.1
定时器中间变量2	默认变量表	Bool	%M0.2
定时脉冲上升沿1	默认变量表	Bool	%M0.3
定时脉冲上升沿2	默认变量表	Bool	%M0.4
开关上升沿	默认变量表	Bool	%M0.5
组态软件触发信号	默认变量表	Bool	%M1.0
组态软件触发信号上升沿	默认变量表	Bool	%M1.1
移动计时单位	默认变量表	Time	%MD4
移动计时单位数	默认变量表	Int	%MW8
移位字节	默认变量表	Byte	%MB10
点亮时针方式	默认变量表	Int	%MW12
连续点亮盏数	默认变量表	Int	%MW14
暂存连续点亮盏数	默认变量表	Int	%MW16

初始化 OB100 的梯形图如图 4-67 所示，包括设置移动计时单位为 1s（MB8 = 1，MD4 = 500ms），点亮时针方式为顺时针（MW12 = 0），连续点亮盏数为 1 个（MW14 = 1）。

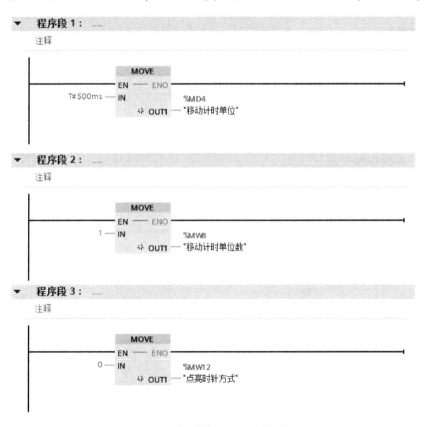

图 4-67　初始化 OB100 的梯形图

程序段 4：

注释

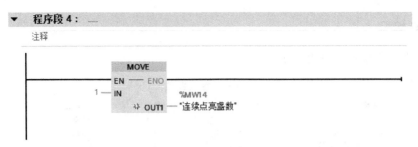

图 4-67　初始化 OB100 的梯形图（续）

　　主程序 OB1 的梯形图如图 4-68 所示。程序段 3 为顺时针或逆时针点亮，当 MW12＝0 时为顺时针，即采用 ROL 指令；当 MW12＝1 时为逆时针，即采用 ROR 指令。程序段 4 和程序段 5 为当组态软件设置连续点亮盏数 MW14 变化时，重新设置循环移动的字节 MB10，即点亮盏数为 1 时，MB10＝00000001（二进制）＝1（十进制）；点亮盏数为 2 时，MB10＝00000011（二进制）＝3（十进制）；点亮盏数为 3 时，MB10＝00000111（二进制）＝7（十进制）；点亮盏数为 4 时，MB10＝00001111（二进制）＝15（十进制）。程序段 6 和程序段 7 为开关 I1.0 闭合或断开时，将 MB10 数据或 "0" 送到 QB0（Q0.0～Q0.7）。程序段 8～程序段 10 为不同的移动间隔时间。程序段 11 为每次扫描暂存当前的连续点亮盏数 MW14～MW16。

程序段 1：

注释

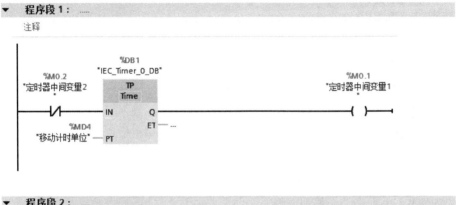

程序段 2：

注释

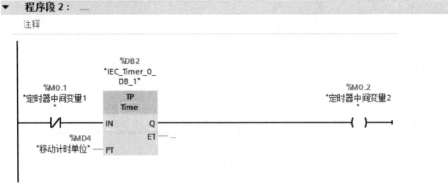

图 4-68　主程序 OB1 的梯形图

程序段 3：

注释

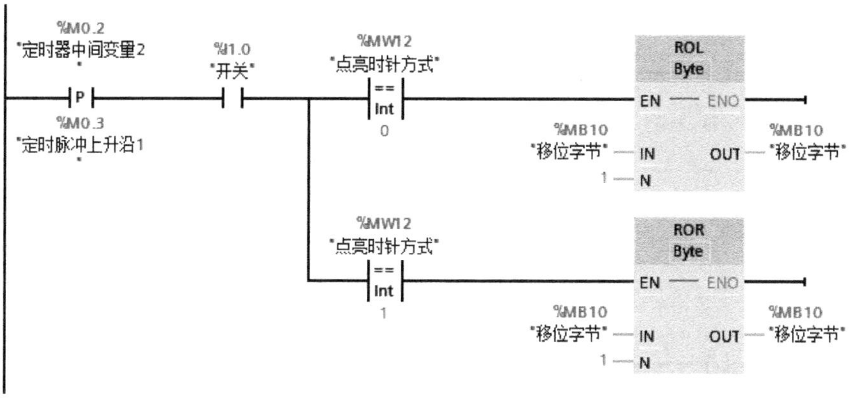

%M0.2
"定时器中间变量2"
──┤P├──

%M0.3
"定时脉冲上升沿1"

%I1.0
"开关"
──┤ ├──

%MW12
"点亮时钟方式"
==
Int
0

ROL
Byte
EN — ENO
%MB10 "移位字节" — IN　OUT — %MB10 "移位字节"
1 — N

%MW12
"点亮时钟方式"
==
Int
1

ROR
Byte
EN — ENO
%MB10 "移位字节" — IN　OUT — %MB10 "移位字节"
1 — N

程序段 4：

注释

%MW14
"连续点亮盏数"
<>
Int
%MW16
"暂存连续点亮盏数"

%M1.0
"组态软件触发信号"
──( )──

程序段 5：

注释

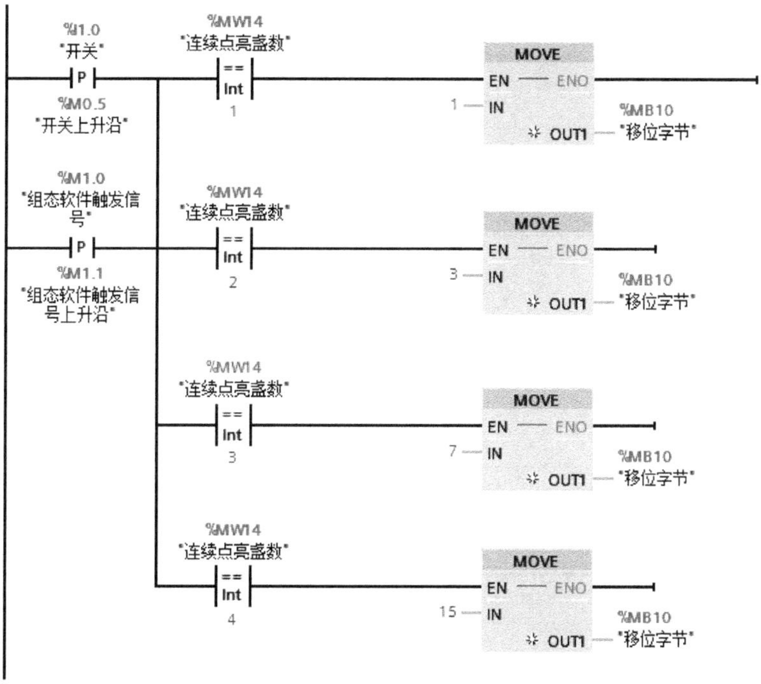

%I1.0
"开关"
──┤P├──
%M0.5
"开关上升沿"

%MW14
"连续点亮盏数"
==
Int
1

MOVE
EN — ENO
1 — IN
OUT1 — %MB10 "移位字节"

%M1.0
"组态软件触发信号"
──┤P├──
%M1.1
"组态软件触发信号上升沿"

%MW14
"连续点亮盏数"
==
Int
2

MOVE
EN — ENO
3 — IN
OUT1 — %MB10 "移位字节"

%MW14
"连续点亮盏数"
==
Int
3

MOVE
EN — ENO
7 — IN
OUT1 — %MB10 "移位字节"

%MW14
"连续点亮盏数"
==
Int
4

MOVE
EN — ENO
15 — IN
OUT1 — %MB10 "移位字节"

图 4-68　主程序 OB1 的梯形图（续）

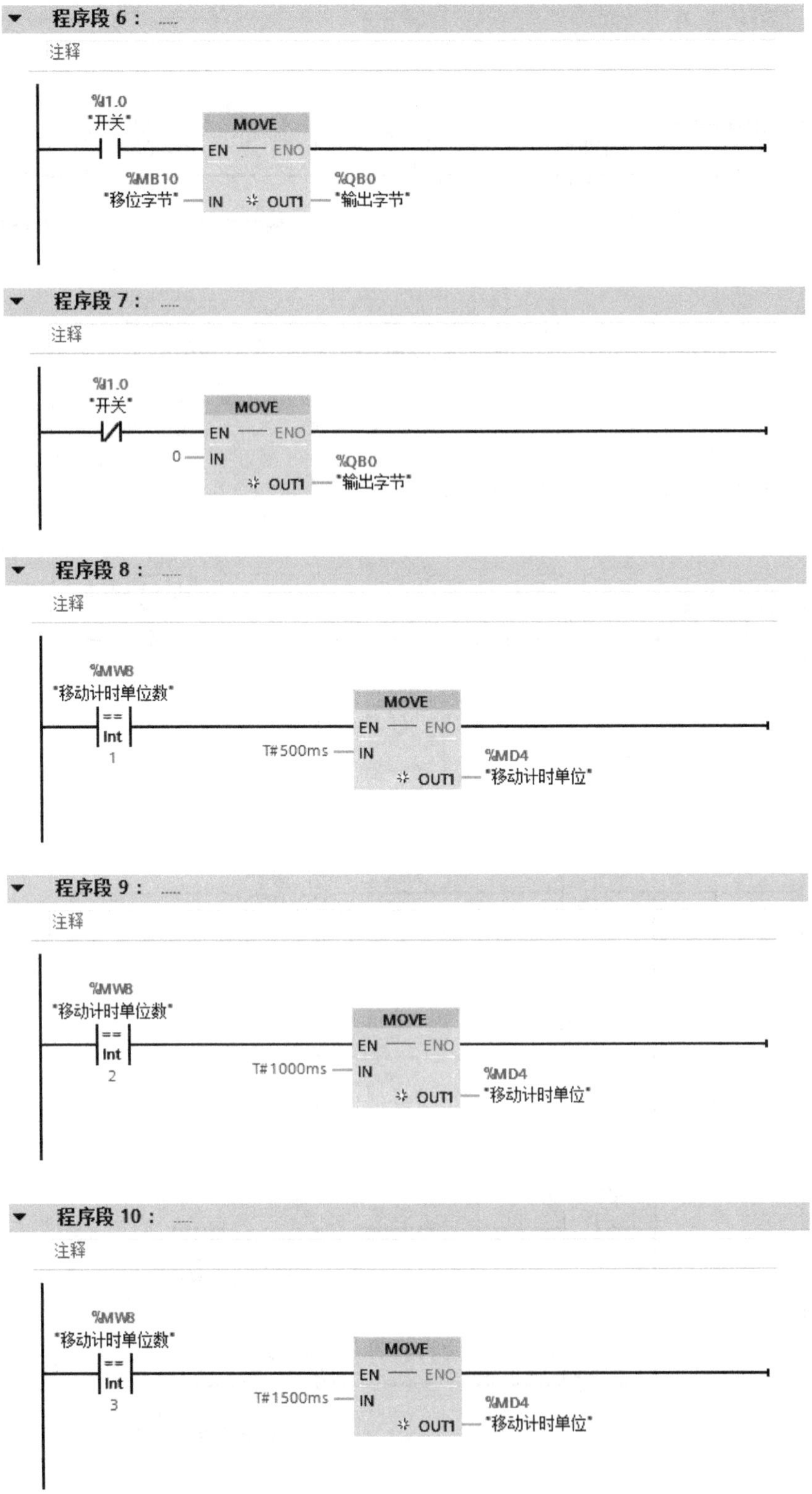
程序段 6：……
注释
%I1.0
"开关"
MOVE
EN ENO
%MB10
"移位字节"
IN OUT1
%QB0
"输出字节"
程序段 7：……
注释
%I1.0
"开关"
MOVE
EN ENO
0
IN OUT1
%QB0
"输出字节"
程序段 8：……
注释
%MW8
"移动计时单位数"
==
Int
1
MOVE
EN ENO
T#500ms
IN OUT1
%MD4
"移动计时单位"
程序段 9：……
注释
%MW8
"移动计时单位数"
==
Int
2
MOVE
EN ENO
T#1000ms
IN OUT1
%MD4
"移动计时单位"
程序段 10：……
注释
%MW8
"移动计时单位数"
==
Int
3
MOVE
EN ENO
T#1500ms
IN OUT1
%MD4
"移动计时单位"

图 4-68　主程序 OB1 的梯形图（续）

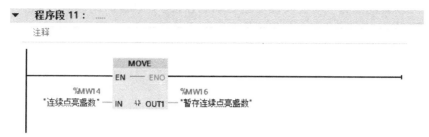

图 4-68　主程序 OB1 的梯形图（续）

4. 组态

（1）新建变量。新建变量见表 4-9，左移时间 M8 对应的是西门子 S7-1200 PLC 的 MB8 字节。

表 4-9　新建变量

变量名	变量类型	连接设备	寄存器
灯EL1	I/O离散	西门子1200PLC	Q0.0
灯EL2	I/O离散	西门子1200PLC	Q0.1
灯EL3	I/O离散	西门子1200PLC	Q0.2
灯EL4	I/O离散	西门子1200PLC	Q0.3
灯EL5	I/O离散	西门子1200PLC	Q0.4
灯EL6	I/O离散	西门子1200PLC	Q0.5
灯EL7	I/O离散	西门子1200PLC	Q0.6
灯EL8	I/O离散	西门子1200PLC	Q0.7
点亮时针方式	I/O整型	西门子1200PLC	M12
一次点亮灯数	I/O整型	西门子1200PLC	M14
左移时间	I/O整型	西门子1200PLC	M8

（2）新建画面如图 4-69 所示。

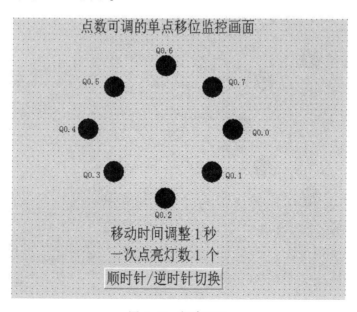

图 4-69　新建画面

　　装饰灯可以通过设置"填充属性"进行动画连接。"移动时间调整"和"一次点亮灯数"采用模拟值输入和模拟值输出进行设置，与【实例 22】相同，只需要把相应值的范围进行调整即可，如图 4-70 所示。

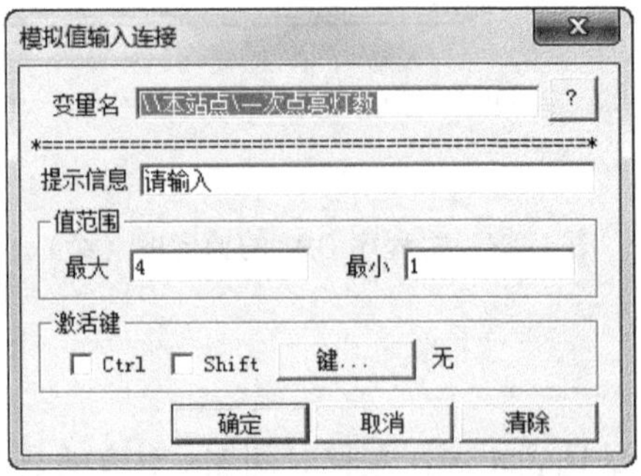

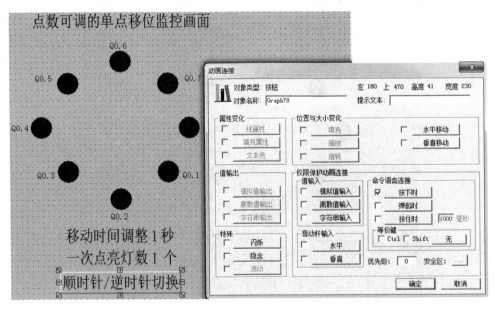

图 4-70　"模拟值输入连接"界面

　　如图 4-71 所示，顺时针/逆时针的切换可通过按钮实现，并用命令语言连接对按钮"按下时"进行语言描述，即

```
if ( \\本站点\点亮时针方式==0)
{
\\本站点\点亮时针方式=1;
}
else
{
\\本站点\点亮时针方式=0;
}
```

图 4-71　按钮"按下时"的命令语言连接

（3）运行系统画面如图 4-72 所示。

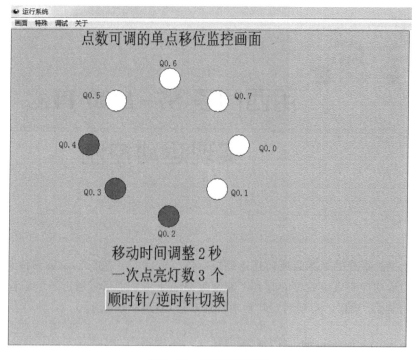

图 4-72　运行系统画面

第5章

用西门子 S7-1200 PLC

实现运动控制

【导读】

一个运动控制系统的基本组成包括运动控制器、驱动器、执行器及反馈传感器等。PLC 作为一种典型运动控制系统的核心起到了非常重要的作用。本章将通过一个工程实例，介绍如何组态工艺对象 "轴"，实现对工作台滑动座步进电动机的控制。

5.1 运动控制的基本概念

5.1.1 运动控制系统的基本组成

运动控制是电气控制的一个分支，使用伺服机构的一些设备，如液压泵、线性执行机或电动机等来控制机器的位置或速度。运动控制在机器人和数控机床等领域的应用要比在专用机器中的应用更复杂，因为后者的运动形式简单，通常被称为通用运动控制。运动控制被广泛应用在包装、印刷、纺织及装配等领域。

运动控制系统的基本组成如图 5-1 所示。

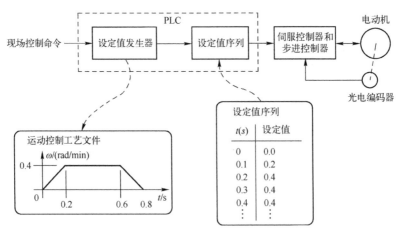

图 5-1 运动控制系统的基本组成

（1）运动控制器，如 PLC，用来生成轨迹点（期望输出）和闭合位置反馈环。许多运动控制器可以在内部闭合一个速度环。

（2）驱动器或放大器，如伺服控制器和步进控制器，可将来自运动控制器的控制信号（通常是速度或扭矩信号）转换为更高功率的信号。智能化驱动器可以自身闭合位置环和速度环，以获得更精确的控制。

（3）执行器，如液压泵、气缸、线性执行机或电动机等，用来输出运动功率。

（4）反馈传感器，如光电编码器、旋转变压器或霍尔效应设备等，用于反馈执行器的位置到位置控制器，以实现与位置控制环的闭合。

众多机械部件都可将执行器的运动形式转换为期望的运动形式，包括齿轮箱、轴、滚珠丝杠、齿形带、联轴器及线性轴承和旋转轴承等。

通常，一个运动控制工艺文件的功能主要包括：

（1）速度控制；

（2）点位控制（点到点），可以采用很多方法计算运动轨迹，基于运动速度的曲线有三角形速度曲线、梯形速度曲线及 S 形速度曲线；

（3）电子齿轮或电子凸轮，也就是从动轴跟随主动轴的位置变化。

由于 PLC 具有高速脉冲输入、高速脉冲输出的处理能力，因此在运动控制系统中起到了非常重要的作用。

5.1.2　运动控制的基础

采用西门子 S7-1200 PLC 实现运动控制的基础在于集成了高速计数口、高速脉冲输出口等硬件及相应的软件功能，尤其在运动控制中使用了"轴"的概念，通过对"轴"的组态，包括硬件接口、位置定义、动态特性、机械特性等与相关指令块（符合 PLCopen 规范）组合使用，可以实现绝对位置、相对位置、点动、转速控制及自动寻找参考点等功能。

图 5-2 为采用西门子 S7-1200 PLC 实现运动控制的应用示意图，由 CPU 输出脉冲串（脉冲串输出，Pulse Train Output，PTO）和方向到驱动器（步进控制器或伺服控制器），驱动器先对 CPU 输出的给定值进行处理后，再输出到步进电动机或伺服电动机，控制设备的加速、减速或移动等。需要注意的是，西门子 S7-1200 PLC 内部的高速计数器通过测量 CPU 的脉冲串输出（类似于编码器信号）来计算速度和当前位置，并非编码器反馈的速度和位置。

采用西门子 S7-1200 PLC 实现运动控制的途径主要包括：

（1）程序指令块；

（2）定义工艺对象"轴"；

（3）CPU 输出脉冲串；

（4）定义相关执行设备，如机床等。

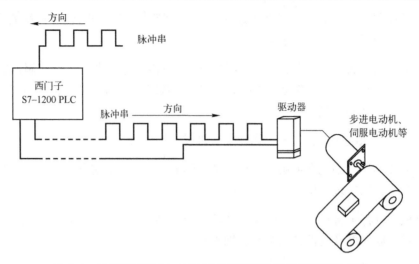

图 5-2　采用西门子 S7-1200 PLC 实现运动控制的应用示意图

5.1.3　西门子 S7-1200 PLC 的脉冲串输出

西门子 S7-1200 PLC 的高速脉冲输出包括脉冲串输出（PTO）和脉冲调制输出（PWM）：脉冲串输出可以输出一串脉冲（占空比为 50%），用户可以控制脉冲的周期和个数，如图 5-3（a）所示；脉冲调制输出（PWM）可以输出连续的、占空比可以调制的脉冲串，用户可以控制脉冲的周期和脉宽，如图 5-3（b）所示。

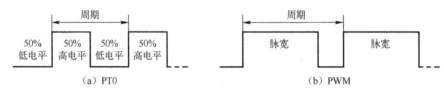

图 5-3　脉冲串输出（PTO）和脉冲调制输出（PWM）

西门子 S7-1200 PLC PTO 的最高频率为 100kHz，信号板输出的最高频率为 20kHz。在使用 PTO 功能时，CPU 将占用集成点 Qa.0、Qa.2 或信号板的 Q4.0 作为输出点，当将 Qa.1、Qa.3 或信号板的 Q4.1 作为方向的输出点时，虽然使用过程映像驱动地址，但会被 PTO 功能独立使用，不受扫描周期的影响，作为普通输出点的功能将被禁止。

需要注意的是，西门子 S7-1200 PLC 只支持 PNP 型、电压为 24VDC 的脉冲信号输出，继电器的点不能用于 PTO 功能，在与驱动器的连接过程中尤其要注意。

5.1.4　HB-4020M 驱动器及其与西门子 S7-1200 PLC 的电气接线

由于西门子 S7-1200 PLC 的运动控制属于"开环"控制，通常应用于定位精度一般的场合，如机床的进刀、丝杠的定位等，因此在实际应用中，采用"PLC+步进"控制的场合相比"PLC+伺服"的场合多一些。本章主要介绍西门子 S7-1200 PLC 在步进控制中的应用，采用 57 系列两相步进电动机，HB-4020M 驱动器。

1. HB-4020M 驱动器

HB-4020M 驱动器的驱动电压为 DC12～32V，适配 4、6 或 8 出线，电流为 2.0A 以下，是外径为 39～57mm 的两相混合式步进电动机，可用在对细分精度有一定要求的设备上。图 5-4 为 HB-4020M 驱动器的外观，其电气参数见表 5-1。

图 5-4　HB-4020M 驱动器的外观

表 5-1　HB-4020M 驱动器的电气参数

参　数	最 小 值	推 荐 值	最 大 值
供电电压/V	12	24	32
输出相电流（峰值）/A	0.0	–	2.0
逻辑控制输入电流/mA	5	10	30
步进脉冲响应频率/kHz	0	–	100

2. HB-4020M 驱动器与西门子 S7-1200 PLC 的电气接线

表 5-2 为 HB-4020M 驱动器接线端子的功能。

表 5-2　HB-4020M 驱动器接线端子的功能

序号	接线端子	功　能
1	GND	电源 DC12～32V
2	V+	电源 DC12～32V，用户可根据需要进行选择，一般来说，较高的电压虽然有利于提高电动机的高速力矩，但会加大驱动器和电动机的损耗并发热
3	A+	电动机 A 相，A+、A-互调，可更改一次电动机的运转方向
4	A-	电动机 A 相
5	B+	电动机 B 相，B+、B-互调，可更改一次电动机的运转方向
6	B-	电动机 B 相

序号	接 线 端 子	功　　能
7	+5V	光电隔离电源，控制信号为 5～24V 均可驱动，需要注意限流。在一般情况下，12V 电压串接 1kΩ 电阻，24V 电压串接 2Ω 电阻，驱动器的电阻为 330Ω
8	PUL	脉冲信号：上升沿有效
9	DIR	方向信号：低电平有效
10	ENA	使能信号：低电平有效

　　HB-4020M 驱动器与西门子 S7-1200 PLC 的电气接线图如图 5-5 所示。

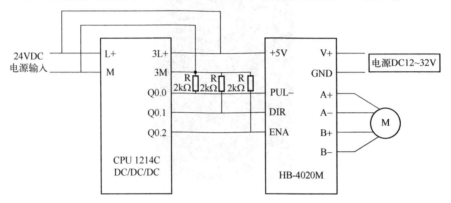

图 5-5　HB-4020M 驱动器与西门子 S7-1200 PLC 的电气接线图

3. HB-4020M 驱动器的供电电压

　　HB-4020M 驱动器的供电电压越高，电动机高速运转时的力矩越大，若供电电压太高，会导致过压保护，甚至可能损坏 HB-4020M 驱动器。在一般情况下，当电动机的转速小于 150r/min 时，HB-4020M 驱动器尽量使用低电压（小于等于 24V）供电，当电动机的转速提高时，可相应提高供电电压，不要超过供电电压的最大值（DC32V）。

4. 电流的设定

　　图 5-6 为电流设定示意图。电流设定的值越大，电动机输出的力矩越大，若电流过大，则电动机和 HB-4020M 驱动器的发热会比较严重。在一般情况下，电流应设定为电动机的额定电流，在保证力矩足够的情况下尽量减小电流，这样在长时间工作时，可以提高 HB-4020M 驱动器和电动机的工作稳定性，在高速状态下工作时，可以提高电流，不要超过电动机额定电流的 30%。

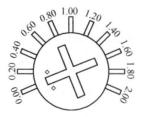

图 5-6　电流设定示意图

5.1.5　步进电动机

步进电动机是一种利用电磁铁的原理，能将脉冲信号转换为线位移或角位移的电动机。每输入一个脉冲信号，转子就转动一个角度，带动设备移动一小段距离。

步进电动机的特点主要包括：

（1）输入一个脉冲信号，转动一个步距角；

（2）控制脉冲信号的频率，即可控制转速；

（3）改变脉冲信号的顺序，即可改变转动的方向；

（4）角位移或线位移与脉冲信号的数目成正比。

通常，步进电动机按励磁方式可以分为三大类：

（1）反应式：转子无绕组，定子开小齿，步距角小，应用范围广；

（2）永磁式：转子极数＝每相定子极数，不开小齿，步距角较大，转矩较大；

（3）混合式：开小齿。

步进电动机的结构如图 5-7 所示。定子和转子的铁芯由软磁材料或硅钢片叠成，磁极上均有小齿，齿数相等。其中，定子有 6 个磁极，磁极上套有星形连接的三相控制绕组，每两个相对的磁极为一相，组成三相控制绕组；转子上没有绕组，相邻两齿间的夹角 $\theta_t = \dfrac{360°}{Z_r}$ 被称为步距角。

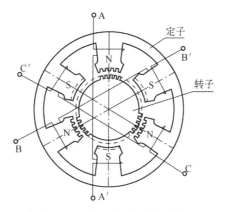

图 5-7　步进电动机的结构

步进电动机的性能取决于驱动电源，转速越高，力矩越大，要求的电流越大，驱动电压越高。

若步距角不能满足使用条件，则步进电动机可采用细分驱动器来驱动。细分驱动器通过将一个步距角分成多个微步距角来实现精细控制。HB-4020M 驱动器对拨码开关 DIP-SW 的细分设定如图 5-8 所示。

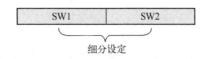

细分倍数	SW1	SW2
1	ON	ON
2	OFF	ON
4	ON	OFF
8	OFF	OFF

图 5-8　HB-4020M 驱动器对拨码开关 DIP-SW 的细分设定

在一般情况下，步进电动机的参数主要由步距角、静转矩、电流三大要素组成。一旦三大要素确定，则步进电动机的型号就确定下来了。目前，市场上流行的步进电动机型号是以机座号来划分的。图 5-9 为 57 步进电动机的外观及其接线端子示意图。

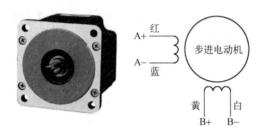

图 5-9　57 步进电动机的外观及其接线端子示意图

5.2　工艺对象 "轴"

5.2.1　组态

在西门子 S7-1200 PLC 中，"轴" 特指用工艺对象 "轴" 表示驱动器工艺映像。工艺对象 "轴" 是用户程序与驱动器之间的接口，用于接收用户程序中的运动控制命令、执行运动控制命令并监视运行情况。运动控制命令在用户程序中通过运动控制语句启动。

驱动器特指由步进电动机与动力部分或伺服驱动器与具有脉冲接口的转换器组成的机电装置，由工艺对象 "轴" 通过 S7-1200 CPU 的脉冲发生器进行控制。

采用西门子 S7-1200 PLC 实现运动控制需要先进行硬件配置，具体步骤包括：

（1）选择组态设备；

（2）选择合适的 PLC；

（3）定义脉冲发生器的信号类型为 PTO。

"脉冲选项" 界面如图 5-10 所示。一旦将 "信号类型" 设置为 PTO，则需要设置输出源为集成输出或板载 CPU 输出。如果使用具有继电器输出的 PLC，则必须将信号板用于 PTO。

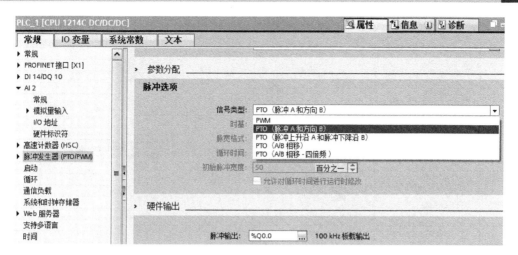

图 5-10　"脉冲选项"界面

图 5-11 为运动控制指令生成脉冲信号的流程。

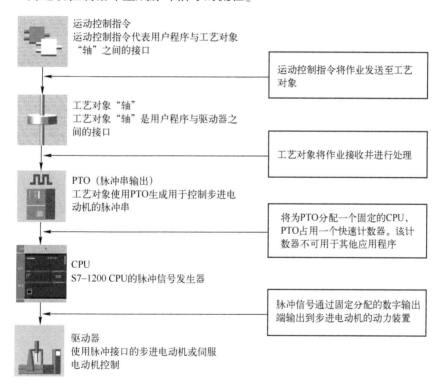

图 5-11　运动控制指令生成脉冲信号的流程

图 5-12 为"新增对象"界面,可在项目树中创建新的工艺对象"轴"或"轴控制"。

在创建工艺对象"轴"后,即可在项目树的"工艺对象"中找到"轴_1",并选择"组态"菜单,如图 5-13 所示。

图 5-12　"新增对象"界面

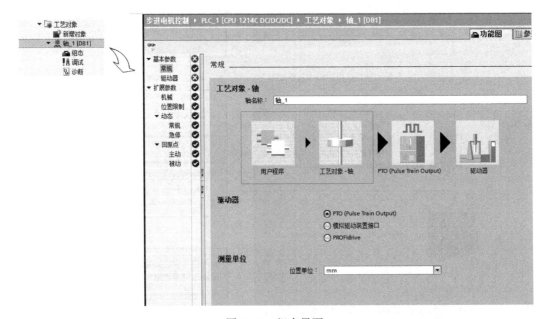

图 5-13　组态界面

在如图 5-14 所示的"常规"界面中，将"选择脉冲发生器"选择"Pulse_1"后，即可切换到"设备组态"界面进行硬件配置。

在如图 5-15 所示的"驱动器信号"界面中，"轴使能"选择为 Q0.4，将"选择"输入就绪"设置为驱动系统的正常输入点，当驱动系统正常时，会输出一个开关量，告知运动控制器驱动器是否正常。有些驱动器不提供这种接口，如 HB-4020M 驱动器，此时，可将参数设置为"TRUE"。

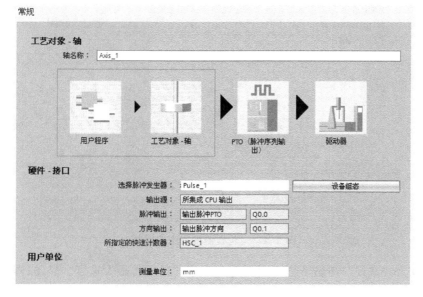

图 5-14　"常规"界面

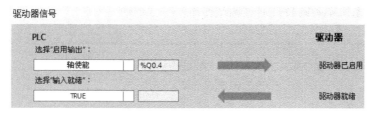

图 5-15　"驱动器信号"界面

"机械"组态参数如图 5-16 所示："电机每转的脉冲数"为电动机旋转一周所产生的脉冲信号个数；"电机每转的运载距离"为电动机旋转一周后，机械所产生的位移。

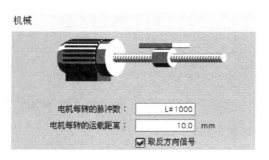

图 5-16　"机械"组态参数

图 5-17 为"位置监视"组态界面。西门子 S7-1200 PLC 设置了两种限位开关，即软限位开关和硬限位开关。如果两者都启用，则必须输入下限硬限位开关、上限硬限位开关和下限软限位开关、上限软限位开关；在达到硬限位时，"轴"将使用急停减速斜坡停车；在达到软限位时，激活的"运动"将停止，工艺对象报故障，在故障被确认后，"轴"可以在原工作范围内恢复运动。

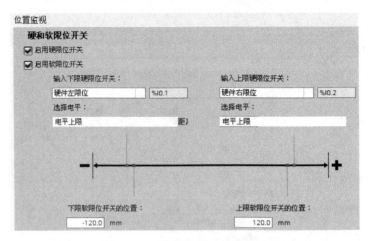

图 5-17 "位置监视"组态界面

图 5-18 为"常规"参数界面，包括速度限值的单位、最大速度、启动/停止速度、加速度、减速度、加速时间、减速时间等，只要定义了加/减速度和加/减速时间这两组参数的任意一组，系统就会自动计算另外一组参数。这里的加/减速度和加/减速时间需要用户根据实际工艺要求和系统本身的特性通过调试得出。

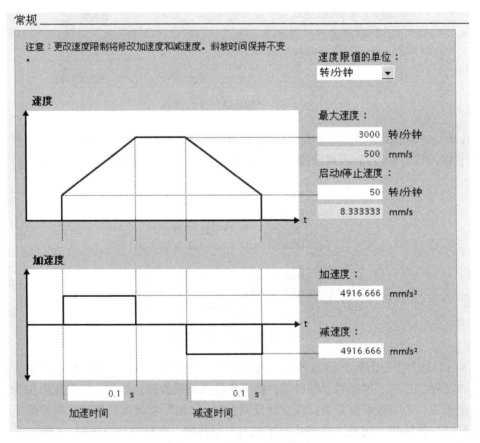

图 5-18 "常规"参数界面

在如图 5-19 所示的"急停"组态界面中，可定义"最大速度""启动/停止速度""紧急减速度"等。

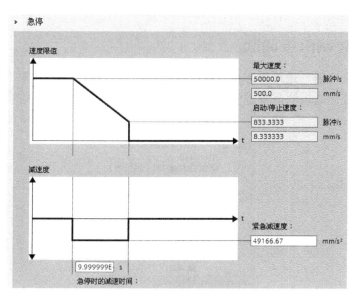

图 5-19　"急停"组态界面

在如图 5-20 所示的"回原点"组态界面中，需要设置"输入参考点开关"，一般使用数字量输入作为参考点开关；"允许硬限位开关处自动反转"选项被使能后，在"轴"碰到"原点"之前碰到硬限位开关，此时系统认为原点在反方向，会按组态好的斜坡减速曲线停车并反转，若没有被使能并碰到硬限位开关，则在回原点的过程中会因为错误而被取消，并

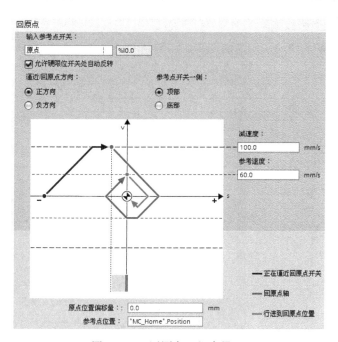

图 5-20　"回原点"组态界面

紧急停车；"逼近回原点方向"定义了在执行回原点过程中的初始方向，包括正方向和负方向；"原点位置偏移量"是当原点开关位置和原点实际位置有差别时，需要再次输入距离原点的偏移量。

5.2.2　使用控制面板调试

在对工艺对象"轴"进行组态后，如图 5-21 所示，用户可以选择"调试"选项，使用控制面板调试步进电动机和驱动器，用于测试"轴"的实际运行功能。

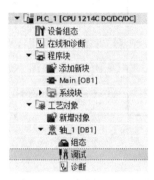

图 5-21　"调试"选项

"轴控制面板"界面如图 5-22 所示，显示了控制面板的最初状态，除了"激活"指令，所有的指令都是灰色的。如果错误消息返回"正常"，则可以进行调试。需要注意的是，为了确保调试正常，建议清除主程序。

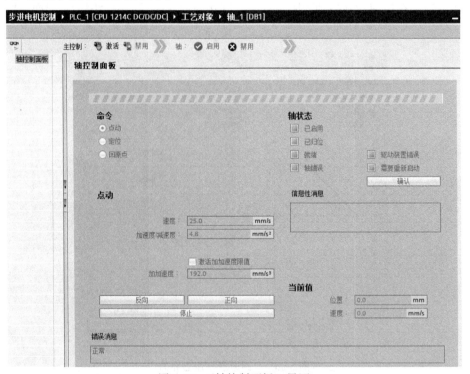

图 5-22　"轴控制面板"界面

在"轴控制面板"界面中，选择主控制：激活，会弹出提示窗口，如图 5-23 所示，提醒用户在采用主控制前，要先确认是否已经采取了适当的安全预防措施，并设置"监视时间"，如 3000ms。如果未动作，则"轴"处于未启用状态，需要重新启用。

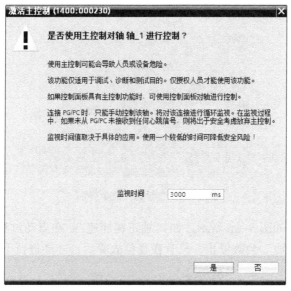

图 5-23　提示窗口

提示后，在"轴控制面板"界面上会出现轴：启用 禁用标识，单击"启用"，所有的命令和状态信息都可见，不是灰色的，如图 5-24 所示；"命令"共有三种，即"点动""定位""回原点"；"轴状态"有"已启用""就绪"等；"信息性消息"为"轴处于停止状态"。

轴控制面板

命令
- ◉ 点动
- ○ 定位
- ○ 回原点

轴状态
- ☐ 已启用
- ☐ 已归位
- ☐ 就绪　　　☐ 驱动装置错误
- ☐ 轴错误　　☐ 需要重新启动
- 确认

点动

| 速度： | 25.0 | mm/s |
| 加速度/减速度： | 4.8 | mm/s² |

☐ 激活加加速度限值

| 加加速度 | 192.0 | mm/s³ |

信息性消息

轴处于停止状态

| 反向 | 正向 |
| 停止 | |

当前值

| 位置： | 0.0 | mm |
| 速度： | 0.0 | mm/s |

错误消息

正常

图 5-24　"轴控制面板"处于就绪状态

1. 点动

当使用"点动"命令时，如图 5-25 所示，"速度"选择为"25.0"，"加速度/减速度"选择为"4.8"，进行"反向""正向""停止"三种操作。

图 5-25　"点动"命令界面

"信性消息"界面如图 5-26 所示，如"轴正在加速"。在点动过程中，如果出现软限位动作，则会报故障，"轴"会被停止，只有在复位故障后，才能进行下一步的调试。

图 5-26　"信息性消息"界面

2. 定位

"定位"前的信息如图 5-27 所示。目标位置为负偏移量，即"-5.50"，当前位置为"-2.195167"，单击"相对"按钮后，"轴"应该反向运行，直至位置为"-7.695167"，如图 5-28 所示。

图 5-27　定位前的信息

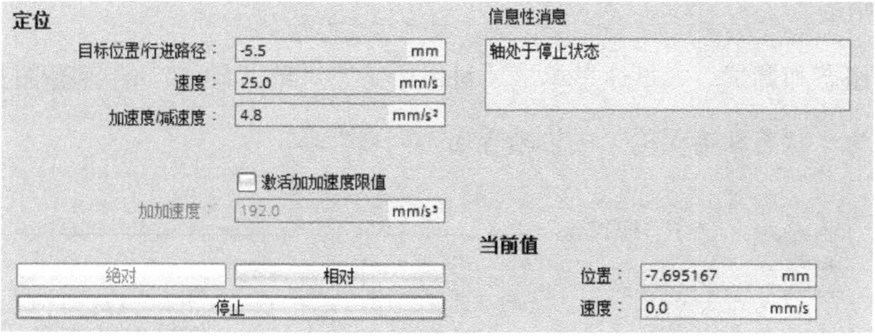

图 5-28　定位后的信息

3. 回原点

在如图 5-29 所示的状态下回原点，将按照加速度/减速度为 4.8mm/s²、参考点位置为 0.0mm 运行，直至限位开关 I0.2 动作，此时出现回原点后的状态界面如图 5-30 所示。如果选择"设置回原点位置"，就是将当前的实际位置作为原点，同时将位置值清 0。

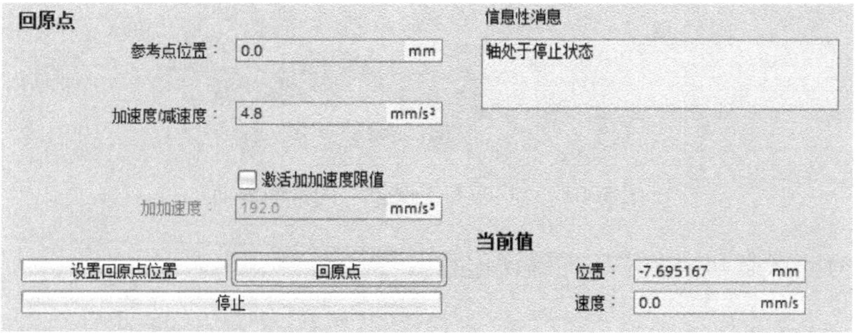

图 5-29　"回原点"指令界面

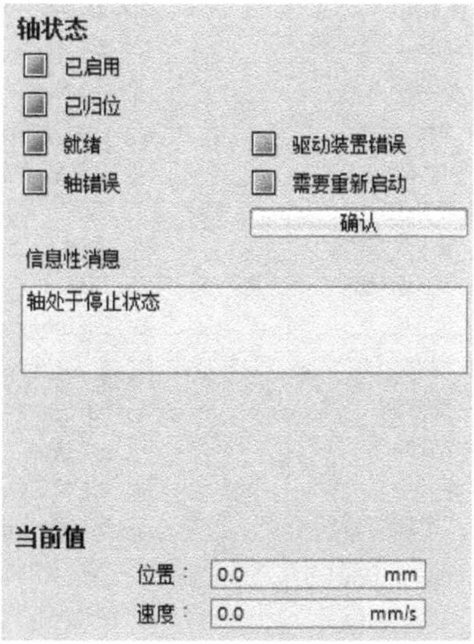

图 5-30　回原点后的状态界面

5.2.3　诊断

"轴"被组态和调试后,可通过单击项目树中工艺对象"轴_1"的 诊断图符进行诊断。

图 5-31 为"状态和错误位"的诊断界面。

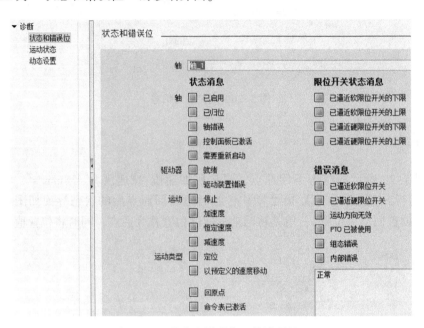

图 5-31　"状态和错误位"的诊断界面

图 5-32 为"状态和错误位"的错误信息。

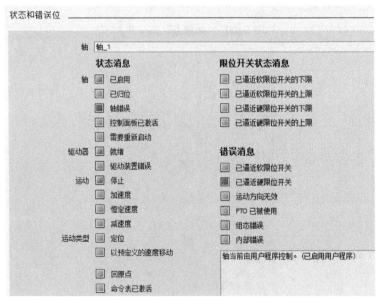

图 5-32　"状态和错误位"的错误信息

图 5-33 为"运动状态"界面。

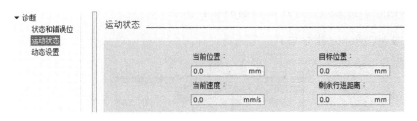

图 5-33   "运动状态"界面

图 5-34 为"动态设置"界面。

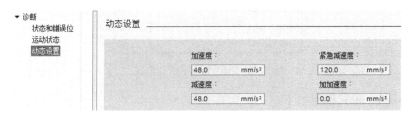

图 5-34   "动态设置"界面

5.2.4   运动控制相关指令

通过工艺指令可以获得如图 5-35 所示的运动控制指令，具体为：MC_Power，启用/禁用"轴"；MC_Reset，确认错误；MC_Home，使"轴"回原点，设置参考点；MC_Halt，停止"轴"；MC_MoveAbsolute，绝对定位"轴"；MC_MoveRelative，相对定位"轴"；MC_MoveVelocity，以速度预设值移动"轴"；MC_MoveJog，在点动模式下移动"轴"；MC_CommandTable，按运动顺序运行"轴"；MC_ChangeDynamic，更改"轴"的动态设置；MC_WriteParam，写入工艺对象的参数；MC_ReadParam，读取工艺对象的参数。

图 5-35   运动控制指令

1. MC_Power

"轴"在运动之前必须先被使能，使用运动控制指令"MC_Power"可集中启用或禁用。

如果启用，则分配给"轴"的所有运动控制指令都将被启用。如果禁用，则用于"轴"的所有运动控制指令都将无效，并中断当前的所有作业。

图 5-36 为 MC_Power 指令形式。

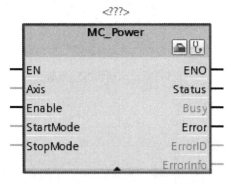

图 5-36　MC_Power 指令形式

MC_Power 指令形式说明如下。

（1）EN：MC_Power 指令的使能端，不是"轴"的使能端。MC_Power 指令在程序里必须一直被调用，并保证 MC_Power 指令在其他 Motion Control 指令的前面被调用。

（2）Axis："轴"名称，输入"轴"名称的方式有：

① 直接从项目树中拖曳；

② 用键盘输入，会自动显示可以添加的"轴"；

③ 将"轴"名称复制到指令上；

④ 双击"Aixs"，会出现右边带可选按钮的白色长条框，单击"选择按钮"即可。

（3）Enable："轴"使能端。当 Enable 端为高电平时，CPU 就按照工艺对象中组态好的方式使能外部驱动器；当 Enable 端为低电平时，CPU 就按照 StopMode 中定义的模式停车。

2. MC_Reset

MC_Reset 指令形式如图 5-37 所示。

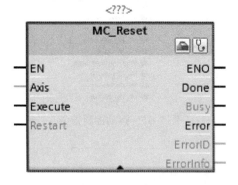

图 5-37　MC_Reset 指令形式

输入端：

（1）EN：MC_Reset 指令的使能端。

（2）Axis："轴"名称。

（3）Execute：MC_Reset 指令的启动位，用上升沿触发。

（4）Restart：Restart = 0，确认错误；Restart = 1，将"轴"的组态由装载存储器下载到工作存储器（只有在禁用"轴"时才能执行）。

输出端：

Done：表示"轴"的错误已被确认。

3. MC_Home

"MC_Home"指令形式如图 5-38 所示。在回原点期间，参考点坐标设置在定义的"轴"机械位置处。

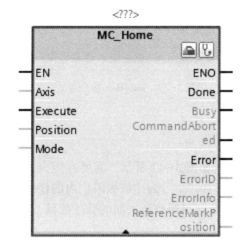

图 5-38　MC_Home 指令形式

回原点模式共有 4 种：

（1）Mode = 3，主动回原点。在主动回原点模式下，运动控制语句"MC_Home"执行所需要的参考点逼近，取消其他所有激活的运动。

（2）Mode = 2，被动回原点。在被动回原点模式下，运动控制语句"MC_Home"不执行参考点逼近，不取消其他激活的运动。逼近参考点开关必须由用户通过运动控制语句或机械运动控制。

（3）Mode = 0，绝对式直接回原点。无论参考凸轮位置如何，都要设置"轴"位置，不取消其他激活的运动。立即激活"MC_Home"语句中"Position"参数的值可作为"轴"的参考点和位置值。"轴"必须处于停止状态时才能将参考点准确分配到机械位置。

（4）Mode=1，相对式直接回原点。无论参考凸轮位置如何，都要设置"轴"位置，不取消其他激活的运动。适用参考点和"轴"位置的规则：新的"轴"位置 = 当前"轴"位置 + "Position"参数的值。

4. MC_Halt

MC_Halt 指令形式如图 5-39 所示。每个激活的运动指令都可用该指令停止。当上升沿使能 Execute 端后，"轴"会立即按照组态好的减速曲线停车。

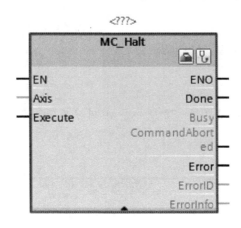

图 5-39　MC_Halt 指令形式

5. MC_MoveAbsolute

MC_MoveAbsolute 指令形式如图 5-40 所示，需要在定义参考点、建立坐标系后才能使用，通过指定参数 Position 和 Velocity 可到达机械限位内的任意一点，当上升沿使能 Execute 端后，系统会自动计算当前位置与目标位置之间的脉冲数目，并加速到指定速度，在到达目标位置时减速到启动/停止速度。

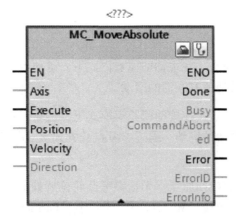

图 5-40　MC_MoveAbsolute 指令形式

6. MC_MoveRelative

MC_MoveRelative 指令形式如图 5-41 所示，执行时不需要定义参考点，只需要定义运行距离、方向及速度。当上升沿使能 Execute 端后，"轴"按照设置好的距离和速度运行，方向由距离的符号决定。

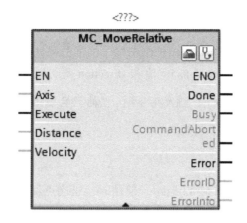

图 5-41　MC_MoveRelative 指令形式

绝对定位"轴"与相对定位"轴"的主要区别在于：是否需要建立坐标系，是否需要定义参考点。绝对定位"轴"需要知道目标位置在坐标系中的坐标，并根据坐标自动决定运动方向，不需要定义参考点。相对定位"轴"只需要知道当前位置与目标位置的距离，由用户给定方向，不需要建立坐标系。

7. MC_MoveVelocity

MC_MoveVelocity 指令形式如图 5-42 所示。

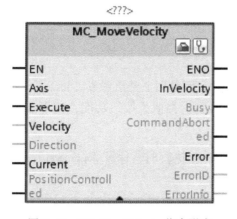

图 5-42　MC_MoveVelocity 指令形式

输入端：

（1）Velocity："轴"的速度。

（2）Direction：方向数值。

① Direction = 0，旋转方向取决于 Velocity 值的符号；

② Direction = 1，正方向旋转，忽略 Velocity 值的符号；

③ Direction = 2，负方向旋转，忽略 Velocity 值的符号。

（3）Current：

① Current = 0，"轴"按照 Velocity 值和 Direction 值运行；

② Current = 1，"轴"忽略 Velocity 值和 Direction 值，以当前速度运行。

可以设置 Velocity 的值为 0.0，触发指令后，"轴"会以组态的减速度停止运行，相当于 MC_Halt 指令。

8. MC_MoveJog

MC_MoveJog 指令形式如图 5-43 所示。使用时，正向点动和反向点动不能同时触发。

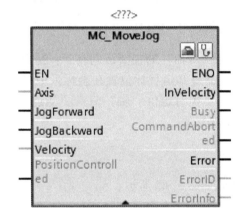

图 5-43　MC_MoveJog 指令形式

输入端：

（1）JogForward：正向点动，不是用上升沿触发。JogForward 为 1 时，"轴"运行；Jog-Forward 为 0 时，"轴"停止运行。类似于按钮功能，按下按钮，"轴"运行；松开按钮，"轴"停止运行。

（2）JogBackward：反向点动。执行时，保证 JogForward 和 JogBackward 不会同时触发，可以用逻辑互锁。

（3）Velocity：点动速度。

9. MC_ChangeDynamic

MC_ChangeDynamic 指令形式如图 5-44 所示，包括加速时间（加速度）值、减速时间

（减速度）值、急停减速时间（急停减速度）值、平滑时间（冲击）值等。

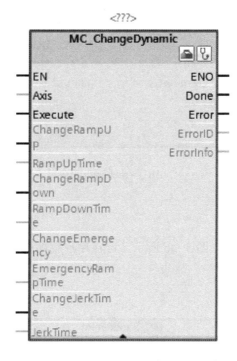

图 5-44　MC_ChangeDynamic 指令形式

输入端：

（1）ChangeRampUp：更改 RampUpTime 参数值的使能端，当该值为 0 时，表示不进行 RampUpTime 参数值的更改；当该值为 1 时，进行 RampUpTime 参数值的更改。每个可更改的参数值都有相应的使能设置位。这里只介绍一个。当触发 MC_ChangeDynamic 指令的 Execute 端时，使能更改的参数值将被更改，不使能的不会被更改。

（2）RampUpTime："轴"参数中的"加速时间"。

（3）RampDownTime："轴"参数中的"减速时间"。

10. MC_WriteParam

MC_WriteParam 指令形式如图 5-45 所示，可在用户程序中写入或更改工艺对象"轴"和命令表对象中的变量，与"Parameter"数据类型一致。

输入端：

（1）Parameter：输入需要更改工艺对象"轴"的参数，数据类型为 VARIANT 指针。

（2）Value：根据"Parameter"数据类型输入新参数值所在的变量地址。

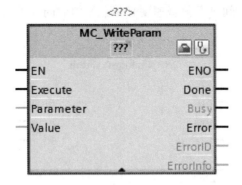

图 5-45　MC_WriteParam 指令形式

11. MC_ReadParam

MC_ReadParam 指令形式如图 5-46 所示，可在用户程序中读取工艺对象"轴"和命令表对象中的变量。

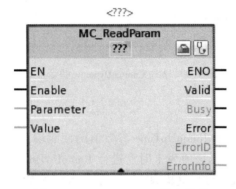

图 5-46　MC_ReadParam 指令形式

5.2.5　【实例 25】单轴控制步进电动机

1. PLC 控制任务说明

现需要通过组态软件对工作台上的滑动座步进电动机进行控制，如图 5-47 所示，具体要求如下：

（1）滑动座由步进电动机通过丝杠的带动在轨道上左、右滑动；

（2）磁性限位开关的控制功能为左限位、原点、右限位；

（3）滑动座的最大行程为 1000mm；

（4）滑动座具有左/右点动、速度运行、回原点等功能。

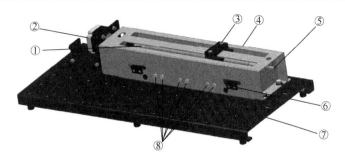

① 丝杠；② 步进电动机；③ 滑动座；④ 机盖；⑤ 杆；⑥ 左、右机械限位；
⑦ 工作台底座；⑧ 磁性限位开关

图 5-47　工作台示意图

2. 电气接线图

单轴控制步进电动机的电气接线图如图 5-48 所示。

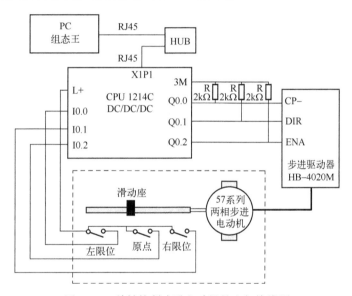

图 5-48　单轴控制步进电动机的电气接线图

表 5-3 为单轴控制步进电动机的变量定义。

表 5-3　单轴控制步进电动机的变量定义

序　号	名　称	地　址
1	原点	%I0.0
2	硬件左限位	%I0.1
3	硬件右限位	%I0.2
4	紧急停止按钮	%I0.3
5	输出脉冲（PTO）	%Q0.0
6	输出脉冲方向	%Q0.1
7	轴使能	%Q0.2

3. PLC 编程

新增工艺对象"轴_1"，如图 5-49 所示，在组态菜单中填入输入/输出点、机械参数，并进行简单的调试（在未写主程序的情况下）。

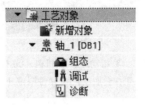

图 5-49　新增工艺对象

PLC 变量表见表 5-4，包括左点动、右点动、速度运行、相对移动、回原点、轴使能的位变量 M10.0～M10.5，以及点动速度、运行速度、相对移动距离、实际距离的实数变量 MD20、MD24、MD28 和 MD100。

表 5-4　PLC 变量表

名称	变量表	数据类型	地址 ▲
轴_1_LowHwLimitSwitch	默认变量表	Bool	%I0.0
轴_1_HighHwLimitSwitch	默认变量表	Bool	%I0.1
轴_1_归位开关	默认变量表	Bool	%I0.2
轴_1_脉冲	默认变量表	Bool	%Q0.0
轴_1_方向	默认变量表	Bool	%Q0.1
轴_1_使能	默认变量表	Bool	%Q0.2
左点动	默认变量表	Bool	%M10.0
右点动	默认变量表	Bool	%M10.1
速度运行	默认变量表	Bool	%M10.2
相对移动	默认变量表	Bool	%M10.3
回原点	默认变量表	Bool	%M10.4
轴使能	默认变量表	Bool	%M10.5
点动速度	默认变量表	Real	%MD20
运行速度	默认变量表	Real	%MD24
相对移动距离	默认变量表	Real	%MD28
实际距离	默认变量表	Real	%MD100

单轴控制步进电动机的梯形图如图 5-50 所示。

程序段 1 以 M10.5 为变量使用运动控制指令 MC_Power 启用或禁用"轴_1"。程序段 2 为调用 MC_Home 指令回原点。程序段 3 为调用 MC_MoveJog 指令进行点动控制，包括左点动、右点动、点动速度。程序段 4 为调用 MC_MoveVelocity 指令进行左、右速度运行，速度值可以用正、负表示。程序段 5 为调用 MC_Halt 指令，在速度运行的控制中，"轴_1"会立即按照组态好的减速曲线停车。程序段 6 为调用 MC_MoveRelative 指令进行相对移动。程序段 7 为调用 MC_MoveAbsolute 指令进行绝对位置移动（本实例未做拓展，用户可以自行设置）。程序段 8 为实时显示当前距离。

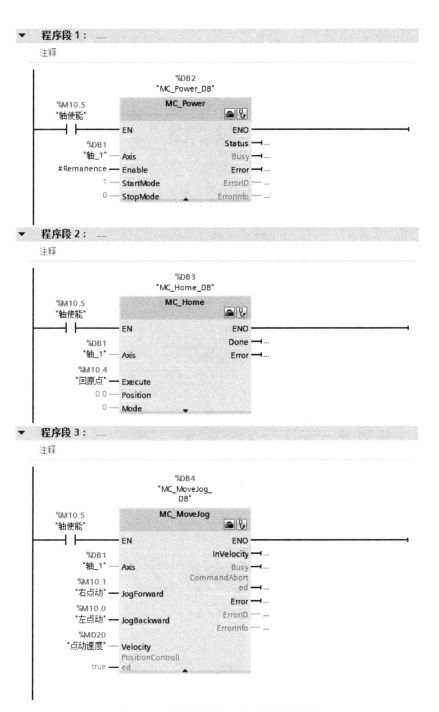

图 5-50　单轴控制步进电动机的梯形图

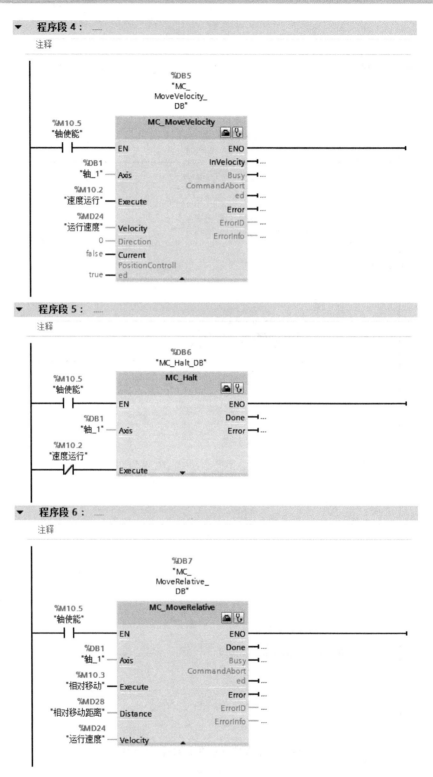

图 5-50　单轴控制步进电动机的梯形图（续）

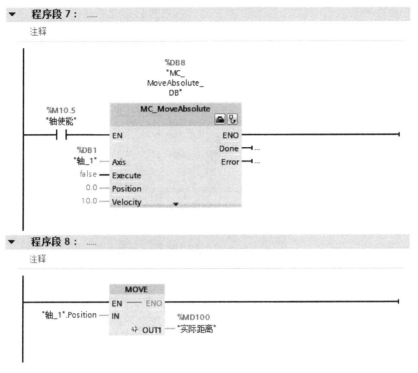

图 5-50　单轴控制步进电动机的梯形图（续）

4. 组态王操作

（1）根据要求进行组态王变量定义，见表 5-5。

表 5-5　组态王变量定义

变量名	变量类型	连接设备	寄存器
左点动	I/O离散	西门子1200PLC	M10.0
右点动	I/O离散	西门子1200PLC	M10.1
速度运行	I/O离散	西门子1200PLC	M10.2
电机使能	I/O离散	西门子1200PLC	M10.5
回原点	I/O离散	西门子1200PLC	M10.4
点动速度	I/O实型	西门子1200PLC	M20
运行速度	I/O实型	西门子1200PLC	M24
当前位置	I/O实型	西门子1200PLC	M100

（2）从图库中选择合适的图符，如用游标进行当前位置的定义（见图 5-51）、电动机主控开关向导（见图 5-52）等，图中未画出相对移动和绝对移动。

（3）系统运行画面如图 5-53 所示。图中，在"电动机主控"为"开"的情况下，可以设置点动速度进行左点动、右点动，可以设置运行速度，可以回原点。在上述运行情况下，在系统运行画面上会实时显示当前位置。

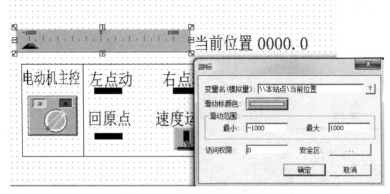

图 5-51 用游标定义当前位置

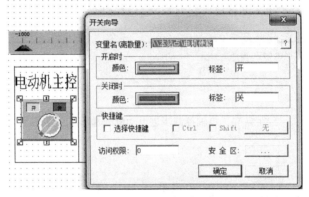

图 5-52 "开关向导"界面

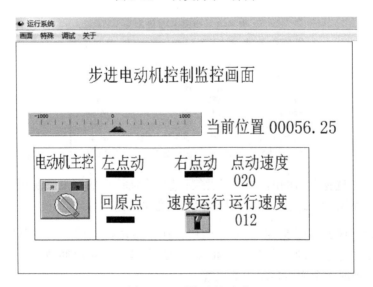

图 5-53 系统运行画面

第6章

西门子 S7-1200 PLC 的

SCL 编程

【导读】

结构化控制语言（Structured Control Language，SCL）类似于计算机的高级语言。读者如果具有 C、Java、C++、Python 等高级语言的学习经历，则学习 SCL 就会容易很多。TIA Portal 软件默认支持 SCL，在建立 FB、FC 等程序块时，可以直接应用 SCL。在 SCL 编程环境中，IF…THEN、CASE… OF…、FOR、WHILE…DO、REPEAT…UNTIL 等语句被用于构造条件、循环、判断等结构，可以实现多种复杂的逻辑判断。与梯形图不同，SCL 编程类似纯文本编辑，虽然看起来不那么直观，但应用起来却非常灵活，是目前主流 PLC 支持且符合 IEC61131-3 规范的编程语言。

6.1 SCL 指令

6.1.1 SCL 输入/输出变量定义

SCL 有 Input、Output、InOut、Static、Temp 及 Constant 等输入/输出变量需要进行定义，数据类型如下。

① 布尔型：Bool，1 位。

② 字节：Byte，1 个字节。

③ 整数：Int，2 个字节。

④ 长整数：Dint，4 个字节。

⑤ 字：Word，2 个字节。

⑥ 长字：Dword，4 个字节。

⑦ 浮点数：Real，4 个字节。

⑧ 字符：Char，1 个字节。

⑨ 字符串：String[XX]，XX+2 个字节。

⑩ 数组定义：Array[X..Y] of 类型。

6.1.2 SCL 指令规范

① 一行代码结束后要添加英文分号，表示行代码结束。

② 所有的代码都为英文字符，在英文输入法下输入。

③ 可以添加中文注释，注释前先添加双斜杠，即//。这种注释方法只能添加行注释。段注释要插入一个注释段。

④ 变量在双引号内，定义好变量后，能辅助添加。

1. 赋值指令

赋值指令的格式是一个冒号加一个等号，即"：="。

从梯形图到 SCL 指令，具体的赋值变化见表 6-1。

表 6-1 赋值变化

梯 形 图	SCL 指令
M400.0 ────┤├──── M400.1 ───( )───	M400.1：=M400.0
M100.0 ────┤/├──── M100.1 ───( )───	M100.1：=NOT M100.0
M100.0 ────┤├──── M100.1 ───(S)───	IF(M100.0)THEN 　　M100.1：=TRUE； END_IF
M100.0 ────┤├──── M100.1 ───(R)───	IF(M100.0)THEN 　　M100.1：=FALSE； END_IF

2. 位逻辑运算指令

常用的位逻辑运算指令如下。

① 取反指令：NOT，与梯形图中 NOT 指令的用法相同。

② 与运算指令：AND，相当于梯形图中的串联关系。

③ 或运算指令：OR，相当于梯形图中的并联关系。

④ 异或运算指令：XOR，在梯形图中的字逻辑运算中有异或运算指令，没有 BOOL 异或指令。

3. 数学运算指令

数学运算指令与梯形图中的用法基本相同，只是助记符不同。

常用的数学运算指令如下。

① 加法：用符号"+"运算。

② 减法：用符号"−"运算。

③ 乘法：用符号"*"运算。

④ 除法：用符号"/"运算。

⑤ 取余数：用符号"MOD"运算。

⑥ 幂：用符号"**"运算。

4. 条件控制指令

常用的条件控制指令有 IF...THEN、CASE... OF...等。以 IF...THEN 为例，格式为

```
IF a = b THEN
// Statement Section_IF
;
ELSIF a = c THEN
// Statement Section_ELSIF
;
ELSE
// Statement Section_ELSE
;
END_IF;
```

条件控制指令常会用到变量比较，如>、> =、<、< =、=，也会用到逻辑符号，如 AND、OR、NOT 等。

5. 循环控制指令

常用的循环控制指令及其格式如下。

（1）FOR

```
FOR Control Variable: = Start TO End BY Increment DO
// Statement Section
;
END_FOR;
```

（2）WHILE…DO

```
WHILE a = b DO
// Statement Section
;
END_WHILE;
```

（3）REPEAT…UNTIL

```
REPEAT
// Statement Section
;
UNTIL a = b
END_REPEAT;
```

6.1.3　【实例 26】每月天数计算

1. PLC 控制任务说明

采用西门子 S7-1200 PLC，通过 SCL 编程，对每月天数进行计算。

2. 电气接线图

每月天数计算的电气接线图如图 6-1 所示。

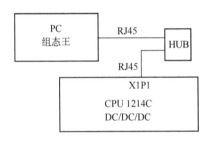

图 6-1　每月天数计算的电气接线图

3. PLC 编程

（1）增加 FC

增加 FC 的界面如图 6-2 所示。

（2）定义变量

表 6-2 为变量的定义。

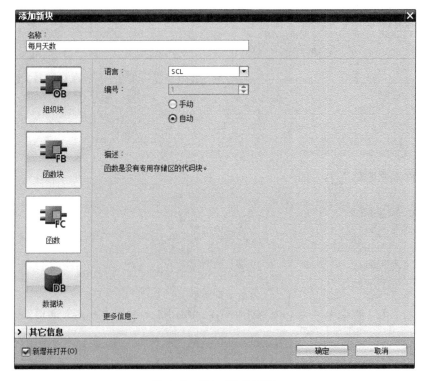

图 6-2　增加 FC 的界面

表 6-2　变量的定义

		名称	数据类型	默认值	注释
1	▼	Input			
2	■	Year	Int		年
3	■	Month	Int		月
4	■	<新增>			
5	▼	Output			
6	■	Days	Int		天数

（3）编写程序

计算每月天数一般采用 CASE 指令，分为三种情况。

第一种情况，即有 31 天的月份，分别是 1 月、3 月、5 月、7 月、8 月、10 月、12 月。

第二种情况，即有 30 天的月份，分别是 4 月、6 月、9 月、11 月。

第三种情况是 2 月，分闰年和非闰年：闰年为 28 天；非闰年为 29 天。

从 TIA Portal 的 SCL 编程环境中直接选取 "CASE ... OF ..."，即

```
     IF...  CASE... FOR...  WHILE.. (*...*) REGION
            OF...   TO DO.. DO...
1 ⊟CASE _variable_name_ OF
2      1:  // Statement section case 1
3         ;
4      2..4:  // Statement section case 2 to 4
5         ;
6      ELSE  // Statement section ELSE
7         ;
8  END_CASE;
```

把符号的要求填写进去，即

```
CASE #Month OF
    1,3,5,7,8,10,12:           //第一种情况
        #Days:=31    ;
    4,6,9,11:                  //第二种情况
        #Days:=30;
    2:                        //第三种情况
        IF (#Year MOD 4 = 0) AND (#Year MOD 100 <> 0) OR (#Year MOD 400 = 0) THEN
            #Days := 29;
        ELSE
            #Days := 28;
        END_IF;
END_CASE;
```

（4）调用程序块

表 6-3 是 PLC 变量，可方便调用程序块，如图 6-3 所示。

表 6-3 PLC 变量

名称	变量表	数据类型	地址
Year	默认变量表	Int	%MW0
Month	默认变量表	Int	%MW2
Days	默认变量表	Int	%MW4
确认按钮	默认变量表	Bool	%M6.0
确认按钮上升沿	默认变量表	Bool	%M6.1

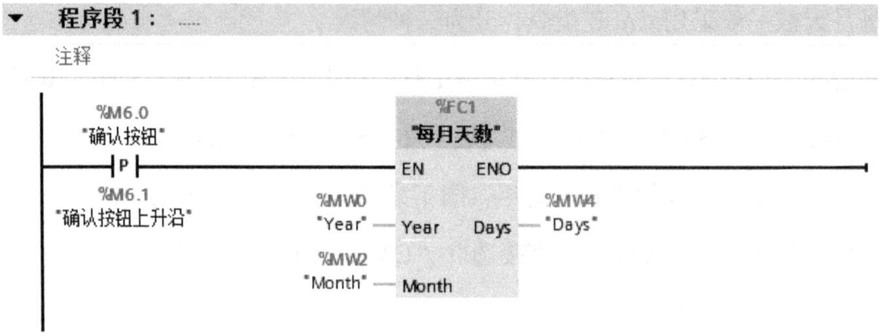

图 6-3 调用程序块

4. 组态王操作

在组态王上进行监控之前，首先进行变量定义，见表6-4。

表 6-4 组态王变量定义

变量名	变量类型	连接设备	寄存器
年	I/O整型	西门子1200PLC	M0
月	I/O整型	西门子1200PLC	M2
天数	I/O整型	西门子1200PLC	M4
确认按钮	I/O离散	西门子1200PLC	M6.0

设置年份动画连接如图6-4所示。设置"请输入年份："后，将"\\本站点\年"作为模拟值输入，"整数位数"为4，如2000年为4位数。

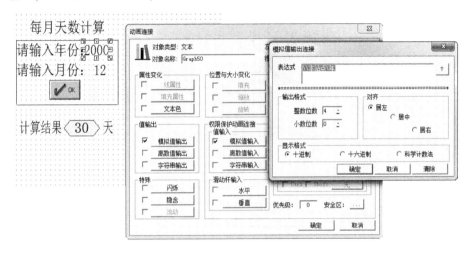

图 6-4 设置年份动画连接

设置月份动画连接与设置年份动画连接一致，就是显示的整数范围调整为"1"～"12"。

图6-5 为 OK 键动画连接，需要进行命令语言连接，具体如下。

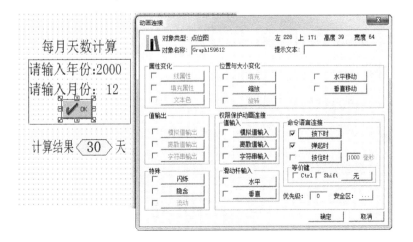

图 6-5 OK 键动画连接

按下 OK 键时，命令语言为：<u>\\本站点\确认按钮=1</u>。

弹起 OK 键时，命令语言为：<u>\\本站点\确认按钮=0</u>。

图 6-6 为"每月天数计算"界面。图中，输入的年份为 2018 年，输入的月份为 3 月，计算结果为 31 天。

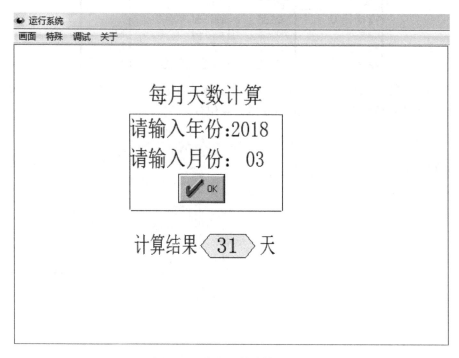

图 6-6　"每月天数计算"界面

6.1.4　【实例 27】SIN(x)的计算

1. PLC 控制任务说明

使用泰勒公式对 SIN(x)进行计算。

2. 电气接线图

计算 SIN(x)的电气接线图见图 6-1。

3. PLC 编程

计算 SIN(x)的泰勒公式为

$$SIN(x) = x - \frac{x^3}{3}! + \frac{x^5}{5}! - \frac{x^7}{7}! \cdots$$

为了确保精度，需要计算到最后一项的绝对值小于 10^{-7}，此时的计算结果就是 SIN(x)。

增加 FB 的界面如图 6-7 所示。

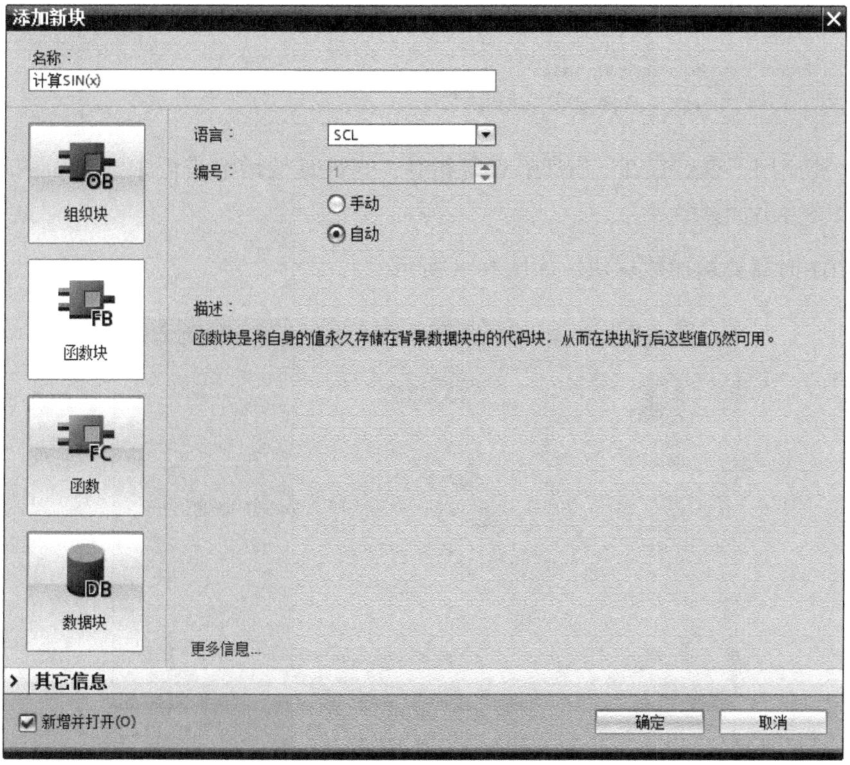

图 6-7　增加 FB 的界面

输入/输出变量的定义见表 6-5。

表 6-5　输入/输出变量的定义

名称	数据类型	默认值
▼ Input		
■ 　x	Real	0.0
▼ Output		
■ 　result	Real	false
▶ InOut		
▼ Static		
■ 　term	Real	0.0
■ 　n	Real	0.0
▶ Temp		
▼ Constant		
■ 　eps	Real	1.0E-07

FB1 的 SCL 编程为

```
#n := 1;
#term := #x;
#result := #x;
```

```
REPEAT
    #n := #n + 2;
    #term := #term * (- #x * #x) / (#n - 1) / #n;
    #result := #result + #term;
UNTIL ABS(#term) < #eps END_REPEAT;
```

这里主要应用了 REPEAT…UNTIL 重复指令，当计算的增加量低于常数 eps 时，忽略后面的值，最终得出计算结果。

调用 FB1 时需要增加数据块，如图 6-8 所示。

图 6-8　增加数据块

PLC 变量表见表 6-6。

表 6-6　PLC 变量表

名称	变量表	数据类型	地址
输入x	默认变量表	Real	%MD0
输出result	默认变量表	Real	%MD4

计算 SIN(x) 的主程序如图 6-9 所示。

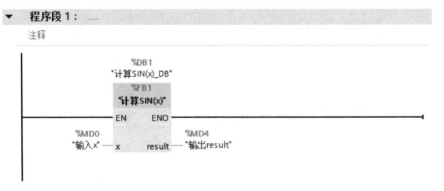

图 6-9　计算 SIN(x) 的主程序

4. 组态王操作

（1）定义变量

表 6-7 为组态王变量定义。

表 6-7　组态王变量定义

变量名	变量类型	连接设备	寄存器
输入x	I/O实型	西门子1200PLC	M0
输出result	I/O实型	西门子1200PLC	M4

（2）画面组态

图 6-10 为输入 x 的动画连接。

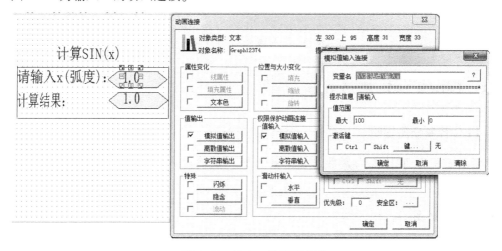

图 6-10　输入 x 的动画连接

图 6-11 为输出 result 的动画连接。

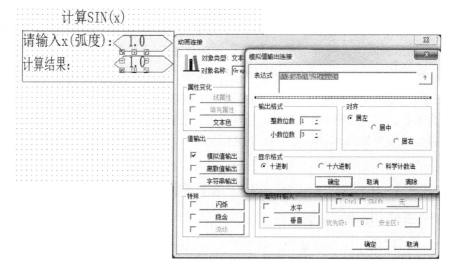

图 6-11　输出 result 的动画连接

"计算 SIN(x)"的界面如图 6-12 所示。

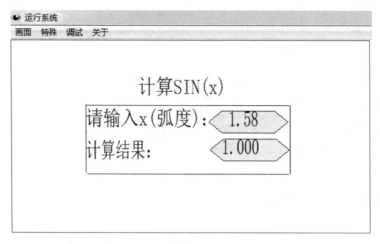

图 6-12　"计算 SIN(x)"的界面

6.1.5 【实例 28】素数判断

1. PLC 控制任务说明

判断给定的数字是否为素数。如果是素数，则输出"是"。如果不是素数，则输出"否"。

2. 电气接线图

素数判断的电气接线图见图 6-1。

3. PLC 编程

所谓素数，是指除了 1 和本身，不能被其他自然数整除。例如，17 就是素数，只能被 1 和 17 整除，不能被其他自然数整除。判断一个整数 m 是否为素数，只需要把 m 用 $2 \sim m-1$ 之间的每一个整数去除，如果都不能整除，那么 m 就是一个素数。判断素数的方法还可以简化，即 m 不需要用 $2 \sim m-1$ 之间的每一个整数去除，只需要用 $2 \sim \sqrt{m}$ 之间的每一个整数去除就可以了。如果 m 不能被 $2 \sim \sqrt{m}$ 之间的每一个整数整除，则 m 一定是素数。例如，判断 17 是否为素数，只需要将 17 用 $2 \sim 4$ 之间的每一个整数去除，由于都不能整除，则可以判断 17 是素数。因为如果 m 能被 $2 \sim m-1$ 之间的任一个整数整除，则其两个因子必定有一个小于或等于 $\sqrt{m}$，另一个大于或等于 $\sqrt{m}$。例如，16 能被 2、4、8 整除，$16 = 2 \times 8$，2 小于 4，8 大于 4，$16 = 4 \times 4$，$4 = \sqrt{16}$，因此只需要判断在 $2 \sim 4$ 之间有无因子即可。

（1）首先添加 FB：判断素数

对输入 n 进行判断，如果是素数，则输出'y'，否则输出'n'。

表 6-8 为 FB 变量的定义。

表 6-8　FB 变量的定义

名称	数据类型	默认值
▼ Input		
■　　n	Int	0
▼ Output		
■　　result	Char	' '
▶ InOut		
▼ Static		
■　　j	Int	0
■　　flag	Bool	false

首先设 flag（标识符）为真，然后根据素数判断原则，对 $2 \sim \sqrt{m}$ 之间的数字依次做除法，输出余数结果。SCL 指令为

```
#flag := TRUE;
FOR #j := 2 TO ROUND(SQRT(#n)) DO
    IF #n MOD #j = 0 THEN
        #flag := FALSE;
    END_IF;
END_FOR;
IF #flag=TRUE THEN
    #result := 'y';
ELSE
    #result := 'n';
END_IF;
```

如图 6-13 所示，在主程序中调用 FB1 程序块，对输入数 MW0 进行素数判断，结果输出到 MD10 中，即'y'或'n'。

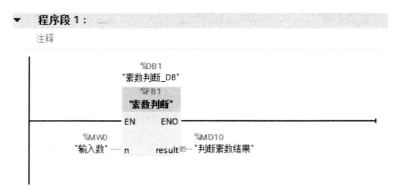

图 6-13　FB1 程序块

4. 组态王操作

定义组态王变量见表 6-9。需要注意的是，由于字符定义是 MD10，单个字符'y'或'n'是 MD10 双字节中的低字节，即 MB12/MB13，因此寄存器选择 M12。

表 6-9   组态王变量

变量名	变量类型	连接设备	寄存器
输入数	I/O整型	西门子1200PLC	M0
输出结果	I/O整型	西门子1200PLC	M12

图 6-14 为输入整数的动画连接，最小值为 2，最大值为 32767。

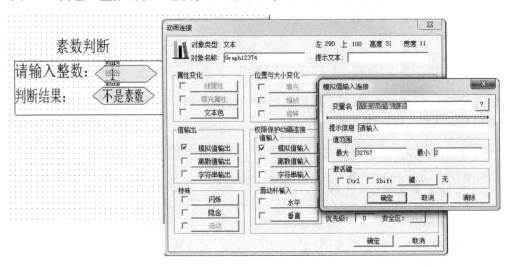

图 6-14   输入整数的动画连接

图 6-15 为素数判断结果动画连接。由于在组态王上直接显示中文，因此不能采用 PLC 变量直接显示方式，需要采用隐含连接，即 "不是素数" 为 "\\本站点\输出结果＝＝110"，"是素数" 为\\本站点\输出结果＝＝121。前者是'n'的 ASCII，后者是'y'的 ASCII。

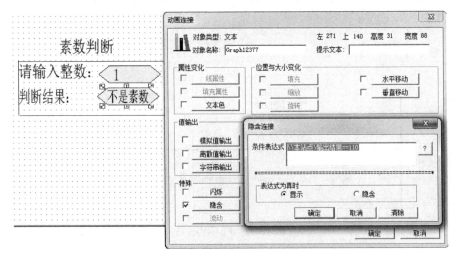

图 6-15   素数判断结果动画连接

图 6-16 为对 1818 进行素数判断的显示界面。

图 6-17 为对 97 进行素数判断的显示界面。

图 6-16　对 1818 进行素数判断的显示界面

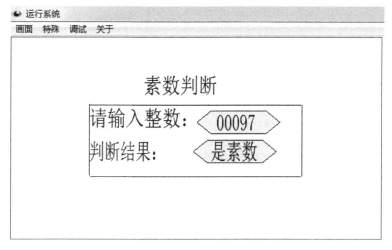

图 6-17　对 97 进行素数判断的显示界面

6.2　间接寻址 SCL 编程

SCL 编程支持间接寻址，主要有 PEEK 指令和 POKE 指令：

① PEEK，读存储器地址；

② PEEK_Bool，读存储器位。

③ POKE，写存储器地址；

④ POKE_Bool，写存储器位；

⑤ POKE_BLK，写存储区；

6.2.1　PEEK 指令

1. 格式

PEEK 指令主要用于读取输入（I）、输出（Q）、存储器（M）或数据块（DB）的变量，支持位、字节、字、双字等操作。PEEK 指令将获取的数据值以返回值的方式赋值给对应的变量。

PEEK_Bool，读位变量，指令格式为

```
#"PEEK-Bool":=PEEK_BOOL(area:=#area,//寻址区域,Byte 类型。
                dbNumber:=#dbn,//数据块号,非数据块寻址时,取值"0",Dint 类型。
                byteOffset:=#byteoff,//被读取变量字节地址,Dint 类型。
                bitOffset:=#bitoff);//被读取变量对应的位地址,Sint 类型。
```

PEEK_Byte，读字节变量，指令中的 Byte 类型可省略，指令格式为

```
#"PEEK-Byte":=PEEK(area:=#area,  //寻址区域,Byte 类型。
                dbNumber:=#dbn, //数据块号,非数据区域寻址时,取值"0",Dint 类型。
                byteOffset:=#byteoff); //被读取变量字节地址,Dint 类型。
```

PEEK_Word，读字变量，指令格式为

```
#"PEEK-Word":=PEEK(area:=#area,//寻址区域,Byte 类型。
                dbNumber:=#dbn,//数据块号,读取非数据块变量,取值为"0",Dint 类型。
                byteOffset:=#wordoff);//被读取变量地址,Dint 类型。
```

PEEK_DWord，读双字变量，指令格式为

```
#"PEEK-DWord":=PEEK(area:=#area,  //寻址区域,Byte 类型。
                dbNumber:=#dbn, //数据块号,非数据区域寻址时,取值"0",Dint 类型。
                byteOffset:=#byteoff); //被读取变量字节地址,Dint 类型。
```

PEEK 指令的参数 area 根据数据所在区域的不同有四种取值，见表 6-10。

表 6-10　PEEK 指令参数 area 的取值

取　　值	寻　址　区	说　　　明
B#16#81	I	读取输入区变量
B#16#82	Q	读取输出区变量
B#16#83	M	读取寄存器变量
B#16#84	DB	读取数据块内变量

2. M 寻址

PEEK_Bool 指令的应用如图 6-18 所示，可将 M0.1 的状态值读取到 Tag_15(M0.7)。

```
"Tag_15":=PEEK_BOOL(area:=b#16#83,          "Tag_15"  %M0.7  TRUE
                    dbNumber:=0,
                    byteOffset:=0,
                    bitOffset:=1);
```

%M0.1	布尔型	TRUE

图 6-18　PEEK_BOOL 指令的应用

PEEK_Byte 指令的应用如图 6-19 所示，FC9 是字节寻址块，执行 FC9，可将 MB10 的值读取到 MB1。

接口　FC9

名称	数据类型	注释
Input		
area	Byte	
dbn	DInt	
byteoff	DInt	
Output		
PEEK-Byte	Byte	

CASE… OF…　FOR…TO DO…　WHILE… DO…　FOR…TO BY…DO…

```
#"PEEK-Byte":=PEEK(area:=#area,
                   dbNumber:=#dbn,
                   byteOffset:=#byteoff);
```

%MB10	二进制	2#1010_1010

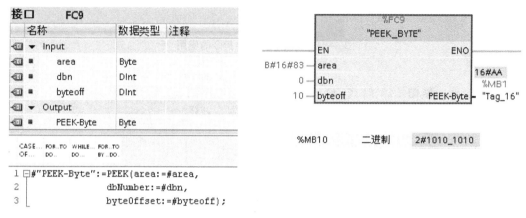

图 6-19　PEEK_Byte 指令的应用

PEEK_Word 指令的应用如图 6-20 所示，FC10 是字寻址块，执行 FC10，可将 MW30 的值读取到 MW32。

接口　FC10

名称	数据类型	注释
Input		
area	Byte	
dbn	DInt	
byteoff	DInt	
Output		
PEEK-Word	Word	

CASE… OF…　FOR…TO DO…　WHILE… DO…　FOR…TO BY…DO…

```
#"PEEK-Word":=PEEK_WORD(area:=#area,
                        dbNumber:=#dbn,
                        byteOffset:=#byteoff);
```

%MW30	十六进制	16#7020

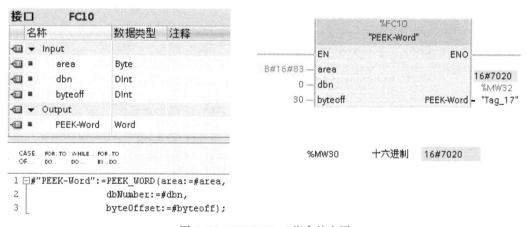

图 6-20　PEEK_Word 指令的应用

PEEK_DWord 指令的应用如图 6-21 所示，可将 MD50 的值读取到 MD54。

3. DB 寻址

使用 PEEK 指令编写程序块 FC3，可实现对 DB 中数据位、字节、字、双字的读取，如图 6-22 所示。

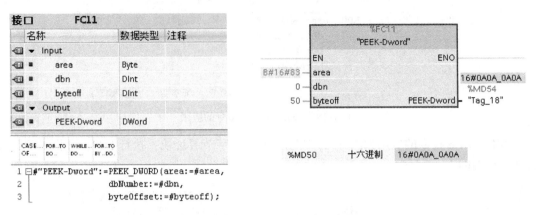

```
1 ⊟#"PEEK-Dword":=PEEK_DWORD(area:=#area,
2                 dbNumber:=#dbn,
3                 byteOffset:=#byteoff);
```

图 6-21　PEEK_DWord 指令的应用

接口	FC3		
名称		数据类型	注释
▼ Input			
■	My-area	Byte	
■	DB-Nr	DInt	
■	offset-byte	DInt	
■	offset-byte-bool	DInt	
■	offset-word	DInt	
■	offset-dword	DInt	
■	offset-bit	Int	
▼ Output			
■	Peek-value-byte	Byte	
■	Peek-value-Bool	Bool	
■	Peek-value-Dword	DWord	
■	Peek-value-Word	Word	

```
1 ⊟#"Peek-value-byte":=PEEK_BYTE(area:=#"My-area",
2                  dbNumber:=#"DB-Nr",
3                  byteOffset:=#"offset-byte");
4 ⊟#"Peek-value-Bool":=PEEK_BOOL(area:=#"My-area",
5                  dbNumber:=#"DB-Nr",
6                  byteOffset:=#"offset-byte-bool",
7                  bitOffset:=#"offset-bit");
8 ⊟#"Peek-value-Dword":=PEEK_DWORD(area:=#"My-area",
9                  dbNumber:=#"DB-Nr",
10                 byteOffset:=#"offset-dword");
11 ⊟#"Peek-value-Word":=PEEK_WORD(area:=#"My-area",
12                 dbNumber:=#"DB-Nr",
13                 byteOffset:=#"offset-word");
```

图 6-22　DB 寻址

DB 寻址的测试结果如图 6-23 所示。

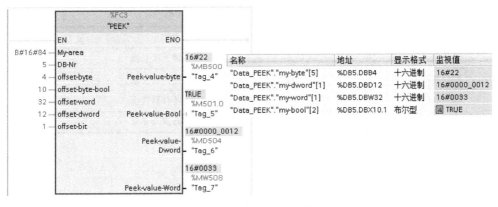

图 6-23　DB 寻址的测试结果

6.2.2　POKE 指令

1. 格式

POKE 指令主要用于对输入（I）、输出（Q）、存储器（M）或数据块（DB）的变量地址进行写操作，不仅支持位、字节、字、双字等操作，还可以进行区域操作，实现区域数据移动。POKE 指令可以在指令体内将结果传递给对应的变量。

POKE 位操作格式为

```
POKE_BOOL(area:=#DB,//目标区域, Byte 类型。
         dbNumber:=#DBN,//目标数据块号,非数据区域寻址时,取值"0", Dint 类型。
         byteOffset:=#"off-byte_1",//目标变量字节地址, Dint 类型。
         bitOffset:=#"off-bit",//目标变量位地址, Dint 类型。
         value:=#"out-bit");//待写入的值。
```

POKE 字节、字、双字操作格式为

```
POKE(area:=#DB,//目标区域, Byte 类型。
     dbNumber:=#DBN,//目标数据块号,非数据区域寻址时,取值"0", Dint 类型。
     byteOffset:=#"off-byte",//目标变量地址, Dint 类型。
     value:=#"out-byte");//待写入的值。
```

将源数据块、I/O 或存储区中从 byteOffset 开始的 count 个字节写入目标数据块、I/O 或存储区中从 byteOffset 开始的区域，格式为

```
POKE_BLK(area_src:=#DB,//源数据区域, Byte 类型。
         dbNumber_src:=#DBN,//源数据块号,非数据区域寻址时,取值"0", Dint 类型。
         byteOffset_src:=#"byte-st-s",//源变量首地址, Dint 类型。
         area_dest:=#DB,//目标数据区域, Byte 类型。
         dbNumber_dest:=#"DBN-D",//目标数据块号,非数据区域寻址时,取值"0", Dint 类型。
         byteOffset_dest:=#"byte-st-d",//目标变量首地址, Dint 类型。
         count:=#count);//要复制的字节数, Dint 类型。
```

POKE 指令的参数 area 根据要写入数据所在区域的不同有四种取值，见表 6-11。

表 6-11　POKE 指令参数 area 的取值

取　值	寻　址　区	说　明
B#16#81	I	写入输入区变量
B#16#82	Q	写入输出区变量
B#16#83	M	写入寄存器变量
B#16#84	DB	写入数据块变量

2. M 存储器操作

使用 POKE 指令编写程序块 FC13，将 MB26 的值写入 MB20，程序执行如图 6-24 所示。

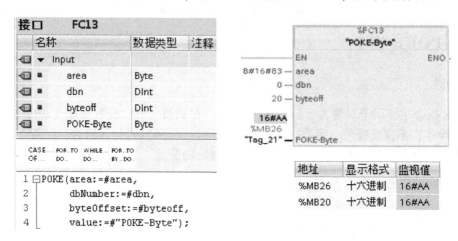

图 6-24　POKE 写字节程序执行

使用 POKE 指令编写程序块 FC14，将 MW2 的值写入 MW60，程序执行如图 6-25 所示。

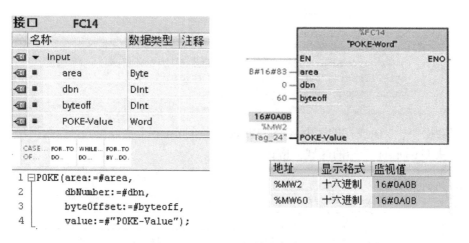

图 6-25　POKE 字操作程序执行

使用 POKE 指令编写程序块 FC15，将 MD100 的值写入 MD40，程序执行如图 6-26 所示。

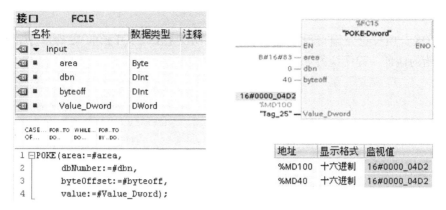

图 6-26 POKE 双字操作程序执行

3. 写 M 位存储器

使用 POKE_Bool 指令编写程序块 FC12，将 M0.1 的值写入 M10.1，程序执行如图 6-27 所示。

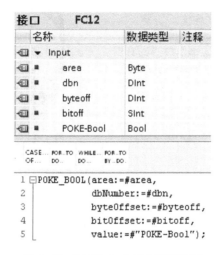

图 6-27 POKE_Bool 指令程序执行

POKE_Bool 指令的测试结果如图 6-28 所示。

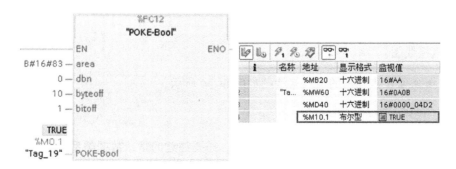

图 6-28 POKE_Bool 指令的测试结果

4. POKE_BLK 指令编程

使用 POKE_BLK 指令编写程序块 FC8，将从 DB2.DBW32 开始的 12 个字节的值写入从 MW100 开始的地址，程序执行如图 6-29 所示。

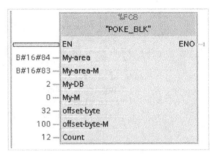

图 6-29　POKE_BLK 指令程序执行

6.2.3　【实例 29】POKE 指令到 Q 点输出

1. PLC 控制任务说明

利用 POKE 指令将组态王设置的 8 个开关状态直接输出到 CPU 1214DC/DC/DC 的 Q0.0～Q0.7。

2. 电气接线图

POKE 指令到 Q 点输出的电气接线图如图 6-30 所示。

3. PLC 编程

（1）增加 FC，定义输入变量，见表 6-12。需要注意的是，数据类型必须为 Byte。

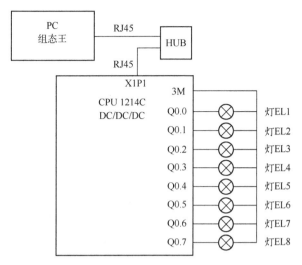

图 6-30　POKE 指令到 Q 点输出的电气接线图

表 6-12　定义输入变量

名称	数据类型
▼ Input	
■　shuzi	Byte

FC 的 SCL 编程为

```
POKE(area:=16#82,
     dbNumber:=0,
     byteOffset:=0,
     value:=#shuzi);
```

（2）定义主程序中的变量，见表 6-13。

表 6-13　定义主程序中的变量

名称	变量表	数据类型	地址 ▲
确认输出上升沿	默认变量表	Bool	%M2.0
确认按钮	默认变量表	Bool	%M2.1
输出数值	默认变量表	Byte	%MB3

图 6-31 为主程序调用 FC1 的梯形图。

4. 组态王操作

（1）定义变量

表 6-14 为组态王变量的定义。表中，灯 EL1～灯 EL8 为 Q0.0～Q0.7，开关 1～开关 8 为 M3.0～M3.7，设置确认按钮为 M2.1。

▼　程序段 1：　......

　　注释

```
      %M2.1                              %FC1
     "确认按钮"                         "POKE到Q点"
      ┤P├                           EN              ENO
      %M2.0                   %MB3
   "确认输出上升沿"          "输出数值" ── shuzi
```

图 6-31　主程序调用 FC1 的梯形图

表 6-14　组态王变量的定义

变量名	变量类型	连接设备	寄存器
灯EL1	I/O离散	西门子1200PLC	Q0.0
灯EL2	I/O离散	西门子1200PLC	Q0.1
灯EL3	I/O离散	西门子1200PLC	Q0.2
灯EL4	I/O离散	西门子1200PLC	Q0.3
灯EL5	I/O离散	西门子1200PLC	Q0.4
灯EL6	I/O离散	西门子1200PLC	Q0.5
灯EL7	I/O离散	西门子1200PLC	Q0.6
灯EL8	I/O离散	西门子1200PLC	Q0.7
开关1	I/O离散	西门子1200PLC	M3.0
开关2	I/O离散	西门子1200PLC	M3.1
开关3	I/O离散	西门子1200PLC	M3.2
开关4	I/O离散	西门子1200PLC	M3.3
开关5	I/O离散	西门子1200PLC	M3.4
开关6	I/O离散	西门子1200PLC	M3.5
开关7	I/O离散	西门子1200PLC	M3.6
开关8	I/O离散	西门子1200PLC	M3.7
设置确认按钮	I/O离散	西门子1200PLC	M2.1

（2）填充属性

"填充属性连接"操作界面如图 6-32 所示。

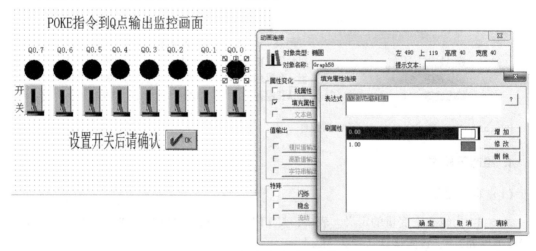

图 6-32　"填充属性连接"操作界面

"开关向导"设置界面如图 6-33 所示。

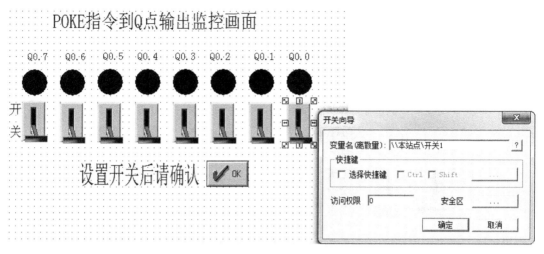

图 6-33　"开关向导"设置界面

OK 键动画连接界面如图 6-34 所示。

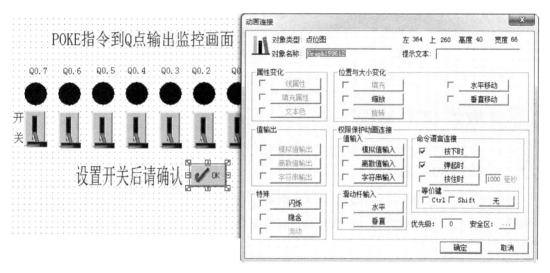

图 6-34　OK 键动画连接界面

按下 OK 键时，命令语言为：\\本站点\设置确认按钮 = 1；。

弹起 OK 键时，命令语言为：\\本站点\设置确认按钮 = 0；。

（3）运行系统

图 6-35 为 POKE 指令到 Q 点输出的运行系统画面，将 Q0.0、Q0.1、Q0.2、Q0.5 分别置位，按 OK 键后，可观察到相应的指示灯亮。

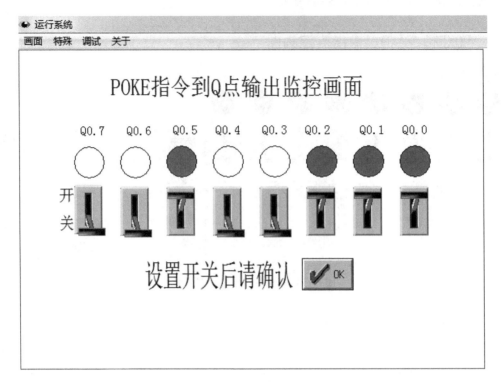

图 6-35　POKE 指令到 Q 点输出的运行系统画面

6.3　数组 SCL 编程

6.3.1　数组的概述

数组就是元素序列。若将有限个类型相同的变量集合命名，那么这个名称就是数组名。组成数组的变量被称为数组的分量或元素，有时也称其为下标变量。用来区分数组中各元素的数字编号被称为下标。

在编程过程中，为了处理方便，通常将具有相同类型的若干个元素无序组织起来，合成数组。

DB 创建数组的过程如下。

（1）添加 DB

添加 DB 界面如图 6-36 所示。

添加 DB 内的数据，如添加 arr1，数据类型选择 Array[lo.. hi] of type，如图 6-37 所示。"数据类型"选择"Int"，如图 6-38 所示。"数组限值"选择"0..9"，如图 6-39 所示。

完成后的数组如图 6-40 所示，即 arr1 是编号为 0 ~ 9 的有 10 个整数的数组。

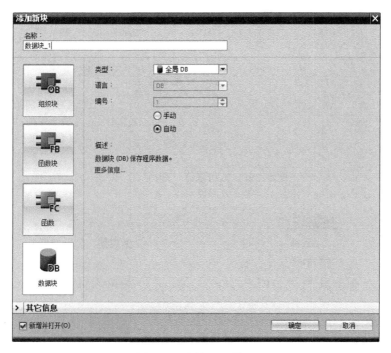

图 6-36　添加 DB 界面

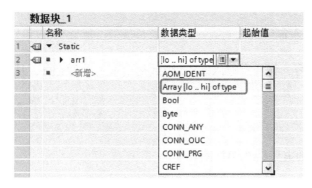

图 6-37　添加 arr1 数据类型

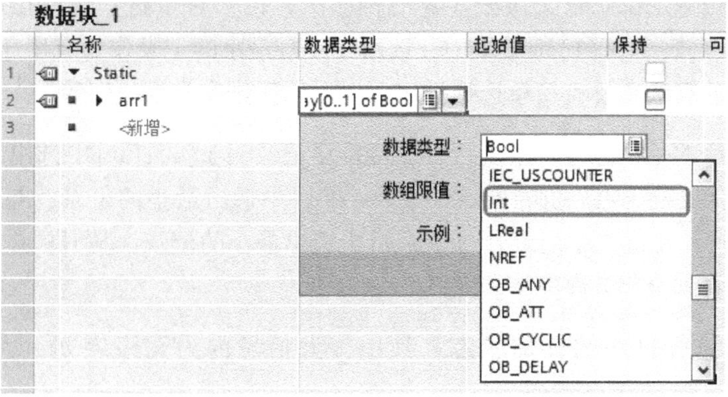

图 6-38　"数据类型"选择"Int"

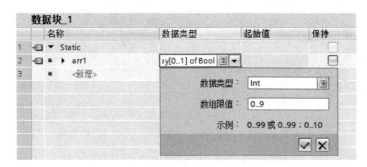

图 6-39　"数组限值"选择"0..9"

图 6-40　完成后的数组

6.3.2　【实例30】对数组进行排序

1. PLC 控制任务说明

使用 SCL 中的指令，将任意输入的 10 个数据合成一个数组 1，从大到小排序后，在数组 2 中输出并显示。

2. 电气接线图

对数组进行排序的电气接线图见图 6-1。

3. PLC 编程

选择排序法是对定位比较交换法（冒泡排序法）的一种改进。选择排序法的基本思想是，在 $n-i+1(i=1,2,\cdots,n-1)$ 个记录中，选出每一行最小的记录作为有序序列中的第 i 个记录。基于此思想的算法主要有简单选择排序、树形选择排序及堆排序等。

简单选择排序的基本思想：第 1 行，在待排序记录 $r[1] \sim r[n]$ 中选出最小的记录，与 $r[1]$ 进行交换；第 2 行，在待排序记录 $r[2] \sim r[n]$ 中选出最小的记录，与 $r[2]$ 进行交换；依次类推，第 i 行，在待排序记录 $r[i] \sim r[n]$ 中选出最小的记录，与 $r[i]$ 进行交换，使有序序列不断增加，直到全部排序完毕。

下面为简单选择排序的存储状态。其中，大括号内为无序序列，大括号外为有序序列。

初始序列：{49 27 65 97 76 12 38}。

第 1 行：12 与 49 交换，12{27 65 97 76 49 38}。

第 2 行：27 不动，12 27{65 97 76 49 38}。

第 3 行：65 与 38 交换，12 27 38{97 76 49 65}。

第 4 行：97 与 49 交换，12 27 38 49{76 97 65}。

第 5 行：76 与 65 交换，12 27 38 49 65{97 76}。

第 6 行：97 与 76 交换，12 27 38 49 65 76 97 。

完成。

（1）新建 FC1 选择排序，采用 SCL 编程，定义输入/输出变量，见表 6-15。

表 6-15　定义输入/输出变量

名称	数据类型
▼ Input	
■ ▶ arr_in	Array[0..9] of Int
▼ Output	
■ ▶ arr_out	Array[0..9] of Int
▶ InOut	
▼ Temp	
■ n	Int
■ max	Int
■ temp	Int
■ i	Int

SCL 编程为

```
#arr_out : = #arr_in;
FOR #n : = 0 TO 8 DO
    #max : = #n;
    FOR #i : = #n+1 TO 9 DO
        IF #arr_out [#i] >#arr_out [#max] THEN
            #max: =#i;
        END_IF;
    END_FOR;
    #temp : = #arr_out [#n];
    #arr_out [#n] : = #arr_out [#max];
    #arr_out [#max] : = #temp;
END_FOR;
```

（2）新建 DB1，定义两个数组 arr1 和 arr2，均为 Array[0..9] of Int，见表 6-16。

表 6-16　定义两个数组 arr1 和 arr2

名称	数据类型	偏移量
▼ Static		
▼ arr1	Array[0..9] of Int	0.0
arr1[0]	Int	0.0
arr1[1]	Int	2.0
arr1[2]	Int	4.0
arr1[3]	Int	6.0
arr1[4]	Int	8.0
arr1[5]	Int	10.0
arr1[6]	Int	12.0
arr1[7]	Int	14.0
arr1[8]	Int	16.0
arr1[9]	Int	18.0
▶ arr2	Array[0..9] of Int	20.0

DB1 的属性为与组态王正常通信，需要将属性"优化的块访问"去掉，如图 6-41 所示。

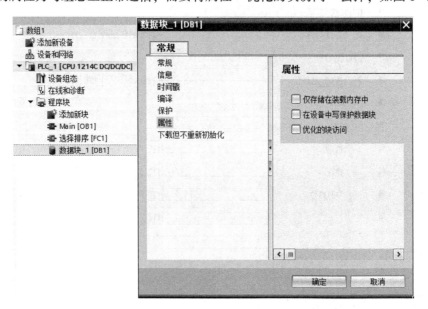

图 6-41　去掉"优化的块访问"属性

（3）对数组进行排序的梯形图如图 6-42 所示。

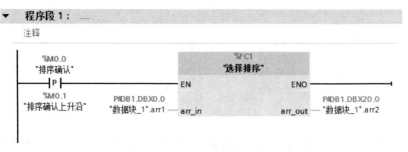

图 6-42　对数组进行排序的梯形图

4. 组态王操作

（1）组态王变量定义见表6-17。

表6-17　组态王变量定义

变量名	变量类型	连接设备	寄存器
数组1的数据1	I/O整型	西门子1200PLC	DB1.0
数组1的数据2	I/O整型	西门子1200PLC	DB1.2
数组1的数据3	I/O整型	西门子1200PLC	DB1.4
数组1的数据4	I/O整型	西门子1200PLC	DB1.6
数组1的数据5	I/O整型	西门子1200PLC	DB1.8
数组1的数据6	I/O整型	西门子1200PLC	DB1.10
数组1的数据7	I/O整型	西门子1200PLC	DB1.12
数组1的数据8	I/O整型	西门子1200PLC	DB1.14
数组1的数据9	I/O整型	西门子1200PLC	DB1.16
数组1的数据10	I/O整型	西门子1200PLC	DB1.18
数组2的数据1	I/O整型	西门子1200PLC	DB1.20
数组2的数据2	I/O整型	西门子1200PLC	DB1.22
数组2的数据3	I/O整型	西门子1200PLC	DB1.24
数组2的数据4	I/O整型	西门子1200PLC	DB1.26
数组2的数据5	I/O整型	西门子1200PLC	DB1.28
数组2的数据6	I/O整型	西门子1200PLC	DB1.30
数组2的数据7	I/O整型	西门子1200PLC	DB1.32
数组2的数据8	I/O整型	西门子1200PLC	DB1.34
数组2的数据9	I/O整型	西门子1200PLC	DB1.36
数组2的数据10	I/O整型	西门子1200PLC	DB1.38
排序信号	I/O离散	西门子1200PLC	M0.0

（2）输入数据动画连接如图6-43所示，分别对10个输入数据进行动画连接。

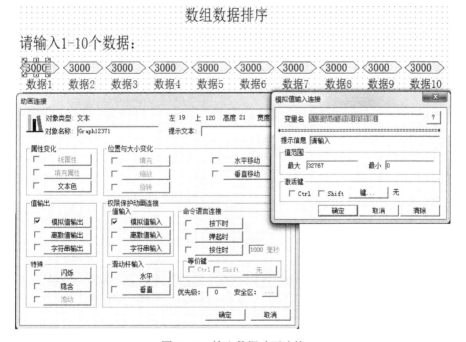

图6-43　输入数据动画连接

按下 OK 键时，命令语言为：\\本站点\排序信号=1；。

弹起 OK 键时，命令语言为：\\本站点\排序信号=0；。

对排序结果的动画连接如图 6-44 所示。

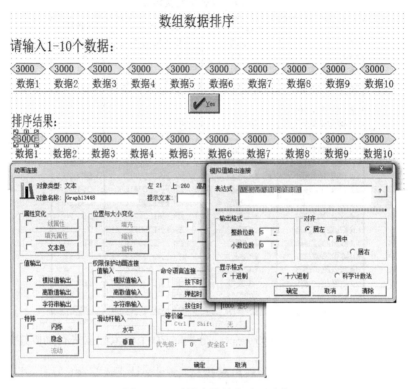

图 6-44　对排序结果的动画连接

输入 123、11、1、66、88、3189、22、777、15、888，经过排序后，变成 3189、888、777、123、88、66、22、15、11、1，如图 6-45 所示。

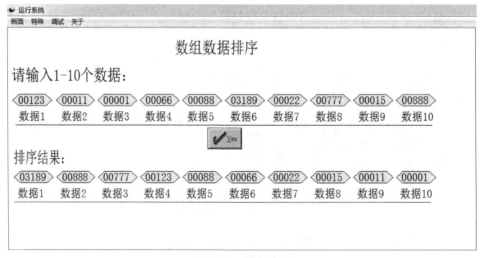

图 6-45　排序结果

6.3.3　【实例31】 对 8 位数组进行读取及取反操作

1. PLC 控制任务说明

将西门子 S7-1200 PLC 的 CPU 1214DC/DC/DC 输入点 I0.0 ～ I0.7 的 8 个位以数组的形式读取出来，存放在数据块中，并将该数组实时进行"位取反"存放。

2. 电气接线图

对 8 位数组进行读取及取反操作的电气接线图如图 6-46 所示。

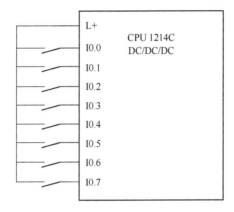

图 6-46　对 8 位数组进行读取及取反操作的电气接线图

3. PLC 编程

（1）在 DB1 中定义 8 位数组 arr1 和 arr2 为 Array[0..7] of Bool，见表 6-18。

表 6-18　定义 8 位数组 arr1 和 arr2

名称	数据类型	偏移量
▼ Static		
■ ▶ arr1	Array[0..7] of Bool	0.0
■ ▶ arr2	Array[0..7] of Bool	2.0

（2）添加 FC1，定义参数，见表 6-19。

表 6-19　定义 FC1 的参数

名称	数据类型
▶ Input	
▼ Output	
■ ▶ arr_out	Array[0..7] of Bool
▶ InOut	
▼ Temp	
■ i	Int

使用 PEEK_Bool 指令写入 SCL 语句为

```
FOR #i :=0 TO 7 DO
    #arr_out [#i] : = PEEK_Bool (area : = 16#81, dbNumber : = 0, byteOffset : = 0,
bitOffset: = #i);
END_FOR;
```

（3）添加 FC2，定义参数，见表 6-20。

表 6-20　定义 FC2 的参数

名称	数据类型
▼ Input	
■ ▶ arr_in	Array[0..7] of Bool
▶ Output	
▶ InOut	
▼ Temp	
■ i	Int
■ shift	Int

使用 POKE_Bool 指令写入 SCL 语句为

```
FOR #i :=0 TO 7 DO
    POKE_Bool （area：=16#84,
                dbNumber：=1,
                byteOffset：=2,
                bitOffset：=#i,
                value：=NOT (#arr_in [#i] ) );
END_FOR;
```

（4）对 8 位数组进行读取及取反操作的梯形图如图 6-47 所示。

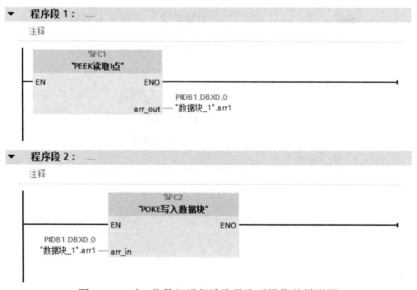

图 6-47　对 8 位数组进行读取及取反操作的梯形图

（5）如图 6-48 所示，实时监控数据块，单击即可看到，当 I0.4 和 I0.5 变化时，arr1[4] 和 arr1[5] 变成 TRUE，arr2[4] 和 arr2[5] 变为 FALSE，即取反。

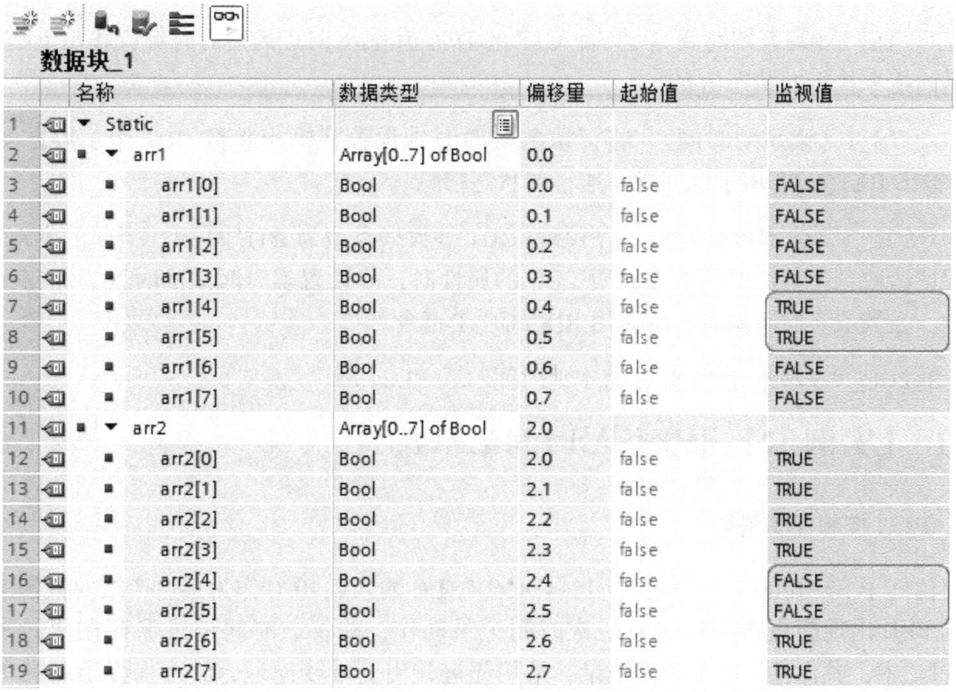

		名称	数据类型	偏移量	起始值	监视值
1		▼ Static				
2		▼ arr1	Array[0..7] of Bool	0.0		
3		arr1[0]	Bool	0.0	false	FALSE
4		arr1[1]	Bool	0.1	false	FALSE
5		arr1[2]	Bool	0.2	false	FALSE
6		arr1[3]	Bool	0.3	false	FALSE
7		arr1[4]	Bool	0.4	false	TRUE
8		arr1[5]	Bool	0.5	false	TRUE
9		arr1[6]	Bool	0.6	false	FALSE
10		arr1[7]	Bool	0.7	false	FALSE
11		▼ arr2	Array[0..7] of Bool	2.0		
12		arr2[0]	Bool	2.0	false	TRUE
13		arr2[1]	Bool	2.1	false	TRUE
14		arr2[2]	Bool	2.2	false	TRUE
15		arr2[3]	Bool	2.3	false	TRUE
16		arr2[4]	Bool	2.4	false	FALSE
17		arr2[5]	Bool	2.5	false	FALSE
18		arr2[6]	Bool	2.6	false	TRUE
19		arr2[7]	Bool	2.7	false	TRUE

图 6-48　实时监控数据块界面

6.4　时间记录 SCL 编程

西门子 S7-1200 PLC 的 CPU 实时时钟在断电时由超级电容保证运行。超级电容可保证实时时钟运行 10 天。实时时钟的数据占据 12 个字节，见表 6-21。

表 6-21　数据占据的字节数

数据	字节数	取值范围	数据	字节数	取值范围
年	2	1970～2554	h	1	0～23
月	1	1～12	min	1	0～59
日	1	1～31	s	1	0～59
星期	1	1～7（周日～周六）	ns	4	0～999999999

1. 时间加/减指令

T_ADD（时间相加）指令和 T_SUB（时间相减）指令输入参数 IN1 和输出参数 OUT 的数据类型可选 DTL 或 Time，应相同；IN2 的数据类型为 Time。

T_DIFF（时间差）指令的输入为 IN1 的 DTL 值、IN2 的 DTL 值，输出参数 OUT 的数据类型为 Time，输出结果为两个输入值的差。

2. 读/写时间指令

WR_SYS_T（写系统时间）：将输入 IN 的 DTL 值写入 PLC 的实时时钟，输出 RET_VAL 用于返回指令执行的状态信息。

RD_SYS_T（读系统时间）：将读取的实时时钟保存在输出参数 OUT 中，数据类型为 DTL，输出 RET_VAL 用于返回指令执行的状态信息。

RD_LOC_T（读本地时间）：输出参数 OUT 是数据类型为 DTL 的 PLC 当前的本地时间，为了保证读取到正确的时间，在设置 CPU 的属性时，应设置实时时间的时区为北京，不设夏时制，在读取实时时间时，应调用 RD_LOC_T 指令。

WR_LOC_T（写本地时间）：将本地时间写入 PLC。

6.4.1 【实例32】 报警信号时间记录表

1. PLC 控制任务说明

将西门子 S7-1200 PLC 的 CPU 1214DC/DC/DC 输入点 I0.0 作为某生产线的报警信号来源，当 I0.0 出现高电平时，触发一次时间记录动作，并将该时间记录保存在西门子 S7-1200 PLC 中，共保存 100 个时间记录，采用先进先出的堆栈原理，始终保存最新的 100 个时间记录。I0.1 输入本地时间信号，I0.2 输入 100 个时间记录的初始化时间，格式统一设置为 2000-01-01-00:00:00。

2. 电气接线图

报警信号时间记录表电气接线图如图 6-49 所示。

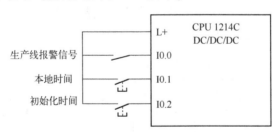

图 6-49　报警信号时间记录表电气接线图

3. PLC 编程

（1）采用 FB 编程比较合适。因为 FB 自带 DB，因此可将 100 个时间记录保存在 DB 中。定义"记录报警信号时间（FB1）"的参数，见表 6-22。输入 Rec_yes 表示开始记录时间，Clear 表示清除所有的记录为默认值。静态参数包括：dtl_temp 为读取时间的返回值，数据类型为 Int；dlt_arr 为数组 Array[0..99] of DTL，是所用到的 100 个时间记录；i 为循环控制变量。

表 6-22　定义 FB1 的参数

名称	数据类型	默认值
▼ Input		
■　Rec_yes	Bool	false
■　Clear	Bool	false
▶ Output		
▶ InOut		
▼ Static		
■　dtl_temp	Int	0
■　▶ dlt_arr	Array[0..99] of DTL	
■　i	Int	0

FB1 的 SCL 编程为

```
IF #Rec_yes THEN
    FOR #i : = 1 TO 99 DO
        #dlt_arr [100 - #i] : = #dlt_arr [99 - #i];
    END_FOR;
#dtl_temp : = RD_LOC_T (#dlt_arr [0] );
END_IF;
IF #Clear THEN
    FOR #i : = 0 TO 99 DO
        #dlt_arr [#i] : = DTL#2000-01-01-00：00：00;
    END_FOR;
END_IF;
```

先进先出的时间记录可以采用 FOR 指令完成。

（2）定义主程序 OB1 的变量，见表 6-23。

表 6-23　定义主程序 OB1 的变量

名称	变量表	数据类型	地址 ▲
报警信号	默认变量表	Bool	%I0.0
初始化时间	默认变量表	Bool	%I0.1
清除时间信号	默认变量表	Bool	%I0.2
报警信号上升沿	默认变量表	Bool	%M20.0
初始化时间上升沿	默认变量表	Bool	%M20.1
清除时间信号上升沿	默认变量表	Bool	%M20.2
初始化时间返回值	默认变量表	Int	%MW22

图 6-50 为主程序 OB1 的梯形图。程序段 1 为初始化时间。程序段 2 为调用 SCL 的记录报警时间。

（3）监控 FB1 对应 DB 中的数据变化。

在监视状态进行初始化时间记录，如图 6-51 所示。

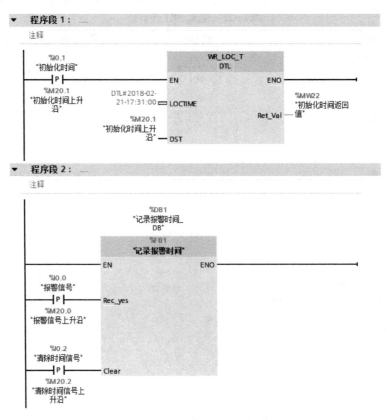

图 6-50　主程序 OB1 的梯形图

记录报警时间_DB				
	名称	数据类型	起始值	监视值
▼	Input			
■	Rec_yes	Bool	false	FALSE
■	Clear	Bool	false	FALSE
	Output			
	InOut			
▼	Static			
■	dtl_temp	Int	0	0
■ ▼	dlt_arr	Array[0..99] of D...		
■ ▶	dlt_arr[0]	DTL	DTL#1970-01-01	DTL#2000-01-01-00:00:00
■ ▶	dlt_arr[1]	DTL	DTL#1970-01-01	DTL#2000-01-01-00:00:00
■ ▶	dlt_arr[2]	DTL	DTL#1970-01-01	DTL#2000-01-01-00:00:00
■ ▶	dlt_arr[3]	DTL	DTL#1970-01-01	DTL#2000-01-01-00:00:00
■ ▶	dlt_arr[4]	DTL	DTL#1970-01-01	DTL#2000-01-01-00:00:00
■ ▶	dlt_arr[5]	DTL	DTL#1970-01-01	DTL#2000-01-01-00:00:00
■ ▶	dlt_arr[6]	DTL	DTL#1970-01-01	DTL#2000-01-01-00:00:00
■ ▶	dlt_arr[7]	DTL	DTL#1970-01-01	DTL#2000-01-01-00:00:00
■ ▶	dlt_arr[8]	DTL	DTL#1970-01-01	DTL#2000-01-01-00:00:00
■ ▶	dlt_arr[9]	DTL	DTL#1970-01-01	DTL#2000-01-01-00:00:00
■ ▶	dlt_arr[10]	DTL	DTL#1970-01-01	DTL#2000-01-01-00:00:00
■ ▶	dlt_arr[11]	DTL	DTL#1970-01-01	DTL#2000-01-01-00:00:00
■ ▶	dlt_arr[12]	DTL	DTL#1970-01-01	DTL#2000-01-01-00:00:00
■ ▶	dlt_arr[13]	DTL	DTL#1970-01-01	DTL#2000-01-01-00:00:00

图 6-51　初始化时间记录

当 I0.0 动作时，依次记录相关的触发时间，如图 6-52 所示。

记录报警时间_DB

	名称	数据类型	起始值	监视值
▼	Input			
■	Rec_yes	Bool	false	FALSE
■	Clear	Bool	false	FALSE
	Output			
	InOut			
▼	Static			
■	dtl_temp	Int	0	0
■ ▼	dlt_arr	Array[0..99] of D...		
■ ▶	dlt_arr[0]	DTL	DTL#1970-01-01	DTL#2018-02-21-19:20:14.944805
■ ▶	dlt_arr[1]	DTL	DTL#1970-01-01	DTL#2018-02-21-19:19:19.130524
■ ▶	dlt_arr[2]	DTL	DTL#1970-01-01	DTL#2018-02-21-19:18:25.046130
■ ▶	dlt_arr[3]	DTL	DTL#1970-01-01	DTL#2000-01-01-00:00:00
■ ▶	dlt_arr[4]	DTL	DTL#1970-01-01	DTL#2000-01-01-00:00:00
■ ▶	dlt_arr[5]	DTL	DTL#1970-01-01	DTL#2000-01-01-00:00:00
■ ▶	dlt_arr[6]	DTL	DTL#1970-01-01	DTL#2000-01-01-00:00:00
■ ▶	dlt_arr[7]	DTL	DTL#1970-01-01	DTL#2000-01-01-00:00:00
■ ▶	dlt_arr[8]	DTL	DTL#1970-01-01	DTL#2000-01-01-00:00:00
■ ▶	dlt_arr[9]	DTL	DTL#1970-01-01	DTL#2000-01-01-00:00:00
■ ▶	dlt_arr[10]	DTL	DTL#1970-01-01	DTL#2000-01-01-00:00:00
■ ▶	dlt_arr[11]	DTL	DTL#1970-01-01	DTL#2000-01-01-00:00:00
■ ▶	dlt_arr[12]	DTL	DTL#1970-01-01	DTL#2000-01-01-00:00:00
■ ▶	dlt_arr[13]	DTL	DTL#1970-01-01	DTL#2000-01-01-00:00:00

图 6-52　触发时间记录

6.4.2　【实例 33】电动机故障停机时间记录

1. PLC 控制任务说明

某电动机的故障信号由 I1.0 输入，当故障信号为 ON 时，开始进行故障停机时间记录，待故障信号为 OFF 时，显示故障停机时间。

2. 电气接线图

电动机故障停机时间记录电气接线图如图 6-53 所示。

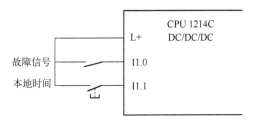

图 6-53　电动机故障停机时间记录电气接线图

3. PLC 编程

（1）定义"电动机故障停机时间（FB）"的参数，见表 6-23。

表 6-23　定义 FB 的参数

名称	变量表	数据类型	地址 ▲
报警信号	默认变量表	Bool	%I0.0
初始化时间	默认变量表	Bool	%I0.1
清除时间信号	默认变量表	Bool	%I0.2
报警信号上升沿	默认变量表	Bool	%M20.0
初始化时间上升沿	默认变量表	Bool	%M20.1
清除时间信号上升沿	默认变量表	Bool	%M20.2
初始化时间返回值	默认变量表	Int	%MW22

SCL 编程为

```
IF #Fault_ON THEN
    #dtl_temp : = RD_LOC_T (#dlt_arr [0] );
    #dlt_arr [1] : = #dlt_arr [0];
END_IF;
IF #Fault_OFF THEN
    #dtl_temp : = RD_LOC_T (#dlt_arr [1] );
    #Fault_time : = T_DIFF (IN1 : = #dlt_arr [1], IN2 : = #dlt_arr [0] );
END_IF;
```

统计故障停机时间采用 T_DIFF（时间差）指令，即用故障停机结束时的 DTL 值减去故障停机开始时的 DTL 值，数据类型为 Time。

（2）主程序变量的定义见表 6-24。

表 6-24　主程序变量的定义

名称	变量表	数据类型	地址 ▲
电动机故障信号	默认变量表	Bool	%I1.0
写入PLC实时时间信号	默认变量表	Bool	%I1.1
电动机故障信号上升沿	默认变量表	Bool	%M20.0
写入时间上升沿	默认变量表	Bool	%M20.1
电动机故障信号下降沿	默认变量表	Bool	%M20.2
初始化时间返回值	默认变量表	Int	%MW22
电动机故障时间值	默认变量表	Time	%MD24

主程序的梯形图如图 6-54 所示。

（3）电动机故障停机时间监控界面如图 6-55 所示。

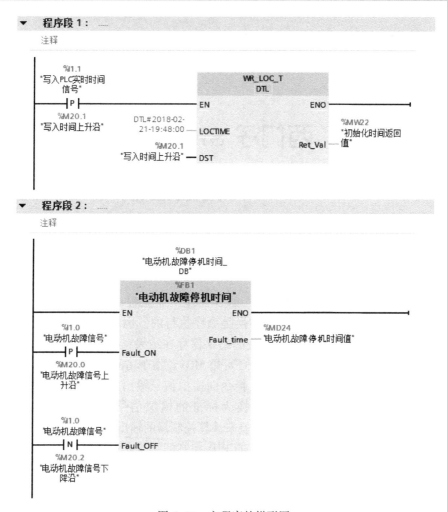

图 6-54 主程序的梯形图

电动机故障停机时间_DB

	名称	数据类型	起始值	监视值
▼	Input			
■	Fault_ON	Bool	false	FALSE
■	Fault_OFF	Bool	false	FALSE
▼	Output			
■	Fault_time	Time	T#0ms	T#3S_280MS
	InOut			
▼	Static			
■	dtl_temp	Int	0	0
■ ▼	dlt_arr	Array[0..1] of DTL		
■ ▶	dlt_arr[0]	DTL	DTL#1970-01-01-(	DTL#2018-02-21-19:48:58.484430
■ ▶	dlt_arr[1]	DTL	DTL#1970-01-01-(	DTL#2018-02-21-19:49:01.763635

图 6-55 电动机故障停机时间监控界面

第 7 章

西门子 S7-1200 PLC 的
流程控制

【导读】

PLC 的 CPU 只能处理数字信号，如果需要处理工业流程中的模拟信号，就必须采用 ADC（模/数转换器）进行转换。模/数转换是顺序执行的，也就是说，每一个模拟通道上的输入信号都是轮流被转换的。模/数转换的结果保存在结果存储器中，并一直保持到被一个新的转换结果覆盖。西门子 S7-1200 PLC 可用 MOVE 指令访问模/数转换的结果。如果需要进行模拟信号输出，也可以使用 MOVE 指令向模拟信号输出模块中写入模拟信号。该信号由模块中的 DAC（数/模转换器）转换为标准的模拟信号。在流程控制中，西门子 S7-1200 PLC 通常采用 PID 生成的控制偏差来计算控制器的输出，尽可能快速平稳地将受控变量调整到设定值。西门子 S7-1200 PLC 的 PID 控制回路是由受控对象、控制器、测量元件（传感器）及控制元件组成的，如采用 PID_Compact 工艺对象就能实现自动模式和手动模式下的自我优化调节。

7.1 模拟信号的输入/输出与组态

7.1.1 PLC 处理模拟信号的过程

在生产过程中会产生大量的物理量，如压力、温度、速度、流量、pH 值、黏度等，这些物理量均为模拟信号。为了实现自动控制，这些模拟信号都需要被处理。图 7-1 为 PLC 处理模拟信号的过程。

图 7-1 中，传感器采用线性膨胀、角度扭转或电导率的变化等原理来检测物理量的变化；变送器将传感器的检测信号转换为标准的模拟信号，如 ±500mV、±10V、±20mA 等；由于 CPU 只能处理数字信号，因此采用模拟信号输入模块中的 ADC（模/数转换器）进行转换。

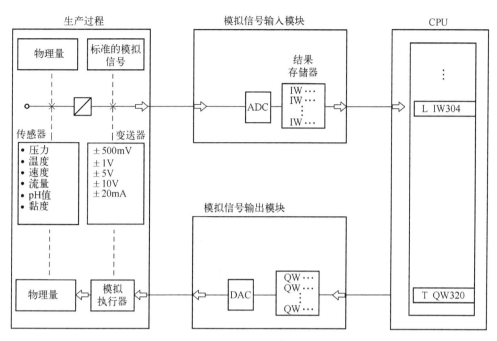

图 7-1　PLC 处理模拟信号的过程

7.1.2　模拟量扩展模块

当需要更多的输入/输出点数，尤其是模拟量输入/输出点数时，就需要按照如图 7-2 所示进行硬件配置。

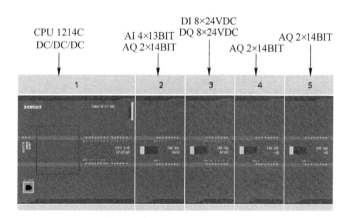

图 7-2　硬件配置

可以从 TIA Portal 环境的硬件目录中找到西门子 S7-1200 PLC 的模拟量输入/输出模块，如图 7-3 所示。

表 7-1 为模拟量输入模块的特性。

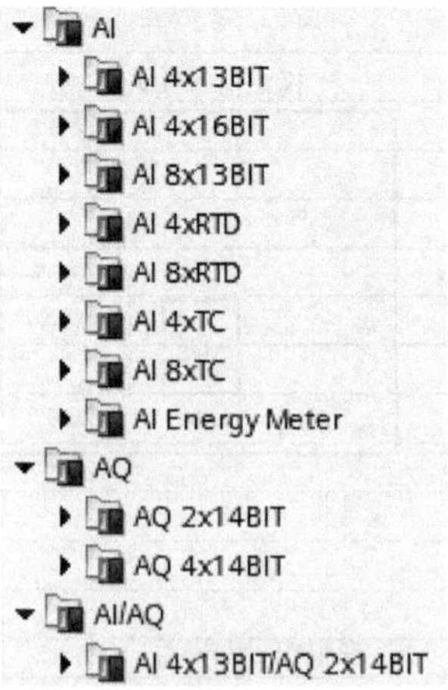

图 7-3　模拟量输入/输出模块

表 7-1　模拟量输入模块的特性

型　号	AI 4×13BIT	AI 8×13BIT	AI 4×13BIT AQ 2×14BIT
订货号（MLFB）	6ES7 231-4HD30-0XB0	6ES7 231-4HF30-0XB0	6ES7 234-4HE30-0XB0
输入路数	4	8	4
输入类型	电压或电流（差动）；可将 2 个选为一组		
输入范围	±10V、±5V、±2.5V 或 0～20mA		
输入满量程范围（数据字）	−27648～27648		
输入过冲/下冲范围（数据字）	电压：32511～27649/−27649～−32512		
	电流：32511～27649/0～−4864		
输入上溢/下溢（数据字）	电压：32767～32512/−32513～−32768		
	电流：32767～32512/−4865～−32768		
精度	12 位+符号位		
最大耐压/耐流	±35V/±40mA		
平滑	无、弱、中或强		
噪声抑制	400Hz、60Hz、50Hz 或 10Hz		
阻抗	≥9MΩ（电压）/250Ω（电流）		
精度（25℃/0～55℃）	满量程的±0.1%/±0.2%		
模/数转换时间	625μs（400Hz 抑制）		
工作信号范围	信号加共模电压必须小于+12V 且大于−12V		
电缆长度	100m，屏蔽双绞线		

表 7-2 为模拟量输出模块的特性。

表 7-2　模拟量输出模块的特性

型　号	AQ 2×14BIT	AQ 4×14BIT	AI 4×13BIT AQ 2×14BIT
订货号（MLFB）	6ES7 232-4HB30-0XB0	6ES7 232-4HD30-0XB0	6ES7 234-4HE30-0XB0
输出路数	2	4	2
类型	电压或电流		

续表

型　号	AQ 2×14BIT	AQ 4×14BIT	AI 4×13BIT AQ 2×14BIT
范围	±10V 或 0～20mA		
满量程范围（数据字）	电压：27648～27648；电流:0～27648		
精度（25℃/0～55℃）	满量程的±0.3%/±0.6%		
稳定时间（新值的95%）	电压：300μs、750μs(1μF)；电流：600μs(1mH)、2ms(10mH)		
负载阻抗	电压：≥1000Ω；电流：≤600Ω		
RUN 到 STOP 时的行为	上一个值或替换值（默认值为 0）		
电缆长度	100m，屏蔽双绞线		

7.1.3　模拟量输入/输出模块

1. 模拟量输入模块

图 7-4 为模拟量输入模块的电气接线图。电压输入或电流输入的接线都是相同的，在硬件组态时进行选择即可。

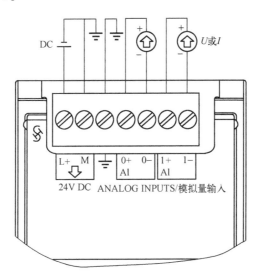

图 7-4　模拟量输入模块的电气接线图

表 7-3 为模拟量输入电压表示法。表 7-4 为模拟量输入电流表示法。只有了解了两种表示法，才能正确进行模拟量的转换。

表 7-3　模拟量输入电压表示法

十进制	十六进制	电压测量范围			注释
		±10V	±5V	±2.5V	
32767	7FFF	11.851V	5.926V	2.963V	上溢
32512	7F00				

续表

十进制	十六进制	电压测量范围			注释
		±10V	±5V	±2.5V	
32511	7EFF	11.759V	5.879V	2.940V	过冲范围
27649	6C01				
27648	6C00	10V	5V	2.5V	额定范围
20736	5100	7.5V	3.75V	1.875V	
1	1	361.7μV	180.8μV	90.4μV	
0	0	0V	0V	0V	
−1	FFFF				
−20736	AF00	−7.5V	−3.75V	−1.875V	
−27648	9400	−10V	−5V	−2.5V	
−27649	93FF				下冲范围
−32512	8100	−11.759V	−5.879V	−2.940V	
−32513	80FF				下溢
−32768	8000	−11.851V	−5.926V	−2.963V	

表 7-4　模拟量输入电流表示法

十　进　制	十六进制	电流测量范围	注　释
		0～20mA	
32767	7FFF	23.70mA	上溢
32512	7F00		
32511	7EFF	23.52mA	过冲范围
27649	6C01		
27648	6C00	20mA	额定范围
20736	5100	15mA	
1	1	723.4nA	
0	0	0mA	
−1	FFFF		下冲范围
−4864	ED00	−3.52mA	
−4865	EGFF		下溢
−32768	8000		

2. 模拟量输出模块

图 7-5 为模拟量输出模块的电气接线图。电压输出或电流输出只需要进行硬件组态即可，不需要更改接线。

表 7-5 为模拟量输出电压表示法。表 7-6 为模拟量输出电流表示法。

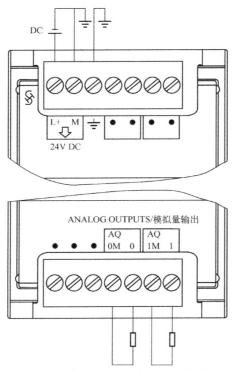

图 7-5　模拟量输出模块的电气接线图

表 7-5　模拟量输出电压表示法

十 进 制	十 六 进 制	电压输出范围 ±10V	注 释
32767	7FFF		上溢
32512	7F00		
32511	7EFF	11.76V	过冲范围
27649	6C01		
27648	6C00	10V	额定范围
20736	5100	7.5V	
1	1	361.7μV	
0	0	0V	
−1	FFFF	−361.7μV	
−20736	AF00	−7.5V	
−27648	9400	−10V	
−27649	93FF		下冲范围
−32512	8100	−11.76V	
−32513	80FF		下溢
−32768	8000		

表 7-6　模拟量输出电流表示法

十 进 制	十 六 进 制	电流输出范围 ±20mA	注 释
32767	7FFF		上溢
32512	7F00		

续表

十 进 制	十六进制	电流输出范围	注　释
		±20mA	
32511	7EFF	23.52mA	过冲范围
27649	6C01		
27648	6C00	20mA	额定范围
20736	5100	15mA	
1	1	723.4nA	
0	0	0mA	
−1	FFFF		下冲范围
−32512	8100		
−32513	80FF		下溢
−32768	8000		

3. 模拟量输入/输出混合模块

模拟量输入/输出混合模块的电气接线图如图 7-6 所示。

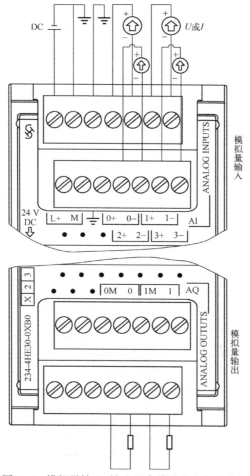

图 7-6　模拟量输入/输出混合模块的电气接线图

7.1.4　【实例 34】工业搅拌系统

1. PLC 控制任务说明

工业搅拌系统示意图如图 7-7 所示。搅拌机在混合罐中将两种配料（配料 A 和配料 B）混合在一起。混合好的产品通过排料阀和排料泵从混合罐中排出。

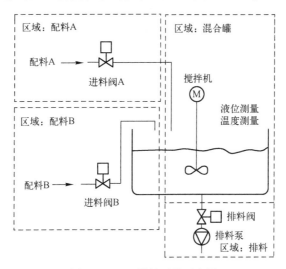

图 7-7　工业搅拌系统示意图

2. 电气接线图

工业搅拌系统的电气接线图如图 7-8 所示。

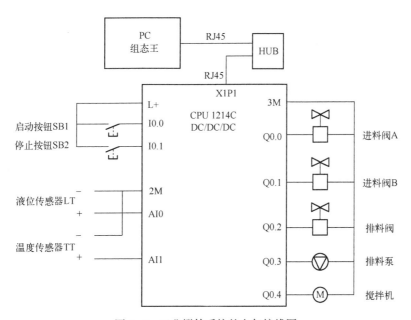

图 7-8　工业搅拌系统的电气接线图

3. PLC 编程

根据要求定义变量，见表 7-7。

表 7-7　定义变量

名　称	变量表	数据类型	地　址
启动按钮	默认变量表	Bool	%I0.0
停止按钮	默认变量表	Bool	%I0.1
液位输入	默认变量表	Word	%IW64
温度输入	默认变量表	Word	%IW66
进料阀 A	默认变量表	Bool	%Q0.0
进料阀 B	默认变量表	Bool	%Q0.1
排料阀	默认变量表	Bool	%Q0.2
搅拌机	默认变量表	Bool	%Q0.4
液位显示值	默认变量表	Int	%MW0
温度显示值	默认变量表	Int	%MW2
自动运行	默认变量表	Bool	%M10.0
自动运行上升沿	默认变量表	Bool	%M10.1
搅拌机动画	默认变量表	Bool	%M11.0
搅拌机动画 1	默认变量表	Bool	%M11.1
搅拌机动画 2	默认变量表	Bool	%M11.2
搅拌机动画 3	默认变量表	Bool	%M11.3
运行状态值	默认变量表	Int	%MW12
搅拌机动画定时	默认变量表	Time	%MD16
搅拌实时时间	默认变量表	Time	%MD20

工业搅拌系统的梯形图如图 7-9 所示。程序段 1 和程序段 2 用于将液位输入和温度输入两个模拟量值采用 MOVE 指令分别读到变量 MW0 和 MW2 中。程序段 3 和程序段 4 用于自动运行的启动和停止。程序段 5 进入自动运行状态，开始状态从 "0" 变为 "1"。程序段 6 用于在运行状态值为 "1" 时，打开进料阀 A 和进料阀 B，一旦液位显示值超过 70%（27648×70%＝19353），就进入运行状态值 "2"，同时关闭进料阀 A 和进料阀 B。程序段 7 用于在运行状态值为 "2" 时，开启搅拌机，定时时间为 25s，时间到后，关闭搅拌机，进入运行状态值 "3"。程序段 8 用于搅拌机的组态王动画设置，实现搅拌机叶片的三种动画。程序段 9 用于在运行状态值为 "3" 时，打开排料阀和排料泵，当液位显示值低时关闭，如果还在自动运行，则进入下一轮自动循环，即运行状态值为 "1"；如果此时按下停止按钮，则循环结束，进入运行状态值 "0"。程序段 10 为搅拌机动画启动的条件。

4. 组态王操作

（1）组态王变量定义见表 7-8。液位 M0 对应的是西门子 S7-1200 PLC 的 MW0，温度 M2 对应的是西门子 S7-1200 PLC 的 MW2。

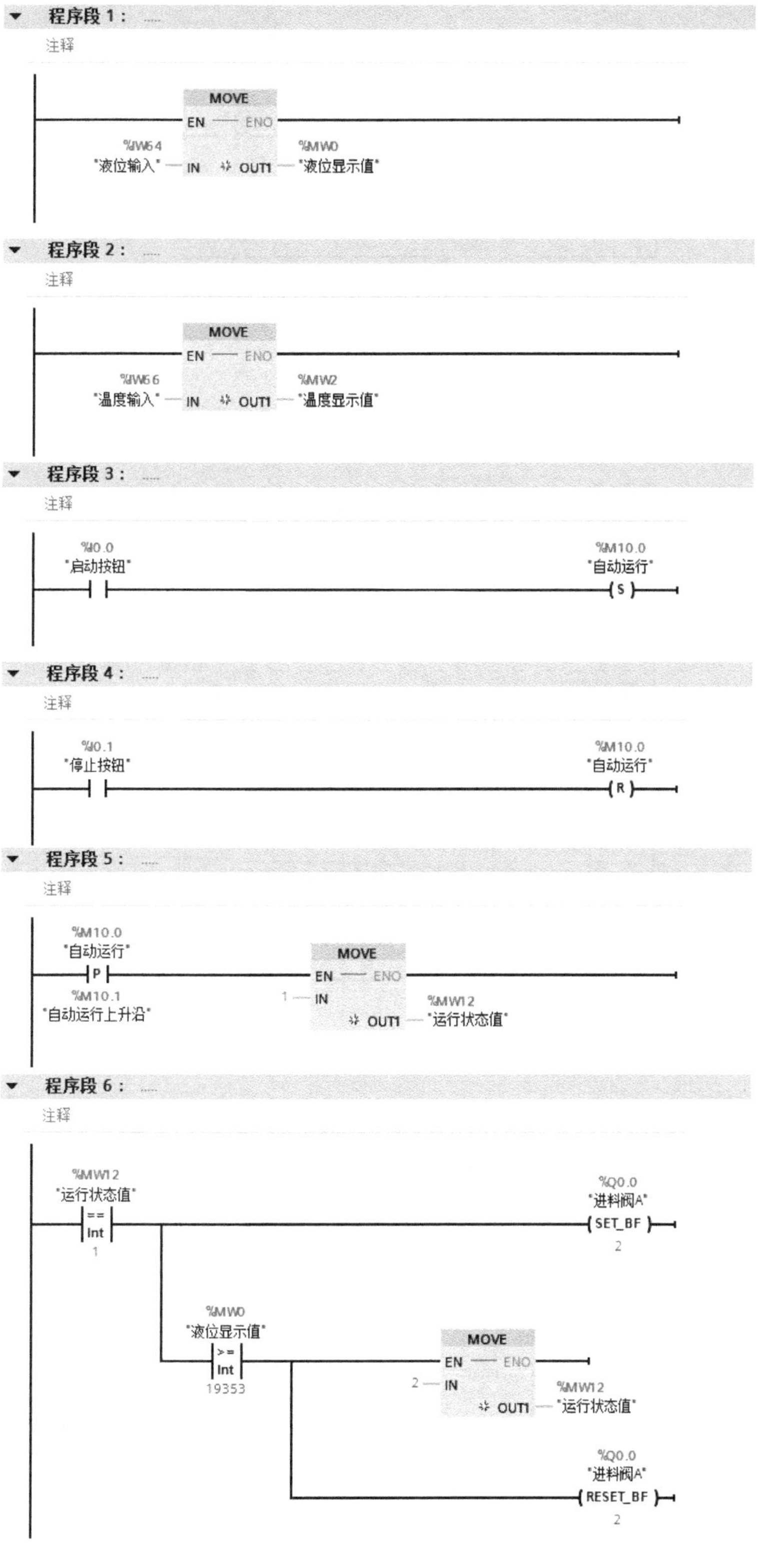

▼　**程序段 1：** ....

注释

```
              MOVE
           EN ── ENO
   %IW64                 %MW0
"液位输入" ── IN ⇥ OUT1 ── "液位显示值"
```

▼　**程序段 2：** ....

注释

```
              MOVE
           EN ── ENO
   %IW56                 %MW2
"温度输入" ── IN ⇥ OUT1 ── "温度显示值"
```

▼　**程序段 3：** ....

注释

```
   %I0.0                              %M10.0
"启动按钮"                          "自动运行"
  ──┤├──                             ──( S )──
```

▼　**程序段 4：** ....

注释

```
   %I0.1                              %M10.0
"停止按钮"                          "自动运行"
  ──┤├──                             ──( R )──
```

▼　**程序段 5：** ....

注释

```
   %M10.0
 "自动运行"                    MOVE
  ──┤P├──                  EN ── ENO
   %M10.1              1 ── IN
"自动运行上升沿"               ⇥ OUT1 ── %MW12
                                        "运行状态值"
```

▼　**程序段 6：** ....

注释

```
   %MW12                                      %Q0.0
"运行状态值"                                "进料阀A"
   ──┤==├──                                ──(SET_BF)──
      Int                                        2
       1

           %MW0
        "液位显示值"
         ──┤>=├────────────┐        MOVE
            Int             │     EN ── ENO
           19353            │  2 ── IN
                            └───────── ⇥ OUT1 ── %MW12
                                                  "运行状态值"

                                                  %Q0.0
                                                "进料阀A"
                            └────────────────── ──(RESET_BF)──
                                                      2
```

图 7-9　工业搅拌系统的梯形图

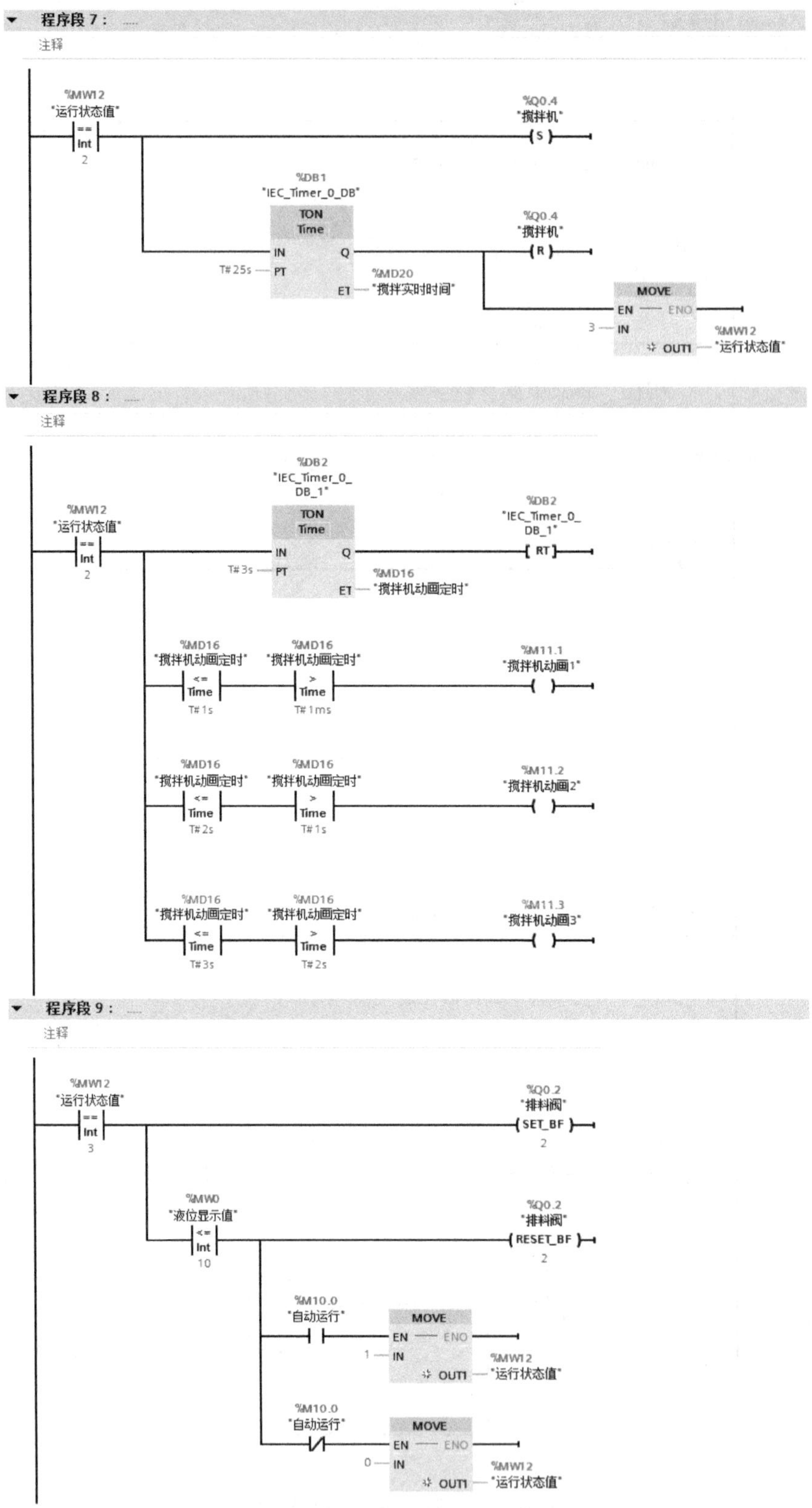

▼ **程序段 7：**____

注释

```
      %MW12                                                                          %Q0.4
     "运行状态值"                                                                     "搅拌机"
        ==                                                                            ( S )
        Int
         2
                                               %DB1
                                          "IEC_Timer_0_DB"
                                               TON
                                               Time                                  %Q0.4
                                          IN        Q                                "搅拌机"
                                                                                      ( R )
                               T#25s ─ PT        ET ─── %MD20
                                                       "搅拌实时时间"
                                                                             MOVE
                                                                          EN ─── ENO
                                                                     3 ─ IN                  %MW12
                                                                        ✿ OUT1 ─── "运行状态值"
```

▼ **程序段 8：**____

注释

```
                                              %DB2
                                          "IEC_Timer_0_
                                              DB_1"
      %MW12                                    TON                                  %DB2
     "运行状态值"                                 Time                            "IEC_Timer_0_
        ==                                  IN        Q                              DB_1"
        Int                                                                         ─( RT )
         2                        T#3s ─ PT        ET ─── %MD16
                                                       "搅拌机动画定时"

                    %MD16              %MD16                                        %M11.1
                  "搅拌机动画定时"     "搅拌机动画定时"                              "搅拌机动画1"
                     <=                  >                                          ─( )─
                    Time                Time
                    T#1s                T#1ms

                    %MD16              %MD16                                        %M11.2
                  "搅拌机动画定时"     "搅拌机动画定时"                              "搅拌机动画2"
                     <=                  >                                          ─( )─
                    Time                Time
                    T#2s                T#1s

                    %MD16              %MD16                                        %M11.3
                  "搅拌机动画定时"     "搅拌机动画定时"                              "搅拌机动画3"
                     <=                  >                                          ─( )─
                    Time                Time
                    T#3s                T#2s
```

▼ **程序段 9：**____

注释

```
      %MW12                                                                          %Q0.2
     "运行状态值"                                                                     "排料阀"
        ==                                                                          ─(SET_BF)─
        Int                                                                             2
         3
                    %MW0                                                              %Q0.2
                  "液位显示值"                                                         "排料阀"
                     <=                                                             ─(RESET_BF)─
                     Int                                                                2
                     10
                              %M10.0
                             "自动运行"          MOVE
                               ─┤ ├─          EN ─── ENO
                                        1 ─ IN                  %MW12
                                            ✿ OUT1 ─── "运行状态值"

                              %M10.0
                             "自动运行"          MOVE
                               ─┤/├─          EN ─── ENO
                                        0 ─ IN                  %MW12
                                            ✿ OUT1 ─── "运行状态值"
```

图 7-9 工业搅拌系统的梯形图（续）

▼　程序段 10：.....

注释

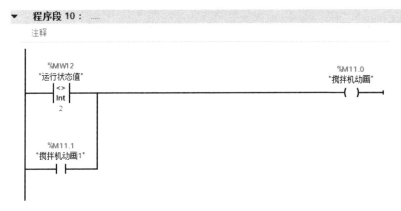

图 7-9　工业搅拌系统的梯形图（续）

表 7-8　组态王变量定义

变量名	变量类型	连接设备	寄存器
液位	I/O整型	西门子1200PLC	M0
温度	I/O整型	西门子1200PLC	M2
进料阀A	I/O离散	西门子1200PLC	Q0.0
进料阀B	I/O离散	西门子1200PLC	Q0.1
排料阀	I/O离散	西门子1200PLC	Q0.2
排料泵	I/O离散	西门子1200PLC	Q0.3
搅拌机	I/O离散	西门子1200PLC	Q0.4
搅拌机动画1	I/O离散	西门子1200PLC	M11.0
搅拌机动画2	I/O离散	西门子1200PLC	M11.2
搅拌机动画3	I/O离散	西门子1200PLC	M11.3

（2）工业搅拌系统的画面组态相对比较复杂，可以采用组态软件自带的图库进行组态。

在开发系统中，使用快捷键 F2 打开图库，如图 7-10 所示。打开图库后，就会出现如图 7-11 所示的图库管理器，包括仪表、传感器等。

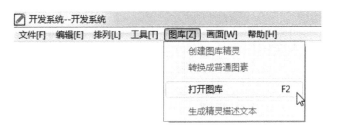

图 7-10　"打开图库"选项

以制作阀门为例，如果需要实现如图 7-12 所示的阀门动画连接，则可从图库中找到相应的图素。在开发系统中，选择"菜单栏"→"图库"→"转换成普通图素"后，即可定义动画连接。转换成普通图素后，若图素复杂，则需要将图素打散，进行重组，才能进行设置，即选择"菜单栏"→"图库"→"转换成普通图素"→"排列"→"合成组合图素"，方可定义动画连接。

阀门关和阀门开的动画连接如下：

① 箭头指示"→"在阀门开时出现并闪烁，在阀门关时隐含，如图 7-13 所示。

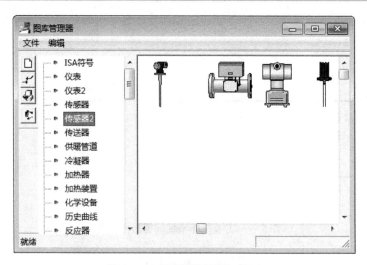

图 7-11　"图库管理器"界面

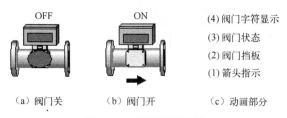

图 7-12　阀门动画连接

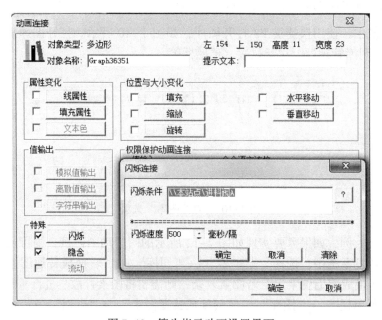

图 7-13　箭头指示动画设置界面

　　② 阀门挡板需要设置填充属性和缩放连接，如图 7-14 所示。由于阀门动作与阀门挡板的方向相反，因此需要进行逆逻辑运算，利用"1-布尔量"进行设置，这里为

"1-\\本站点\\进料阀 A"。阀门挡板"填充属性连接"设置界面如图 7-15 所示。阀门挡板"缩放连接"设置界面如图 7-16 所示。

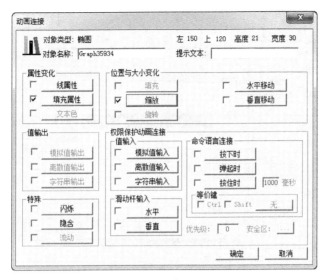

图 7-14　阀门挡板动画设置界面

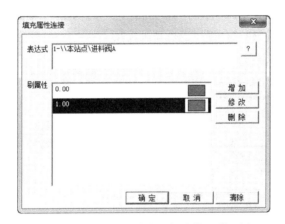

图 7-15　阀门挡板"填充属性连接"设置界面

图 7-16　阀门挡板"缩放连接"设置界面

③ 阀门状态"填充属性连接"设置界面如图 7-17 所示，表达式为"1-\\本站点\\进料阀 A"。其中，进料阀 A=1 时，阀门开；进料阀 A=0 时，阀门关。

图 7-17　阀门状态"填充属性连接"设置界面

④ 阀门字符显示有 ON/OFF。图 7-18 为阀门字符显示的"动画连接"设置界面，采用隐含方式，将字符"ON"和"OFF"进行动画连接。

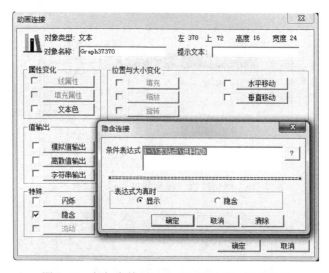

图 7-18　阀门字符显示的"动画连接"设置界面

（3）模拟量显示组态。

图 7-19 为模拟量显示。

当前液位 74%

反应温度 150℃

图 7-19　模拟量显示

图 7-20 为液位值显示界面。

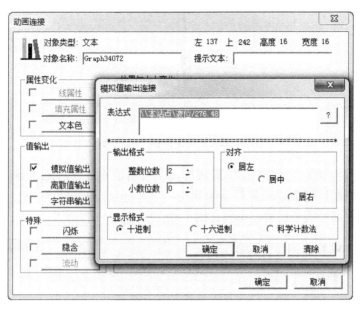

图 7-20　液位值显示界面

图 7-21 为温度值显示界面。

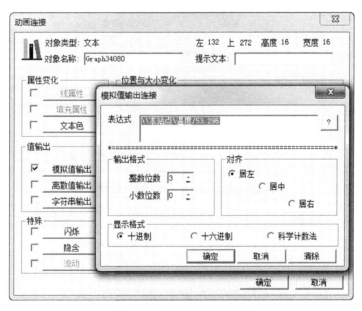

图 7-21　温度值显示界面

（4）搅拌机动画组态。

图 7-22 为图库中的搅拌机外观，共有 6 个叶片，可以分为 3 组进行隐含动画属性设置，确保在一定的时间内进行旋转动画。

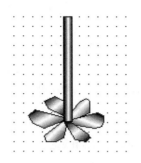

图 7-22　图库中的搅拌机外观

　　图 7-23 为搅拌机的"动画连接"设置界面，包括填充属性和隐含属性设置等。其中，搅拌机叶片的填充属性用来显示搅拌机的状态——运行状态或停机状态，如图 7-24 所示；搅拌机叶片的隐含属性表示旋转动画，如图 7-25 所示。

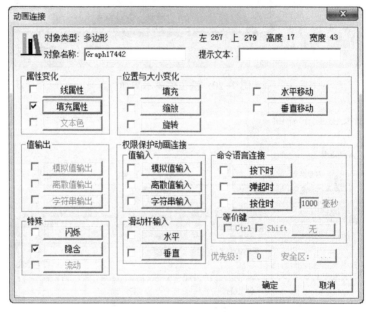

图 7-23　搅拌机的"动画连接"设置界面

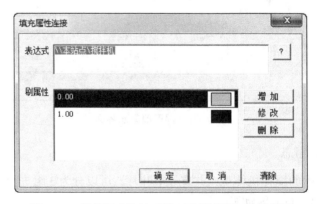

图 7-24　搅拌机叶片的"填充属性连接"设置界面

图 7-25　搅拌机叶片的"隐含连接"设置界面

（5）反应器属性。

在图库中挑选本实例的反应器，可以按照如图 7-26 所示进行反应器的填充属性设置，变量名为"\\本站点\液位"，包括颜色设置和填充设置。

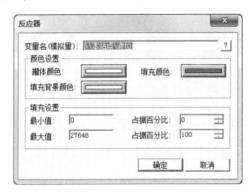

图 7-26　反应器的填充属性设置

（6）运行画面。

图 7-27 为运行画面一（开始状态），进料阀 A 和进料阀 B 都被打开，液位开始上升。

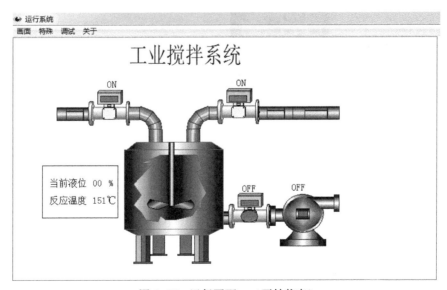

图 7-27　运行画面一（开始状态）

图 7-28 为运行画面二（搅拌机动画显示状态）。

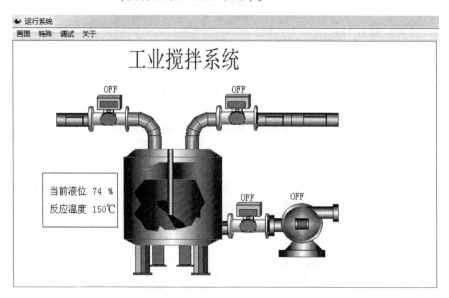

图 7-28　运行画面二（搅拌机动画显示状态）

图 7-29 为运行画面三（排料泵和排料阀处于打开状态）。

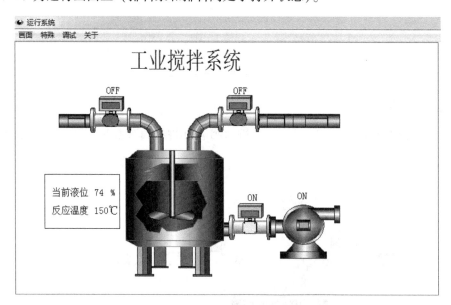

图 7-29　运行画面三（排料泵和排料阀处于打开状态）

7.1.5　【实例 35】 输送带传动的模拟量控制

1. PLC 控制任务说明

食品机械示意图如图 7-30 所示。

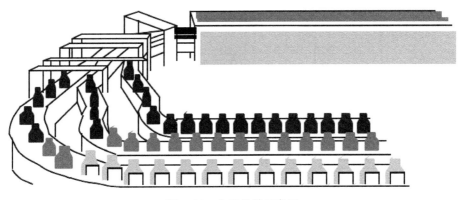

图 7-30　食品机械示意图

对食品机械进行控制的要求如下：

① 采用变频器进行控制，启动和停止分别通过与 PLC 连接的启动按钮和停止按钮进行控制；

② 对变频器的速度控制分为本地和远程两种，通过选择开关进行切换；

③ 当将选择开关置于"本地"时，速度分别由三个速度开关进行设定；

④ 当将选择开关置于"远程"时，速度由上位机的直流电压信号 0 ～ 10V 进行设定，并对该信号进行成比例的放大或缩小，比例因子为 0.5 ～ 2。

2. 电气接线图

食品机械输送带传动 PLC 控制系统主要包括本地操作单元、上位机、PLC 及变频器等，如图 7-31 所示。

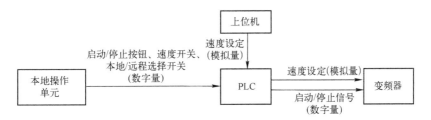

图 7-31　食品机械输送带传动 PLC 控制系统

西门子 S7-1200 PLC CPU 1214C DC/DC/DC 标配有两个模拟量输入模块，没有模拟量输出模块，需要增加模拟量扩展模块。

为了确保食品机械输送带传动 PLC 控制系统的后续升级和改造，选用有 4 点模拟量输入和 2 点模拟量输出的 AI 4×13BIT/AQ 2×14BIT 扩展模块。

图 7-32 为食品机械输送带传动 PLC 控制系统的电气接线图。需要注意的是，扩展模块的输入和输出接线与电压或电流信号的类型无关，只需要在硬件配置中进行相应的设置即可。

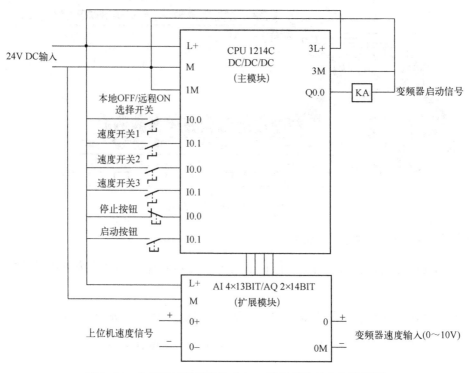

图 7-32　食品机械输送带传动 PLC 控制系统的电气接线图

3. PLC 编程

（1）硬件配置

在 CPU 1214C DC/DC/DC 的基础上，从"硬件目录"中选择扩展模块，如图 7-33 所示。添加扩展模块后的界面如图 7-34 所示。

图 7-33　选择扩展模块界面

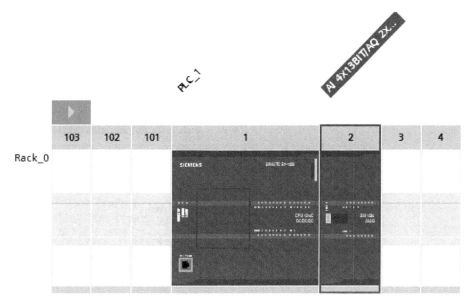

图 7-34　添加扩展模块后的界面

如图 7-35 所示，可以在硬件组态设置中定义扩展模块的 I/O 地址。

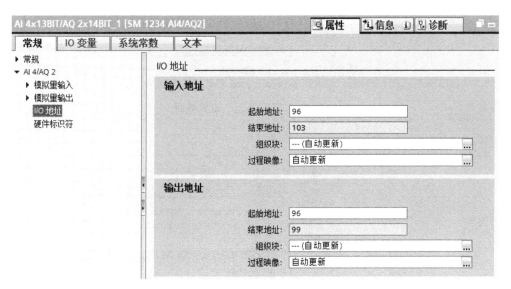

图 7-35　"I/O 地址"定义界面

由于受现场电磁环境的影响，因此数据会出现失真或漂移，可以采取滤波属性，如图 7-36 所示，使用 10Hz/50Hz/60Hz/400Hz 进行滤波，抵抗电磁干扰。

输入的模拟量是电压还是电流，可以通过如图 7-37 所示的"测量类型"进行设置，如设置为"电压"，则选择相应的"电压范围"，如图 7-38 所示。

根据输入动态响应的高、低，选择输入平滑的弱、强等，如图 7-39 所示。

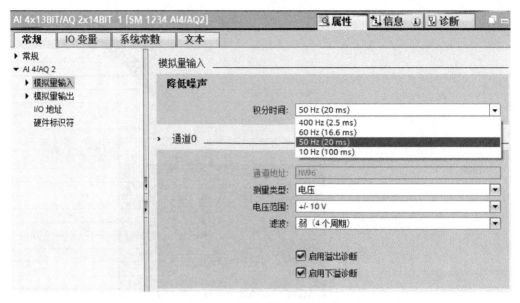

图 7-36　滤波属性设置界面

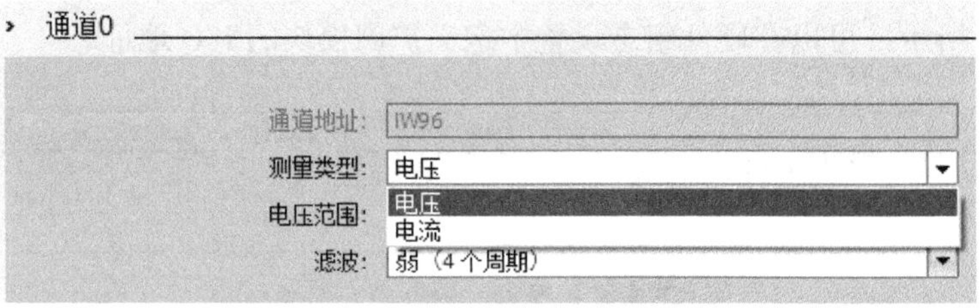

图 7-37　"测量类型"设置界面

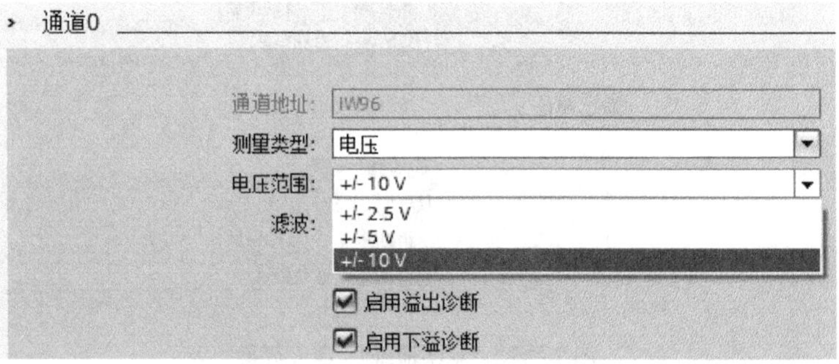

图 7-38　"电压范围"选择界面

图 7-40 显示了"模拟量输出"的属性，如"对 CPU STOP 模式的响应"等。图 7-41 为"模拟量输出的类型"选择界面。

（2）添加 FC

在食品机械输送带传动 PLC 控制系统中，远程功能使用了 FC。FC 接口参数的定义见表 7-9。

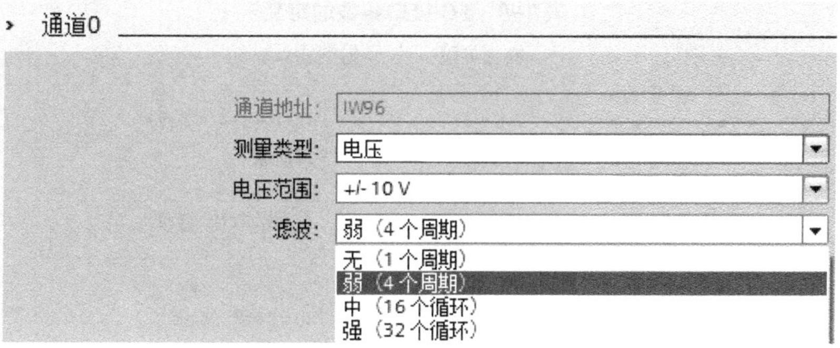

图 7-39　"滤波"属性选择界面

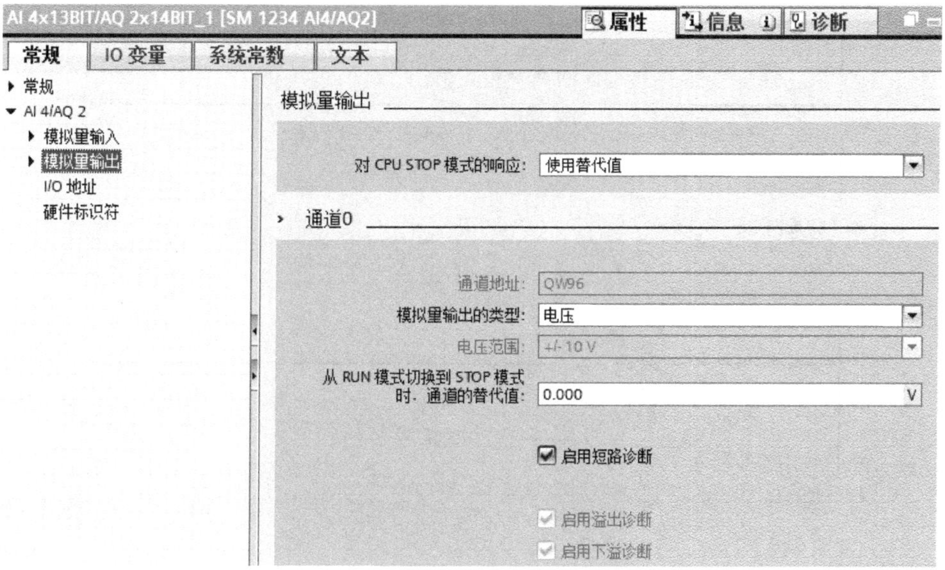

图 7-40　"模拟量输出"的属性界面

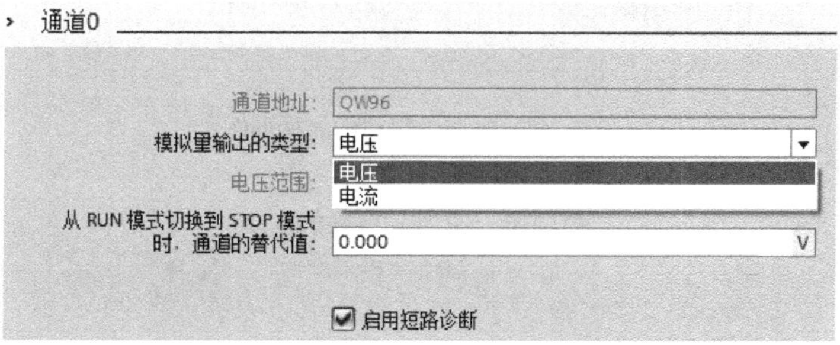

图 7-41　"模拟量输出的类型"选择界面

图 7-42 为实现远程功能的梯形图。

（3）添加 FB

在食品机械输送带传动 PLC 控制系统中，本地功能使用了 FB。FB 接口参数的定义见表 7-10。

表 7-9　FC 接口参数的定义

名称		数据类型	默认值	注释
▼	Input			
■	Ana_in	Int		模拟量输入（整数）
■	Kp	Real		增益值
▼	Output			
■	Ana_out	Int		模拟量输出（整数）
▶	InOut			
▼	Temp			
■	Temp1	Real		中间变量（实数）

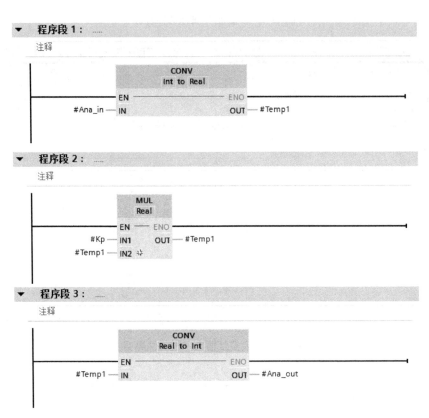

▼　程序段 1：……

注释

▼　程序段 2：……

注释

▼　程序段 3：……

注释

图 7-42　实现远程功能的梯形图

表 7-10　FB 接口参数的定义

名称		数据类型	默认值
▼	Input		
■	Select_1	Bool	false
■	Select_2	Bool	false
■	Select_3	Bool	false
■	Speed_1	Int	0
■	Speed_2	Int	0
■	Speed_3	Int	0
▼	Output		
■	Ana_out	Int	0

图 7-43 为实现本地功能的梯形图。

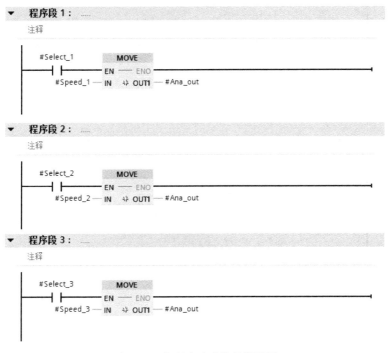

图 7-43　实现本地功能的梯形图

（4）变量分配

变量定义见表 7-11。

表 7-11　变量定义

	名称	数据类型	地址 ▲
1	本地/远程选择	Bool	%I0.0
2	本地速度1	Bool	%I0.1
3	本地速度2	Bool	%I0.2
4	本地速度3	Bool	%I0.3
5	停止按钮	Bool	%I0.4
6	启动按钮	Bool	%I0.5
7	远程速度信号	Word	%IW96
8	变频器启动	Bool	%Q0.0
9	变频器速度输入	Word	%QW96

（5）主程序 OB1

主程序 OB1 的梯形图如图 7-44 所示。程序段 1 用于变频器的启/停控制。程序段 2 用于在 I0.0 为 ON 时，调用远程功能。程序段 3 用于在 I0.0 为 OFF 时，调用本地功能，即分别将三段速度输出到 QW96。

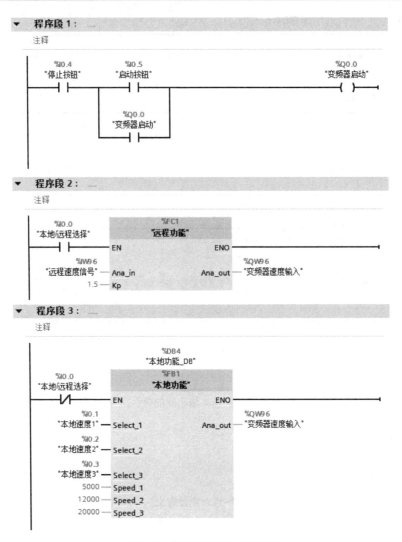

图 7-44　主程序 OB1 的梯形图

7.2　PID 控制及其应用

7.2.1　PID 控制

　　自动控制是指在没有人直接参与的情况下，利用控制装置使被控对象或过程自动地在一定的精度范围内按预定的规律运行。

　　液位控制的两种方式如图 7-45 所示，即液位手动控制和液位自动控制。

　　液位手动控制是用眼来观察、用脑来判断、用手来操作的一种方式。其目的就是减小或消除液位差 Δh，保证液位恒定。

　　液位自动控制示意图如图 7-46 所示。

（a）液位手动控制　　　　　　　（b）液位自动控制

图 7-45　液位控制的两种方式

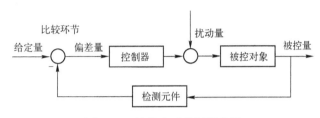

图 7-46　液位自动控制示意图

在工程实践中，应用最广泛的调节器控制有比例控制、积分控制、微分控制，简称 PID 控制或 PID 调节。从 PID 控制问世至今已有近百年的历史，结构简单、稳定性好、工作可靠、调节方便，是工业控制的主要应用技术之一。当被控对象的结构和参数不能完全掌握，或得不到精确的数学模型时，应用 PID 控制技术最方便。也就是说，当不能够完全了解被控对象，或不能够通过有效的测量手段获得系统参数时，自动控制系统最适合采用的技术就是 PID 控制。

PID 控制就是根据系统的误差，通过比例、积分、微分计算控制量，进而对系统进行控制。

（1）比例（P）控制

比例控制是一种最简单的控制方式。其控制器的输出与输入的误差信号成正比。当仅有比例控制时，系统输出存在稳态误差。

（2）积分（I）控制

在积分控制中，控制器的输出与输入误差信号的积分成正比。对一个自动控制系统来说，如果系统在进入稳态后存在稳态误差，则称这个自动控制系统为有稳态误差系统，简称有差系统。为了消除稳态误差，控制器必须引入积分项。积分项是误差对时间的积分。随着时间的增加，积分项也会增大。即便误差很小，积分项也会随着时间的增加而增大，使控制器的输出增大，稳态误差进一步减小，直到等于 0。

比例+积分（PI）控制可以使系统无稳态误差。

（3）微分（D）控制

在微分控制中，控制器的输出与输入误差信号的微分（误差的变化率）成正比。自动控制系统在克服误差的调节过程中可能会出现振荡甚至失稳。其原因是存在较大的惯性组件

（环节）或有滞后组件，具有抑制误差的作用，且变化总是落后于误差的变化。解决的办法是使抑制误差作用的变化"超前"，即在误差接近 0 时，抑制误差的作用就应该是 0。就是说，控制器仅引入比例项往往是不够的。比例项的作用仅是放大误差的幅值，目前需要增加的是微分项。微分项能预测误差变化的趋势，使具有比例+微分的控制能够提前将抑制误差的作用降到 0，甚至为负值，避免被控量严重超调。对有较大惯性或滞后的被控对象，比例+微分（PD）控制能改善系统在调节过程中的动态特性。

在连续控制系统中，模拟量 PID 控制的形式为

$$u(t) = K_P\left[e(t) + \frac{1}{T_I}\int e(t)\,dt + T_D\frac{de(t)}{dt}\right] \tag{7-1}$$

式中，$e(t)$ 为偏差输入函数；$u(t)$ 为调节器输出函数；K_P 为比例系数；T_I 为积分时间常数；T_D 为微分时间常数。

由于式（7-1）为模拟量表达式，PLC 只能处理离散数字量，因此必须将连续形式的微分方程变为离散形式的差分方程。

式（7-1）经离散后的差分方程为

$$u(k) = K_P\left[e(k) + \frac{1}{T_I}\sum_{t=0}^{k}Te(k-i) + T_D\frac{e(k)-e(k-1)}{T}\right] \tag{7-2}$$

式中，T 为采样周期；k 为采样时刻；$u(k)$ 为采样时刻 k 时的输出值；$e(k)$ 为采样时刻 k 时的偏差值；$e(k-1)$ 为采样时刻 $k-1$ 时的偏差值。

为了减小计算量和节省内存开销，将式（7-2）变为递推关系式的形式，即

$$\begin{aligned}u(k) &= u(k-1) + K_P\left(1+\frac{T}{T_I}+\frac{T_D}{T}\right)e(k) - K_P\left(1+\frac{2T_D}{T}\right)e(k-1) + K_P\frac{T_D}{T}e(k-2)\\ &= u(k-1) + r_0e(k) - r_0e(k-1) + r_2e(k-2)\\ &= u(k-1) - r_0f(k) + r_1f(k-1) - r_2f(k-2) + S_P(r_0-r_1+r_2)\end{aligned} \tag{7-3}$$

式中，S_P 为调节器的设定值；$f(k)$ 为采样时刻 k 时的反馈值；$f(k-1)$ 为采样时刻 $k-1$ 时的反馈值；$f(k-2)$ 为采样时刻 $k-2$ 时的反馈值。

7.2.2　PID 控制器

PID 控制器是由比例单元（P）、积分单元（I）、微分单元（D）组成的，在控制回路中可以连续检测被控量的实际值，并将实际值与设定值进行比较，通过偏差量可以快速平稳地将被控量调节到设定值。

图 7-47 为西门子 S7-1200 PLC 的 PID 控制系统。

图 7-47 的解析如下。

设定值 w 已预先被定义，即室内加热的期望温度 75℃。设定值（w）和实际值（y）可以用于计算偏差量（e）。控制器（K）可将偏差量转换为被控量（u）。被控量通过被控对象（G）

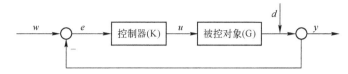

图 7-47　西门子 S7-1200 PLC 的 PID 控制系统

更改实际值（y）。被控对象（G）为室内加热的温度调节装置，可以通过增加或减少能量输入进行控制。

除被控对象（G）外，实际值（y）的改变还可以通过扰动量（d）实现。扰动量可能是室内加热的意外温度变化，如由室外温度变化引起的室内加热温度变化，使用 PID 控制器可以使室内加热的温度尽快达到期望温度 75℃，并尽可能保持 75℃ 不变。

由于加热元件在被关闭后会继续发热，因此室内加热的温度可能会超出设定值。这种效应被称为过调。图 7-48 为 PID 控制的实际温度曲线。

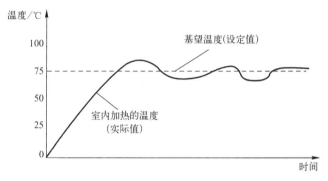

图 7-48　PID 控制的实际温度曲线

PID 控制器的输出值可以通过以下三个分量进行计算：

① 通过比例分量计算的输出值与系统的偏差量成比例；

② 通过积分分量计算的输出值随控制器输出的持续时间增加，可补偿控制器的输出；

③ 微分分量随偏差量变化率的增加而增加，偏差量的变化率减小时，微分分量也随之减小。

PID_Compact 工艺对象在 "初始启动时自调节" 期间可以自行计算 PID 控制器的比例分量、积分分量及微分分量，并通过 "运行中自调节" 进行进一步的优化。

图 7-49 为带有循环中断 OB 的程序执行示意图。

由图 7-49 可知，PID 控制器的工作过程如下：

① 程序从 Main［OB1］开始执行。

② 循环中断每 100ms 触发一次，会在任何时刻（如在执行 Main［OB1］期间）中断程序，并执行循环中断 OB 中的程序。程序中包含功能块 PID_Compact。

③ 执行 PID_Compact(FB)并将值写入数据块 PID_Compact（DB）。

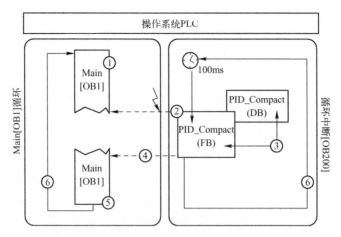

图 7-49　带有循环中断 OB 的程序执行示意图

④ 执行循环中断 OB200 后，Main[OB1] 将从中断点继续执行，相关值将保持不变。

⑤ Main[OB1] 操作完成。

⑥ 重新开始程序循环。

7.2.3　【实例 36】液压站输出压力的 PID 控制

1. PLC 控制任务说明

液压站又称液压泵站，具有独立的液压装置，如图 7-50 所示，可逐级按要求供油，并控制液压油的方向、压力及流量，适用于主机与液压装置能分离的各种液压机械上，使用时，将液压装置与主机上的执行机构用油管相连，即可实现各种规定的动作和工作循环。

图 7-50　液压装置示意图

本实例要求通过液压站电动机的转速控制液压油的输出压力，采用 PLC 中的 PID 控制器。液压站输出压力 PID 控制示意图如图 7-51 所示。

2. 电气接线

液压站输出压力 PID 控制电气接线图如图 7-52 所示，选用扩展模块 AQ 2×14BIT。

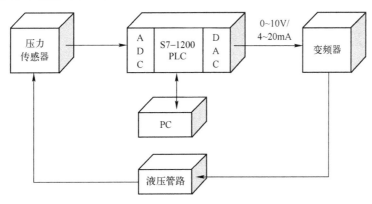

图 7-51　液压站输出压力 PID 控制示意图

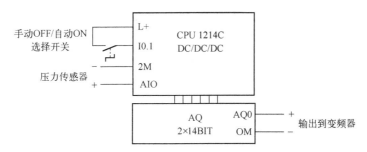

图 7-52　液压站输出压力 PID 控制电气接线图

3. PLC 编程

（1）添加模拟量扩展模块，并进行相应的硬件配置，如图 7-53 所示。

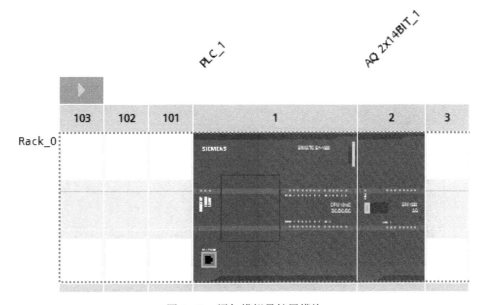

图 7-53　添加模拟量扩展模块

（2）在西门子 S7-1200 PLC 中添加 PID 工艺对象，方式有多种，简单的方式就是在项目树中选择"工艺对象"→"新增对象"选项，如图 7-54 所示。

图 7-54　添加工艺对象

（3）弹出如图 7-55 所示的"新增对象"窗口，选择"PID"控制器后，会出现类型为"PID Compact［FB 1130］"的默认选项，编号为数据块的序号，可以选择"手动"，也可以选择"自动"。

图 7-55　"新增对象"窗口

（4）由项目树选择如图 7-56 所示的"PID_Compact_1［DB1］"选项，会出现"组态"和"调试"两个选项。

图 7-56　"PID_Compact_1[DB1]" 选项

选择"组态"选项，会出现如图 7-57 所示的组态菜单，包括基本设置、过程值设置及高级设置等。

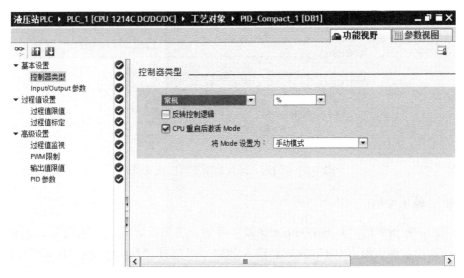

图 7-57　组态菜单

表 7-12 为在组态设置过程中每一步的完成情况。

表 7-12　在组态设置过程中每一步的完成情况

✔ 蓝色	组态包含默认值且已完成；组态仅包含默认值；通过默认值即可使用工艺对象，不需要进一步更改
✔ 绿色	组态包含用户定义的值已完成；组态的所有输入域均包含有效值，至少更改一个默认值
✖ 红色	组态不完整或有缺陷；至少在一个输入域或下拉列表框中不包含任何值或包含的值无效；相应域或下拉列表框的背景为红色；单击相应域或下拉列表框，弹出的错误消息会指出错误原因

① 控制器类型。

本实例将单位为"bar"的"压力"用作控制器类型，如图 7-58 所示。常见的控制器类型包括速度控制、压力控制、流量控制及温度控制等。默认的控制器类型是以百分比为单位的常规控制器。

如果被控值的增加会引起实际值的减小，如阀门开度增加，水位下降，或者冷却性能增加，温度降低，则勾选"反转控制逻辑"复选框，如图 7-59 所示，将"CPU 重启后激活Mode"设置为"手动模式"。

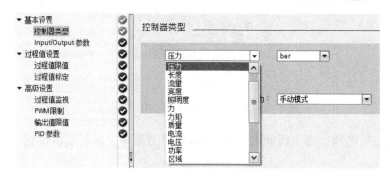

图 7-58 "控制器类型"的选择

图 7-59 勾选"反转控制逻辑"复选框

② 输入/输出参数。

在如图 7-60 所示的"Input/Output 参数"界面，可为设定值、实际值及工艺对象 PID_Compact 的被控量提供输入/输出参数。输入参数可以选择"Input"或"Input_PER（模拟量）"："Input"表示用户程序的反馈值；"Input_PER（模拟量）"表示外设输入值。输出值可以选择"Output""Output_PER（模拟量）""Output_PWM"："Output"表示输出至用户程序；"Output_PER（模拟量）"表示外设输出值；"Output_PWM"表示使用 PWM 输出。本实例的输入值选择"Input_PER（模拟量）"，输出值选择"Output_PWM"。

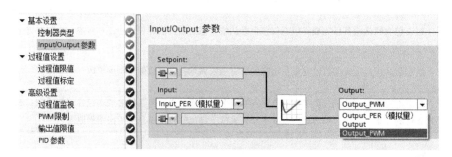

图 7-60 "Input/Output 参数"界面

③ 过程值限值与标定。

图 7-61 为"过程值限值"界面。图 7-62 为"过程值标定"界面。在本实例中，由于 0 ~ 10V 对应 0 ~ 100bar，因此输入下限为 0，上限为 27648。

④ 高级设置。

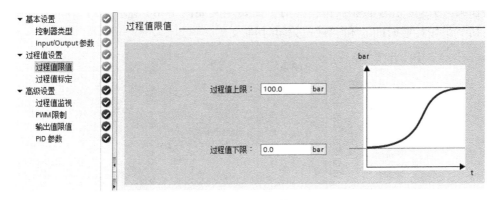

图 7-61 "过程值限值"界面

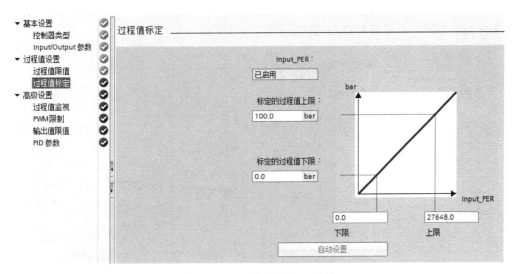

图 7-62 "过程值标定"界面

图 7-63 为"高级设置"下的"过程值监视"界面。当反馈值达到上限或下限时，PID 指令会给出相应的报警位。

图 7-63 "高级设置"下的"过程值监视"界面

当输出为 PWM 信号而非模拟信号时，需要定义如图 7-64 所示中的"PWM 限制"功能，包括"最短接通时间"和"最短关闭时间"。

图 7-64　定义"PWM 限制"功能界面

在某些场合，为了确保输出是可控的模拟信号，可以按如图 7-65 所示进行输出值限值的定义，包括上限、下限及对错误的响应。

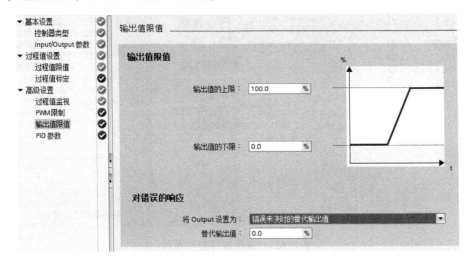

图 7-65　"输出值限值"的定义界面

高级设置还可以通过选用手动输入 PID 参数或者采用 PID/PI 调节规则，如图 7-66 所示。

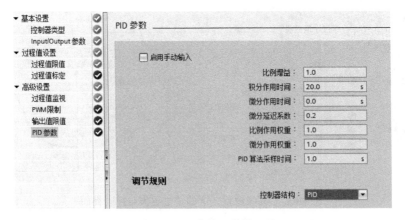

图 7-66　"PID 参数"的设置界面

（5）完成以上组态后，就可以右键单击项目树中的"PID_Compact_1［DB1］"，选择"打开 DB 编辑器"选项，如图 7-67 所示。

图 7-67　"打开 DB 编辑器"选项

表 7-13 为输入/输出参数，与如图 7-68 所示的 PID 指令一一对应。

表 7-13　输入/输出参数

名称	数据类型
▼ Input	
■　Setpoint	Real
■　Input	Real
■　Input_PER	Int
■　Disturbance	Real
■　ManualEnable	Bool
■　ManualValue	Real
■　ErrorAck	Bool
■　Reset	Bool
■　ModeActivate	Bool
▼ Output	
■　ScaledInput	Real
■　Output	Real
■　Output_PER	Int
■　Output_PWM	Bool
■　SetpointLimit_H	Bool
■　SetpointLimit_L	Bool
■　InputWarning_H	Bool
■　InputWarning_L	Bool
■　State	Int
■　Error	Bool
■　ErrorBits	DWord
▼ InOut	
■　Mode	Int

表 7-14 中的 Static 参数表示固定值。表 7-15 中的 Config 参数表示配置值。表 7-16 为 Cycle time 参数。表 7-17 为 Ctrl Params Backup 参数。表 7-18 为 PID Selftune 和 PID Ctrl 参数。

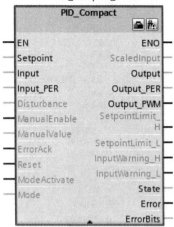

图 7-68　PID 指令

表 7-14　Static 参数

名称	数据类型
▼ Static	
InternalDiagnostic	DWord
InternalVersion	DWord
InternalRTVersion	DWord
IntegralResetMode	Int
OverwriteInitialOutpu...	Real
RunModeByStartup	Bool
LoadBackUp	Bool
SetSubstituteOutput	Bool
PhysicalUnit	Int
PhysicalQuantity	Int
ActivateRecoverMode	Bool
Warning	DWord
WarningInternal	DWord
Progress	Real
CurrentSetpoint	Real
CancelTuningLevel	Real
SubstituteOutput	Real

表 7-15　Config 参数

名称	数据类型
▼ Config	PID_CompactConfig
InputPerOn	Bool
InvertControl	Bool
InputUpperLimit	Real
InputLowerLimit	Real
InputUpperWarning	Real
InputLowerWarning	Real
OutputUpperLimit	Real
OutputLowerLimit	Real
SetpointUpperLimit	Real
SetpointLowerLimit	Real
MinimumOnTime	Real
MinimumOffTime	Real
▶ InputScaling	PID_Scaling

表 7-16　Cycle time 参数

名称		数据类型
▼	CycleTime	PID_CycleTime
	StartEstimation	Bool
	EnEstimation	Bool
	EnMonitoring	Bool
	Value	Real

表 7-17　Ctrl Params Backup 参数

名称		数据类型
▼	CtrlParamsBackUp	PID_CompactContr...
	Gain	Real
	Ti	Real
	Td	Real
	TdFiltRatio	Real
	PWeighting	Real
	DWeighting	Real
	Cycle	Real

表 7-18　PID Selftune 和 PID Ctrl 参数

名称		数据类型
▼	PIDSelfTune	PID_CompactSelfTune
	▶ SUT	PID_Compact_SUT
	▶ TIR	PID_Compact_TIR
▼	PIDCtrl	PID_CompactControl
	PIDInit	Bool
	IntegralSum	Real

（6）PID 指令的调用与编程

为了使 PID 运算能够以预想的采样频率工作，PID 指令必须用在定时发生的中断程序或主程序中由定时器控制。

PID 指令的调用与编程步骤如下。

第 1 步，定义相关变量，见表 7-19，包括模拟量输入%IW64（压力传感器）、模拟量模块通道%QW96 及手动 OFF/自动 ON 选择%I1.0 等。

表 7-19　定义相关变量

名称	变量表	数据类型	地址 ▲
手动OFF/自动ON选择	默认变量表	Bool	%I1.0
压力传感器	默认变量表	Word	%IW64
模拟量模块通道	默认变量表	Int	%QW96
上升沿信号	默认变量表	Bool	%M0.0
下降沿信号	默认变量表	Bool	%M0.1
手动模式信号	默认变量表	Bool	%M1.0
模拟量输出值	默认变量表	Int	%MW10
PID模式值	默认变量表	Int	%MW12
输出PID调节值	默认变量表	Real	%MD20

第 2 步，按如图 7-69 所示添加时间中断组织块 OB30，定义循环时间为 100ms。

第 3 步，按如图 7-70 所示从指令树的扩展指令中找到相应的 PID_Compact 指令。

第 4 步，按如图 7-71 所示将 PID_Compact 指令放置在 OB30 时间中断组织块中。这里

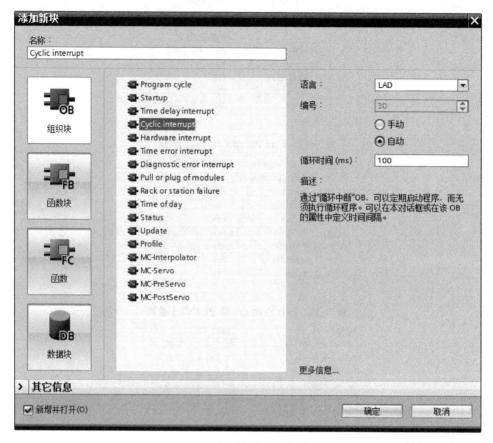

图 7-69　添加时间中断组织块 OB30

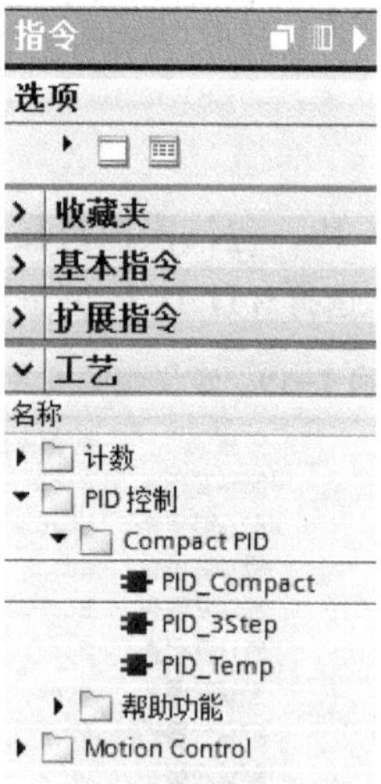

图 7-70　"PID_Compact"指令选项

用到了 PID_Compact_1[DB1]背景数据块。

第 5 步，按如图 7-72 所示完成 OB30 时间中断组织块中关于 PID 指令的调用。由图可

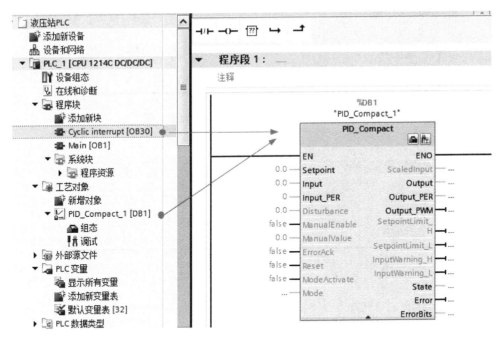

图 7-71　将 PID_Compact 指令放置在 DB30 中

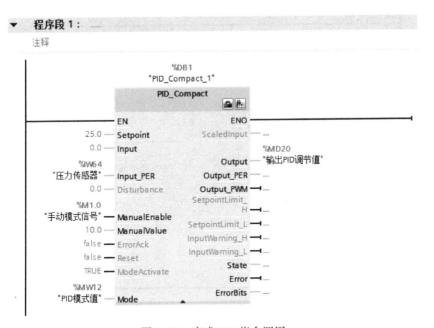

图 7-72　完成 PID 指令调用

知，设定值为 25%，手动模式下的模拟量输出为 10%。

第 6 步，按如图 7-73 所示在主程序 OB1 中修改 PID 控制器的模式，即当 %I0.0 = OFF 时（选择开关为自动），将 PID 模式值 MW12 修改为 3。

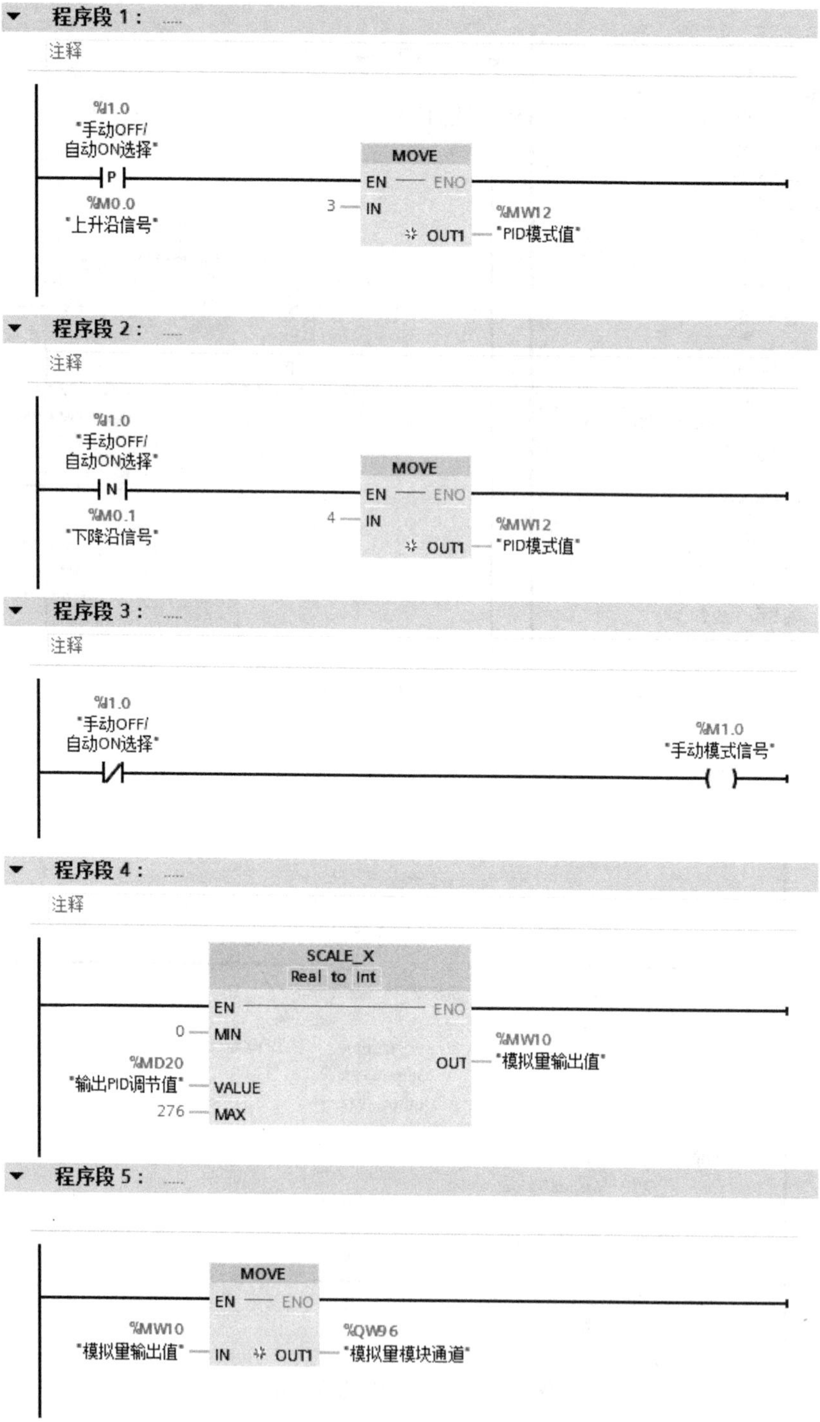

程序段 1： .....

注释

```
        %I1.0
      "手动OFF/
      自动ON选择"                    MOVE
         ┤P├                      EN ─── ENO
        %M0.0                  3 ─ IN
      "上升沿信号"                              %MW12
                                   ✶ OUT1 ─ "PID模式值"
```

程序段 2： .....

注释

```
        %I1.0
      "手动OFF/
      自动ON选择"                    MOVE
         ┤N├                      EN ─── ENO
        %M0.1                  4 ─ IN
      "下降沿信号"                              %MW12
                                   ✶ OUT1 ─ "PID模式值"
```

程序段 3： .....

注释

```
        %I1.0
      "手动OFF/
      自动ON选择"                                          %M1.0
         ┤/├                                         "手动模式信号"
                                                         ( )
```

程序段 4： .....

注释

```
                            SCALE_X
                           Real to Int
                         EN ─────── ENO
                    0 ─ MIN
                                           %MW10
        %MD20                        OUT ─ "模拟量输出值"
     "输出PID调节值" ─ VALUE
                  276 ─ MAX
```

程序段 5： .....

```
                            MOVE
                         EN ─── ENO
        %MW10                             %QW96
     "模拟量输出值" ─ IN  ✶ OUT1 ─ "模拟量模块通道"
```

图 7-73　修改 PID 控制器的模式

（7）在线模式激活 PID 控制器

在一般情况下，西门子 S7-1200 PLC 调节 PID 控制器的方式有两种。

① 启动调节。

启动调节应用的是转折正切定理。该定理可以确定阶跃响应的时间常数。被控对象的阶跃响应存在一个转折点，通过该转折点的切线确定过程参数的延迟时间（T_u）和恢复时间（T_g），根据过程参数确定调节 PID 控制器的参数。设定值与实际值之间至少相差 30% 才能使用转折正切定理；否则，将通过振荡过程和"运行中调节"自动确定调节 PID 控制器的参数。

② 运行中调节。

运行中调节使用振荡过程调节 PID 控制器的参数，可以间接确定被控对象的行为，增益因子将增大，直到稳定限制且被控量均匀振荡。PID 控制器的参数将基于振荡周期进行计算。

图 7-74 为采用启动调节和运行中调节时被控对象的阶跃响应。

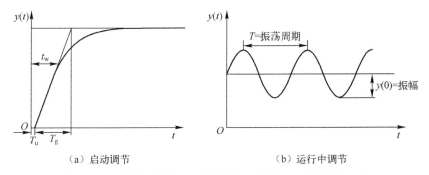

（a）启动调节　　　　　　　　　　（b）运行中调节

图 7-74　采用启动调节和运行中调节时被控对象的阶跃响应

图 7-75 为 PID 控制器的控制趋势。

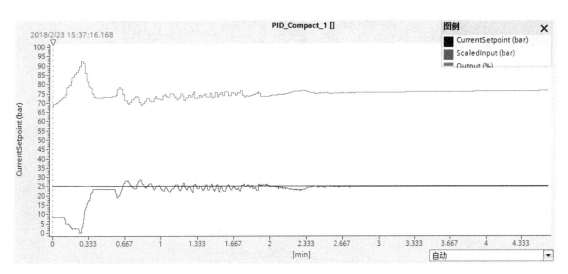

图 7-75　PID 控制器的控制趋势

图 7-76 为"控制器的在线状态"显示界面

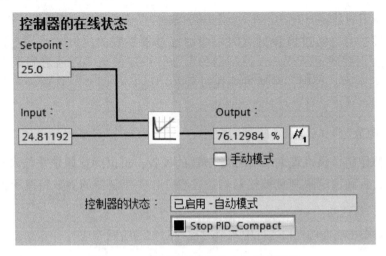

图 7-76　"控制器的在线状态"显示界面

图 7-77 为"控制器的在线状态"当前值显示界面。

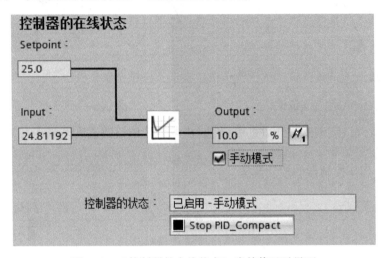

图 7-77　"控制器的在线状态"当前值显示界面

通过以上步骤就能完成液压站输出压力的 PID 控制。

第8章 西门子 S7-1200 PLC 的以太网通信

【导读】

OSI 协议是由 ISO（国际标准化组织）制定的，是一种由不同供应商提供的不同设备和应用软件之间的网络通信概念性框架，共有七层。以太网只包含最低的两层，即物理层和数据链路层，采用 CSMA/CD 访问控制方式解决信道的合理分配问题。随着以太网的发展，其高效、便捷、协议开放、易于冗余等诸多优点被越来越多的工业现场所采用。西门子 S7-1200 PLC 集成有 PROFINET 接口，具有实时性、开放性，使用 TCP/IP 标准，符合基于工业以太网的实时自动化体系，能够满足从现场层到管理层的所有应用需求。本章将以两台西门子 S7-1200 PLC 之间的以太网通信、组态软件在西门子 S7-1200 PLC 以太网通信中的应用为例，介绍组网方法和编程思路。

8.1 以太网通信基础

8.1.1 通信系统的标准化框架

ISO（国际标准化组织）制定了一个通信系统的标准化框架，被称为开放系统互联（OSI）模型。通过 OSI（见图 8-1）功能，不同的网络技术之间可以轻易实现互操作，如主机 A 和主机 B 可以通过 OSI 进行通信。开放系统互联（OSI）模型由七层服务和协议构成，从下至上分别为物理层、数据链路层、网络层、传输层、会话层、表示层、应用层。

开放系统互联（OSI）模型中各层完成的功能如下。

（1）物理层

物理层是 OSI 模型的最下层，是网络物理设备之间的接口，为通信设备之间提供透明的比特流传输。

物理层能够提供的服务：物理连接；物理服务数据单元；接收物理实体的比特顺序，与发送物理实体的比特顺序相同，即顺序化；数据电路标识。

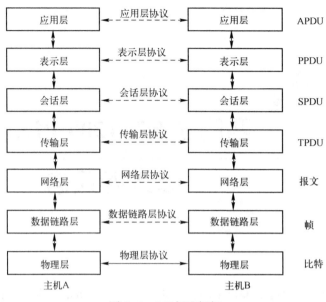

图 8-1　OSI 标准框架

（2）数据链路层

数据键路层的主要用途是在相邻网络实体之间建立、维持、释放数据链路连接，传输数据链路服务数据单元。

数据链路层的主要功能：数据链路连接的建立与释放；构成数据链路数据单元；数据链路连接的分裂；定界与同步；控制顺序和流量；差错的检测和恢复。

（3）网络层

网络层以数据链路层提供的无差错传输为基础，为实现源 DCE 和目标 DCE 之间的通信建立、维持、终止网络连接，通过网络连接交换网络服务数据单元，解决数据传输单元分组在通信子网中的路由选择、拥塞控制问题及多个网络互联问题。

网络层的主要功能：建立和拆除网络连接；路径选择和中继；网络连接多路复用；分段和组块；服务选择；控制传输和流量。

（4）传输层

传输层是资源子网和通信子网的界面和桥梁，完成在资源子网中两个节点之间的逻辑通信，实现在通信子网中端到端的透明传输。

传输层的主要功能：映像传输地址到网络地址；多路复用和分割；传输连接的建立和释放；分段和重新组装；组块和分块。

（5）会话层

会话层利用传输层提供的端到端数据传输服务，具体实施服务请求者与服务提供者之间的通信，属于进程间通信范畴。

会话层的主要功能：会话连接到传输连接的映射；数据传送；会话连接的恢复和释放；会话管理；令牌管理；活动管理。

（6）表示层

表示层的目的是处理有关被传送数据的表示问题，对通信双方来说，一般有自身数据内部表示方式。

表示层的任务是把发送端的内部格式编码为适合传输的位流，在接收端解码为所需的表示。

表示层的主要功能：数据语法转换；语法表示；表示连接管理；数据加密和数据压缩。

（7）应用层

应用层是 OSI 模型的最上层，直接面向用户，是计算机网络与用户之间的界面，是用户使用 OSI 功能的唯一窗口。

8.1.2　常见的拓扑结构

局域网的组成元素可以分为两大类，即网络节点（端节点和转发节点）和通信链路。网络节点的互联模式被称为网络的拓扑结构。在局域网中，常用的拓扑结构有总线型结构、星型结构、环型结构。以太网的拓扑结构主要使用总线型结构和星型结构。环型结构主要在令牌环网和 FDDI 中使用。

1. 总线型结构

如图 8-2 所示，总线型结构采用单根传输线作为传输介质，所有的节点都通过相应的硬件接口直接连接在传输介质或总线上。任何一个节点发送的信号都可以沿着介质传输，而且能被所有的节点接收。

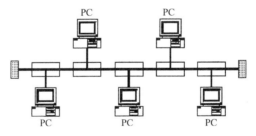

图 8-2　总线型结构示意图

总线型结构的优点：电缆长度短，易于布线和维护；结构简单，传输介质是无源元件，从硬件的角度看，十分可靠。

总线型结构的缺点：因为总线型结构的网络不是集中控制的，所以需要对网络中的各节点进行故障检测；在扩展总线的干线长度时，需要重新配置中继器、剪裁电缆、调整终端器等；总线上的节点需要介质访问控制功能，增加了节点的硬件和软件费用。

2. 星型结构

如图 8-3 所示，星型结构是由点到点链路接到中央节点的各节点组成的。星型结构有唯一的转发节点（中央节点），每台计算机都通过单独的通信线路连接到中央节点。

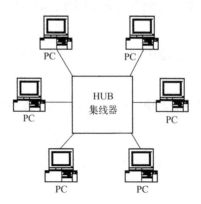

图 8-3　星型结构示意图

星型结构的优点：利用中央节点可以方便地提供服务和重新配置网络；单个节点的故障只影响一个设备，不会影响全部网络，容易检测和隔离故障，便于维护；任何一个连接都只涉及中央节点和一个节点，控制介质访问的方法很简单，访问协议也十分简单，使用 5 类和超 5 类线及其相应的设备即可，网络带宽可扩展到 1000MB 及以上。

星型结构的缺点：如果中央节点发生故障，则全部网络都不能工作，对中央节点的可靠性和冗余度要求很高。

8.1.3　常见的传输介质

以太网涉及多种协议，如 10Base-5、10Base-2、10Base-T、100Base-TX、100Base-FX、1000Base-T 及 1000Base-LX/SX 等。每种协议对应不同的传输介质。

（1）10Base-5

10Base-5 使用的传输介质通常被称为粗以太网电缆。10Base-5 是原始的以太网 802.3标准，使用直径为 10mm 的同轴电缆作为传输介质。该电缆必须用 50Ω/1W 的电阻作为匹配电阻接在终端，允许每段有 100 个节点。10Base-5 使用总线型结构，所有的节点都通过一根同轴电缆连接。10Base-5 表示的意思：工作速率为 10Mb/s，最大支持段长为 500m。目前，10Base-5 已很少被使用了。

（2）10Base-2

10Base-2 使用的传输介质被称为细以太网电缆，与粗以太网电缆相比，很容易弯曲，使用灵活，可靠性高。细以太网电缆虽然价格低廉，安装方便，但是使用长度最长只能为 185m，并且在每个电缆段内只能连接 30 台计算机。

（3）10Base-T

10Base-T 使用的传输介质与同轴电缆（细以太网电缆和粗以太网电缆）在许多方面都存在差别。10Base-T 使用的传输介质为两对无屏蔽双绞电话线：一对发送数据；另一对接收数据。10Base-T 使用型号为 RJ-45 的 8 针模块插头作为连接器，要求使用 3 类及以上的双绞线。

（4）100Base-TX

100Base-TX 使用的传输介质为 5 类及以上的双绞线。

（5）100Base-FX

100Base-FX 使用的传输介质为光缆，主要应用于远距离连接，或有电气干扰的环境，或要求较高保密安全连接的环境。100Base-FX 的传输介质分为多模和单模：多模使用 50/125μm 或 62.5/125μm 的光纤，最大传输距离为 2km；单模使用 9/125μm 或 10/125μm 的光纤，传输距离与光功率有关。

（6）1000Base-T

1000Base-T 使用的传输介质为 5 类及以上的双绞线，四对线同时使用，最大传输距离为 100m。

（7）1000 Base-SX

1000 Base-SX 使用的传输介质只支持多模光纤，采用 50/125μm 或 62.5/125μm 的多模光纤，工作波长为 770～860nm，传输距离为 220～550m。

（8）1000 Base-LX

1000 Base-LX 使用的传输介质可以为单模光纤或多模光纤：使用直径为 62.5μm 的多模光纤时，工作波长为 1270～1355nm，最大传输距离为 550m；使用 9/125μm 或 10/125μm 的单模光纤时，工作波长为 1270～1355nm，传输距离与光功率有关。

8.1.4　传输机制

在局域网中，各节点都处于均等地位，通过公共信道进行通信。信道在一个时间间隔内只能被一个节点占用来传送信息。这就产生了一个信道的合理分配问题。以太网采用 CSMA/CD 访问控制方式来解决该问题。CSMA/CD（Carrier Sense Multiple Access/Collision Detection）的全称为载波监听多路访问/冲突检测。

CSMA/CD 的设计思想如下。

（1）监听信道，查看信道中是否有信号

各节点都有一个"侦听器"，用来测试总线上有无其他节点正在发送信息，被称为载波识别。如果信道已被占用，则该节点需要先等待一段时间，再争取发送权。如果信道是空闲的，没有其他节点发送信息，就立即抢占总线进行信息发送。查看发送信号的有无被称为载波侦听。多节点访问是多个节点共同使用一个信道。

（2）等待时间的确定

等待时间的确定通常有两种方法：

第一种，当节点检测到信道被占用时，会继续检测下去，一直等到信道空闲后，立即发送信息，被称为持续载波侦听多点访问；

第二种，当节点检测到信道被占用时，就先延迟一个随机时间再检测，不断重复上述过程，直到发现信道空闲，就开始发送信息，被称为非持续载波侦听多点访问。

（3）冲突检测（碰撞检测）

当信道处于空闲状态时，在某个瞬间，如果总线上有两个或两个以上的节点同时都想发送信息，那么在该瞬间，它们都可能检测到信道是空闲的，都认为可以发送信息，从而一起发送信息，这时就产生了冲突（碰撞）。另一种情况是某节点检测到信道是空闲的，这种空闲可能是较远节点已经发送了信息，由于在传输介质上信息传送的延时，还未传送到该节点，如果该节点又发送信息，则也会产生冲突。

可以确认的是，冲突只有在发送信息以后的一小段时间内才可能发生，因为超过这一小段时间，总线上各节点都可以检测到是否有载波信息占用信道。这一小段时间被称为碰撞窗口或碰撞时间间隔。解决可能发生冲突的方法是，在各节点都设立一个碰撞检测器，当一个节点开始占用信道发送信息时，继续对总线进行一段时间的检测，也就是说，一边发送信息一边接收信息，并且将接收的信息与发送的信息相比较。如果比较的结果相同，则说明发送工作可以正常进行，继续发送信息；如果比较的结果不同，则发生了冲突，引起信息混淆，需要立即停止发送信息（不必等待整个信息发送完），等待一个随机时间后，重复以上过程。

（4）当节点检测到碰撞并停止发送信息后，需要延迟一段时间再去抢占总线

为了尽量减少碰撞，各节点的延迟时间用随机数进行控制，延迟时间最短的那个节点先抢占总线。当再次发生碰撞时，就按照此办法进行处理，总有一次会发送成功。这种延迟竞争被称为碰撞控制算法或延迟退避算法。延迟控制算法有很多，如常用的二进制指数退避算法（BEB）、截断的二进制指数后退算法（EBE）等。

图 8-4 为在以太网 CSMA/CD 中发送信息的流程。

CSMA/CD 的主要特点如下：

① 原理比较简单，技术较易实现，在网络中的各节点处于同等地位；

② 不集中控制，不能提供优先级控制，即不能提供急需发送信息的优先处理功能，各节点争用总线，不能满足远程控制所需要的确定延时和绝对可取性的要求；

③ 效率高，当负载增大时，发送信息的等待时间较长。

网络延时限制了信息的传输距离：在 10M 以太网中，信息的传输距离为 2500m；在 100M 以太网中，信息的传输距离降为 205m；在 1000M 以太网中，信息的传输距离将降到

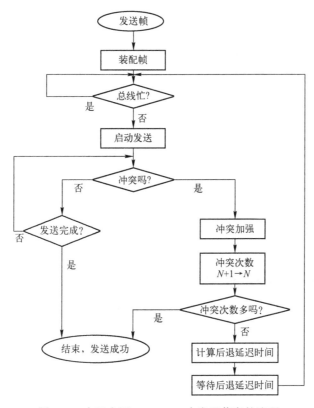

图 8-4　在以太网 CSMA/CD 中发送信息的流程

20 多米，会完全失去意义。针对这种情况，IEEE 制定了载波扩展、分组突发、全双工及支持超长帧等进行解决。

8.1.5　多台西门子 S7-1200 PLC IP 地址的设置

在有多台西门子 S7-1200 PLC 的场合，首先要分别设置每个 IP 地址，连接示意图如图 8-5 所示。

图 8-5　连接示意图

在 TIA Portal 的 PROFINET 接口中设置西门子 S7-1200 PLC 的以太网 IP 地址，如图 8-6 所示。

在下载编译硬件配置后，如果西门子 S7-1200 PLC 是第一次上电，则会出现如图 8-7 所示的 ISO 接口类型的 IP 地址。

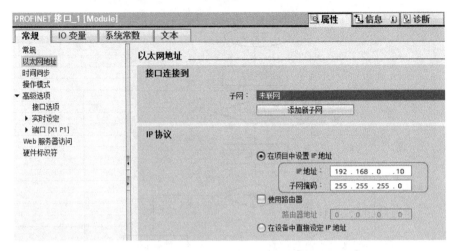

图 8-6　设置以太网 IP 地址界面

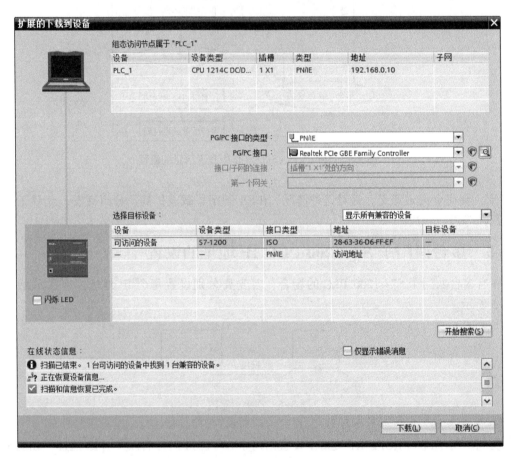

图 8-7　ISO 接口类型的 IP 地址

如果西门子 S7-1200 PLC 已有 IP 地址，则会出现如图 8-8 所示的界面。此时可以设置新的以太网 IP 地址。

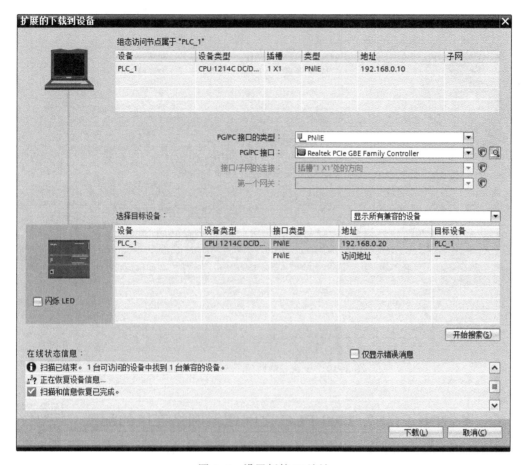

图 8-8　设置新的 IP 地址

多台西门子 S7-1200 PLC 的 IP 地址均设置完成后,即可按照如图 8-9 所示的星型结构进行连接,找到需要的西门子 S7-1200 PLC 后,如图 8-10 所示,重新编译下载,并进行硬件配置和软件编程。

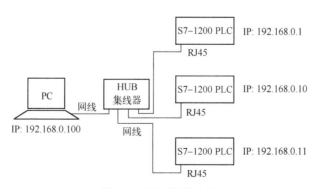

图 8-9　星型结构连接

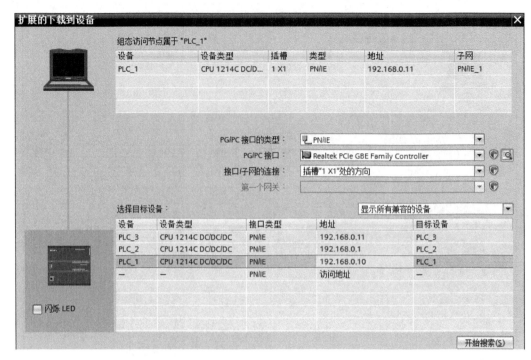

图 8-10　找到三台西门子 S7-1200 PLC

8.1.6　多台西门子 S7-1200 PLC 之间逻辑网络连接的配置

在 TIA Portal 环境下，可以同时对多台西门子 S7-1200 PLC 进行硬件配置和软件编程，以两台西门子 S7-1200 PLC 为例，单击一台西门子 S7-1200 PLC 上的，就会看到界面上出现 PLC_1，两台 PLC 均添加后，即可在右边的"目录"中选择 CPU 类型，如图 8-11 所示。

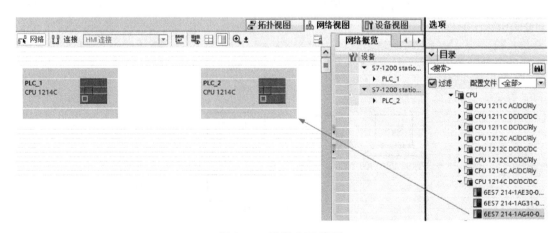

图 8-11　选择 CPU 类型

选中 PLC_1 上 PROFINET 通信口中的小方框后，拖曳一条线，连接到 PLC_2 上的 PROFINET 通信口的小方框，即可建立连接，如图 8-12 所示。

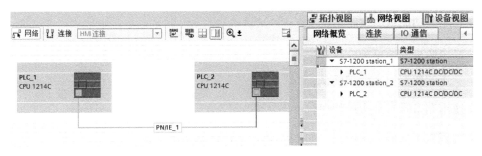

图 8-12　两台 PLC 的连接

完成连接后，就可以在项目树中看到如图 8-13 所示的两台西门子 S7-1200 PLC，即可分别进行硬件配置和软件编程。

图 8-13　项目树中的两台西门子 S7-1200 PLC

8.1.7　传输层通信协议

西门子 S7-1200 PLC 的 CPU 具有一个集成的以太网接口，支持面向连接的以太网传输层通信协议。该协议会在开始传输数据之前，与通信伙伴建立逻辑连接。数据传输完成后，以太网传输层通信协议会在必要的时候终止与通信伙伴的逻辑连接。一条物理线路可以存在多个逻辑连接。

在 TIA Portal 环境下，开放式用户的通信支持 TCP 和 ISO-on-TCP 两种连接类型。对于不支持 ISO-on-TCP 连接类型的通信伙伴，就使用 TCP 进行连接。对于第三方设备，在分配连接参数时，可为通信伙伴的端点输入"未指定"。

1. TCP 传输控制协议

TCP 传输控制协议是由 RFC 793 描述的一种标准协议。TCP 传输控制协议的主要用途是能够在传输过程中提供可靠、安全的连接服务。

TCP 传输控制协议有以下特点：

① 与硬件紧密相关，是一种高效的通信协议；

② 适用于中等大小或较大的数据量；

③ 为应用带来了更多便利，如错误恢复、流控制、可靠性，均是由传输的报文头进行确定的；

④ 一种面向连接的协议；

⑤ 只支持 TCP 的第三方系统；

⑥ 有路由功能；

⑦ 应用固定长度数据的传输；

⑧ 发送的数据报文会被确认；

⑨ 使用端口号寻址应用程序；

⑩ 大多数用户的应用协议，如 TELNET 和 FTP 都使用 TCP。

2. ISO-on-TCP 传输服务协议

ISO-on-TCP 传输服务协议是一种能够将 ISO 应用移植到 TCP/IP 网络的机制。

ISO-on-TCP 传输服务协议有以下特点：

① 是与硬件关系紧密的高效通信协议；

② 适用于中等大小或较大的数据量；

③ 提供了数据结束标识符；

④ 具有路由功能，可用于 WAN；

⑤ 可用于实现动态长度数据传输；

⑥ 使用 SEND/RECEIVE 编程接口，需要对数据管理进行编程；

⑦ 通过传输服务访问点允许有多个连接访问单个 IP 地址（多达 2^{16} 个），借助 RFC 1006 与同一个 IP 地址建立通信端点的连接是具有唯一标识的。

8.2　以太网通信实例

8.2.1　【实例 37】一台西门子 S7-1200 PLC 传送 100 个字节给另一台西门子 S7-1200 PLC

1. PLC 控制任务说明

两台西门子 S7-1200 PLC：PLC_1 的 IP 地址为 192.168.0.1；PLC_2 的 IP 地址为 192.168.0.2。现在要将 PLC_1 某个 DB 中 100 个字节的数据传送到 PLC_2 的 DB 中。

2. 电气接线图

图 8-14 为将 PLC_1 某个 DB 中 100 个字节的数据传送到 PLC_2 的 DB 中的电气接线图。

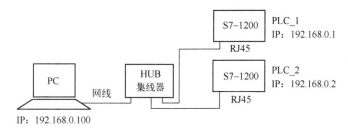

图 8-14 将 PLC_1 某个 DB 中 100 个字节的数据传送到 PLC_2 的 DB 中的电气接线图

3. PLC 编程

（1）将 PLC_1 和 PLC_2 建立逻辑网络连接，分别设置 IP 地址，并分别进行硬件配置。

（2）对 PLC_1 进行编程。

首先，新建一个含有 100 个字节数据的 DB，如图 8-15 所示。"数据块_1"的"send_data"的数据类型为"Array [0..99] of Byte"。

图 8-15 新建一个 DB

然后，从指令中找到"TSEND_C"，如图 8-16 所示，并拖曳到主程序中，此时需要建立一个背景数据块，如图 8-17 所示。

图 8-16 "TSEND_C"指令选项

图 8-17　建立一个背景数据块

TSEND_C 指令形式如图 8-18 所示，参数较多，单击指令下方的上下箭头可以进行展开或收拢操作。

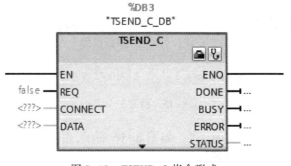

图 8-18　TSEND_C 指令形式

单击 TSEND_C 指令的 ▣图标（见图 8-19）或右键单击"属性"进行组态，如图 8-20 所示。

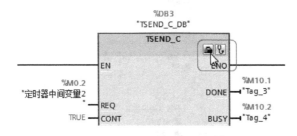

图 8-19　单击 TSEND_C 指令的 ▣图标

组态 TSEND_C 指令时，首先看到的只有本地的 PLC_1，没有任何通信伙伴，此时需要单击伙伴的端点位置，选择已建立逻辑网络连接的 PLC_2，TSEND_C 指令组态完成，如图 8-21 所示。

在组态过程中，"连接类型"选择"TCP"，"连续 ID"在选择连接数据后会自动生成。另外，PLC_1 选择"主动建立连接"，"伙伴端口"自动设置为 2000。

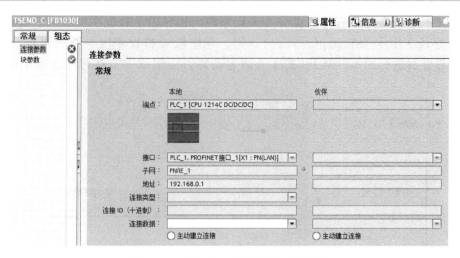

图 8-20　TSEND_C 指令组态初期状态

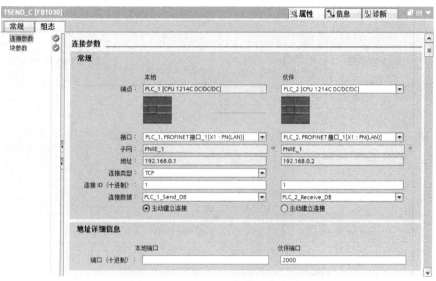

图 8-21　TSEND_C 指令组态完成

为了测试传输字节的对或错，对前面 3 个字节进行一些处理，即通过按钮 I1.0 对前面 3 个字节分别加 1、加 2、加 3，传输采用定时方式，需要增加一个定时脉冲，变量定义见表 8-1。

表 8-1　变量定义

名称	变量表	数据类型	地址 ▲
字节加	默认变量表	Bool	%I1.0
字节清零	默认变量表	Bool	%I1.2
定时器中间变量1	默认变量表	Bool	%M0.1
定时器中间变量2	默认变量表	Bool	%M0.2
字节加上升沿	默认变量表	Bool	%M1.0
字节清零上升沿	默认变量表	Bool	%M1.2
TSEND复位	默认变量表	Bool	%M10.0
TSEND完成	默认变量表	Bool	%M10.1
TSEND繁忙	默认变量表	Bool	%M10.2
TSEND错误	默认变量表	Bool	%M10.3
TSEND状态	默认变量表	Word	%MW12

图 8-22 为 PLC_1 主程序，共分 5 个程序段。程序段 1 和程序段 2 用于完成定时器脉冲。程序段 3 用于 TSEND_C 指令的调用。程序段 4 和程序段 5 用于对数据块_1 的前 3 个字节分别进行加 1、加 2、加 3 或清零运算，以测试字节在传送过程中的变化是有效的。

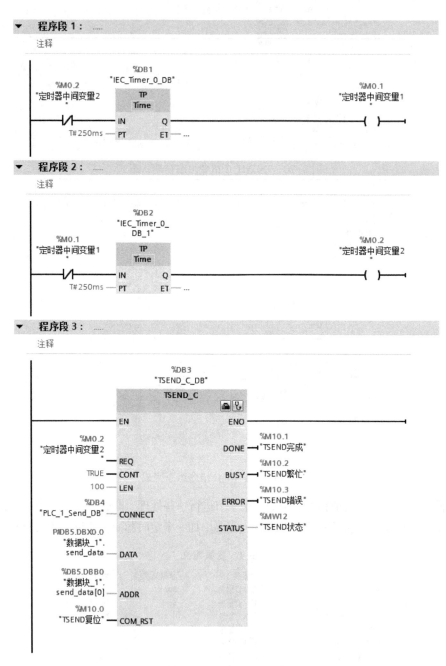

图 8-22　PLC_1 主程序

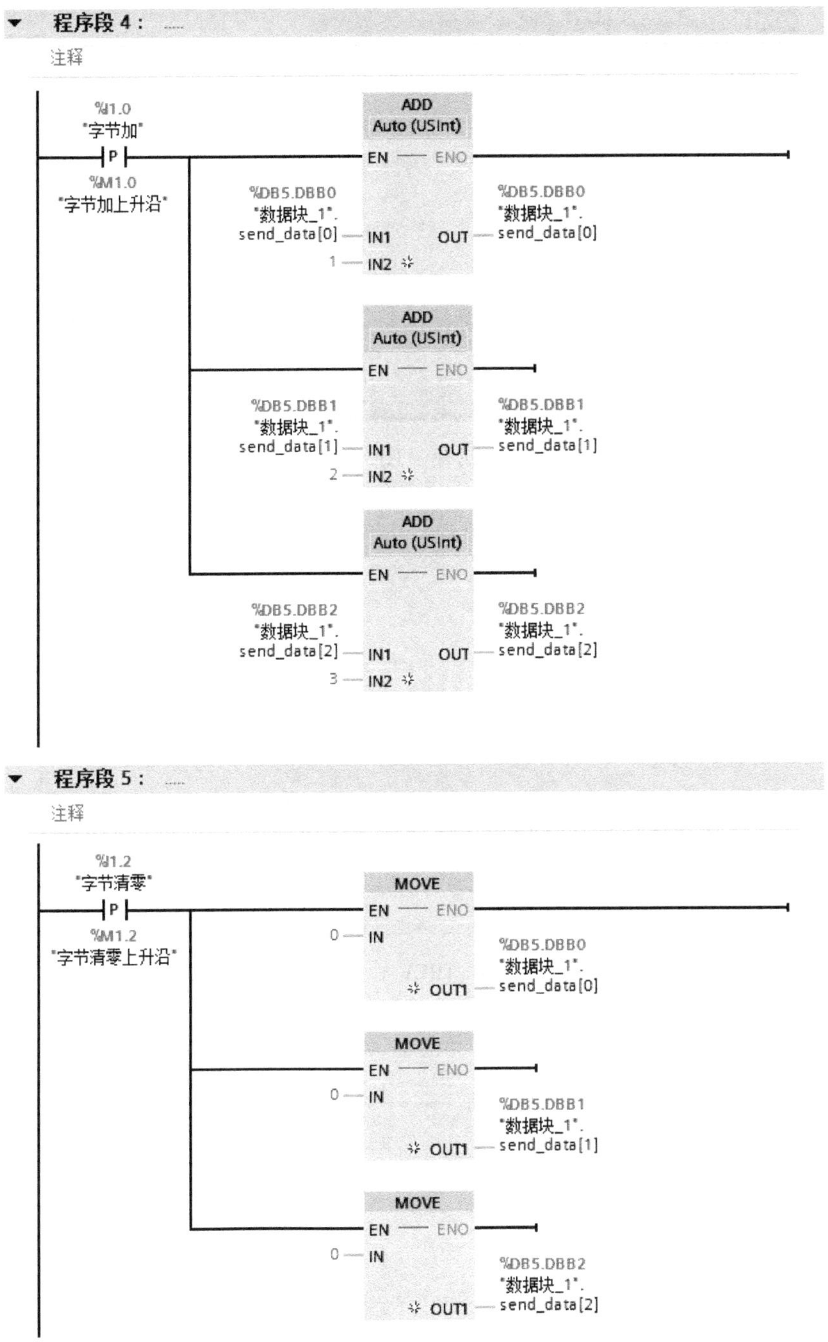

图 8-22　PLC_1 主程序（续）

（3）对 PLC_2 进行编程。

对于 PLC_2 的编程，因为 PLC_1 是发送字节的，PLC_2 是接收字节的，所以选择"TRCV_C"指令，如图 8-23 所示，同时调用数据块 DB2。

图 8-24 为 TRCV_C 指令形式。单击组态，与 PLC_1 的 TSEND_C 指令组态保持一致，完成后，如图 8-25 所示。

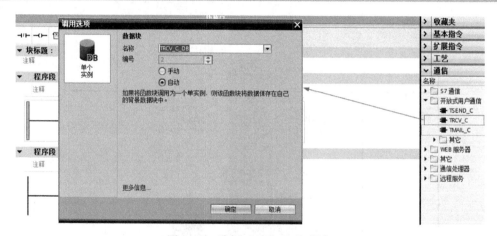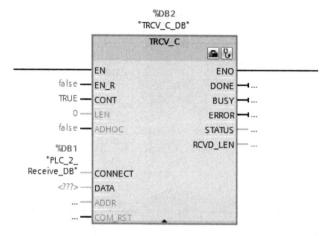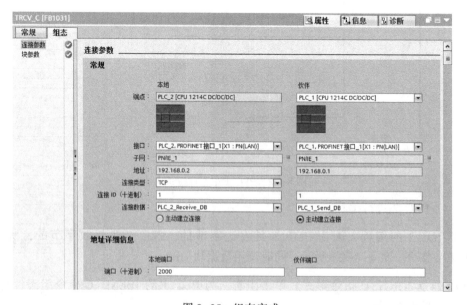

图 8-23　选择"TRCV_C"指令

图 8-24　TRCV_C 指令形式

图 8-25　组态完成

图 8-26 为 PLC_2 主程序, 主要是进行 TRCV_C 指令的调用。

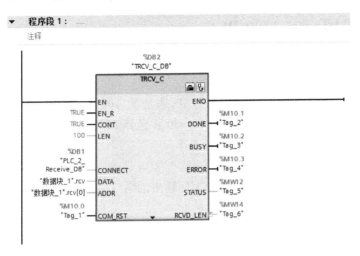

图 8-26　PLC_2 主程序

（4）两台西门子 S7-1200 PLC 的数据块监控。

图 8-27 为 PLC_1 发送数据块。图 8-28 为 PLC_2 接收数据块。两者的变化是一致的。

	名称	数据类型	偏移量	起始值	监视值
▼	Static				
■ ▼	send_data	Array[0..99] of Byte	0.0		
■	send_data[0]	Byte	0.0	16#0	16#09
■	send_data[1]	Byte	1.0	16#0	16#12
■	send_data[2]	Byte	2.0	16#0	16#1B
■	send_data[3]	Byte	3.0	16#0	16#00
■	send_data[4]	Byte	4.0	16#0	16#00
■	send_data[5]	Byte	5.0	16#0	16#00
■	send_data[6]	Byte	6.0	16#0	16#00
■	send_data[7]	Byte	7.0	16#0	16#00
■	send_data[8]	Byte	8.0	16#0	16#00
■	send_data[9]	Byte	9.0	16#0	16#00

数据块_1

图 8-27　PLC_1 发送数据块

	名称	数据类型	起始值	监视值
▼	Static			
■ ▼	rcv	Array[0..100] of Byte		
■	rcv[0]	Byte	16#0	16#09
■	rcv[1]	Byte	16#0	16#12
■	rcv[2]	Byte	16#0	16#1B
■	rcv[3]	Byte	16#0	16#00
■	rcv[4]	Byte	16#0	16#00
■	rcv[5]	Byte	16#0	16#00
■	rcv[6]	Byte	16#0	16#00
■	rcv[7]	Byte	16#0	16#00
■	rcv[8]	Byte	16#0	16#00
■	rcv[9]	Byte	16#0	16#00

数据块_1

图 8-28　PLC_2 接收数据块

8.2.2 【实例38】一台西门子 S7-1200 PLC 传送 4 个开关量给另一台西门子 S7-1200 PLC

1. PLC 控制任务说明

两台西门子 S7-1200 PLC：PLC_1 的 IP 地址为 192.168.0.1；PLC_2 的 IP 地址为 192.168.0.2。现在要将 PLC_2 的输入 I0.0～I0.3 送到 PLC_1 的 Q0.4～Q0.7。

2. 电气接线图

图 8-29 为将 PLC_2 的输入送到 PLC_1 的输出的电气接线图。

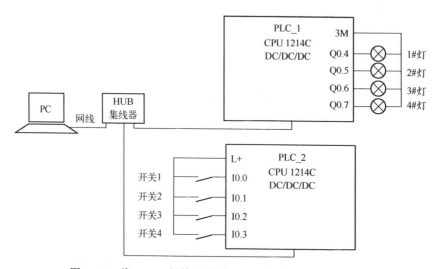

图 8-29 将 PLC_2 的输入送到 PLC_1 的输出的电气接线图

3. PLC 编程

（1）将 PLC_1 和 PLC_2 建立逻辑网络连接，分别设置 IP 地址，并分别进行硬件配置。

（2）对 PLC_1 进行编程。

PLC_1 负责接收数据。图 8-30 为 PLC_1 主程序。程序段 1 用于 TRCV_C 的调用。程序段 2～程序段 5 用于将接收的字节送到 Q0.4～Q0.7。

TRCV_C 指令组态如图 8-31 所示。

（3）PLC_2 编程。

图 8-32 为 PLC_2 主程序。PLC_2 负责发送数据。

图 8-33 为 TSEND_C 指令组态。

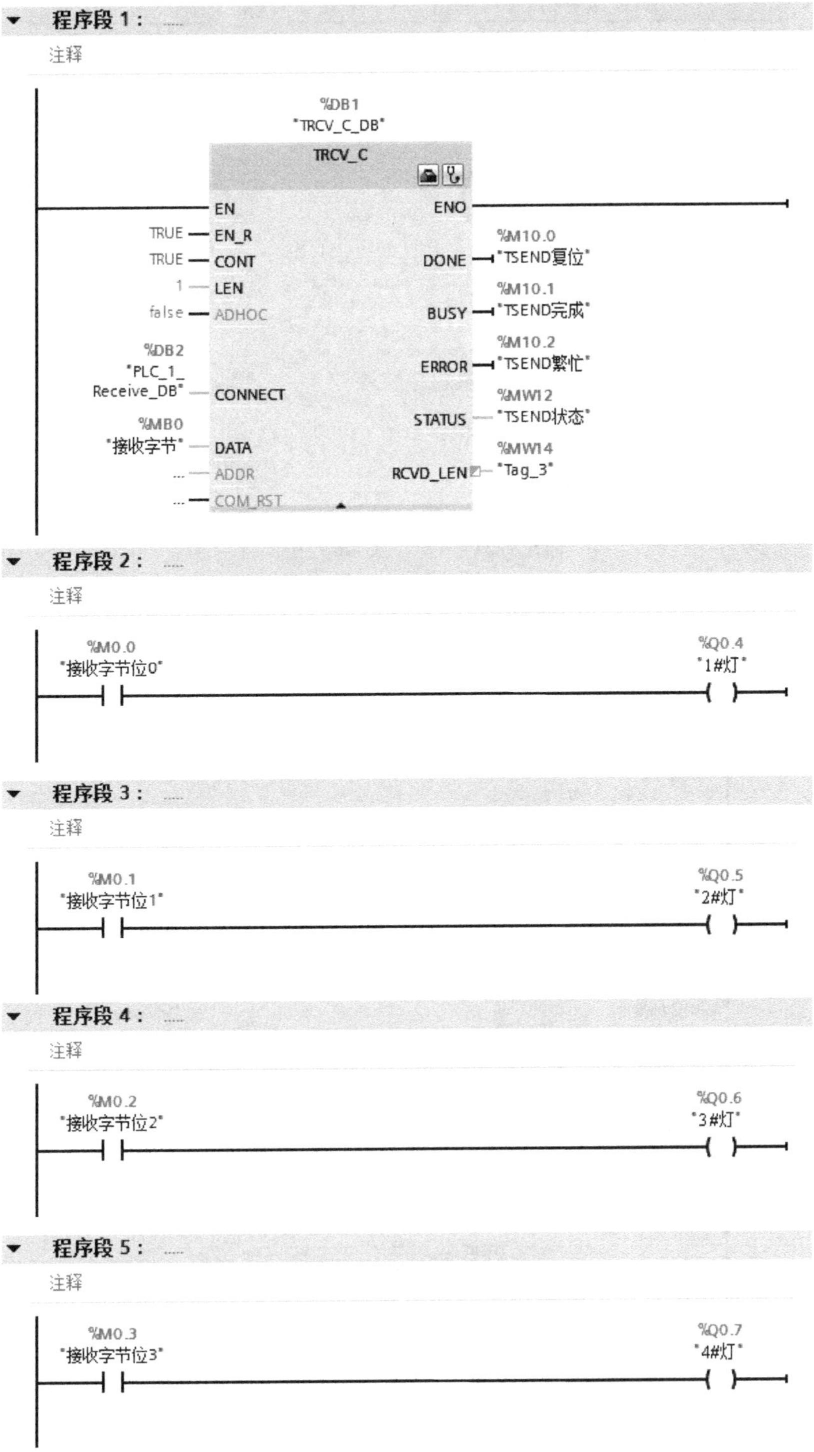

▼ 程序段 1: ....

注释

▼ 程序段 2: ....

注释

```
   %M0.0                                          %Q0.4
"接收字节位0"                                     "1#灯"
 ─┤ ├─────────────────────────────────────────────( )─
```

▼ 程序段 3: ....

注释

```
   %M0.1                                          %Q0.5
"接收字节位1"                                     "2#灯"
 ─┤ ├─────────────────────────────────────────────( )─
```

▼ 程序段 4: ....

注释

```
   %M0.2                                          %Q0.6
"接收字节位2"                                     "3#灯"
 ─┤ ├─────────────────────────────────────────────( )─
```

▼ 程序段 5: ....

注释

```
   %M0.3                                          %Q0.7
"接收字节位3"                                     "4#灯"
 ─┤ ├─────────────────────────────────────────────( )─
```

图 8-30 PLC_1 主程序

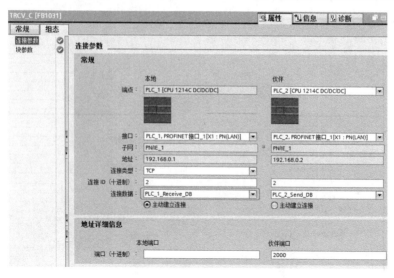

图 8-31　TRCV_C 指令组态

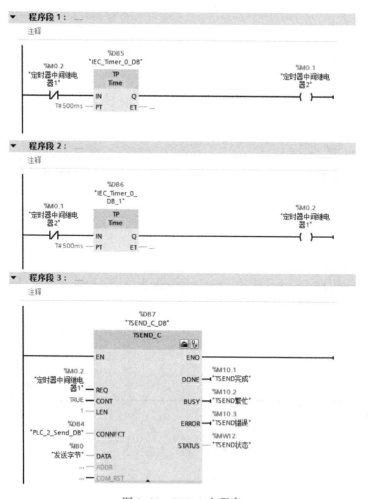

图 8-32　PLC_2 主程序

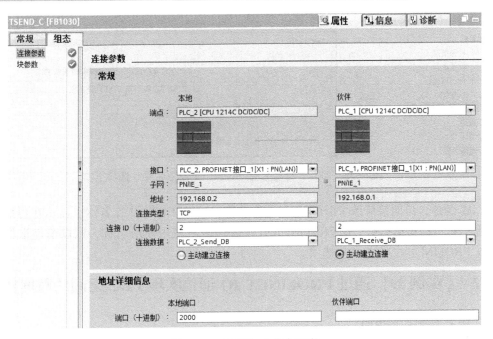

图 8-33　TSEND_C 指令组态

8.3　PROFINET IO 通信及其应用

8.3.1　PROFINET IO 通信

PROFINET IO 通信采用全双工、点到点的方式。1 个 IO 控制器最多可以与 512 个 IO 设备进行点到点通信，按设定的更新时间对等发送数据。1 个 IO 设备的被控对象只能被 1 个 IO 控制器控制。如图 8-34 所示，1 个 IO 控制器通过以太网 PN（PROFINET 的简称）直接连接了 3 个 IO 设备。

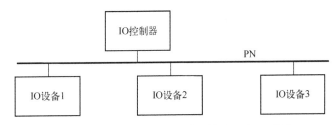

图 8-34　1 个 IO 控制器直接连接了 3 个 IO 设备

IO 控制器和 IO 设备都有设备名称，如图 8-35 所示，在 PLC CPU 属性中勾选"自动生成 PROFINET 设备名称"选项时，可自动从设备（如 CPU、CP 或 IM 等）组态的名称中获取设备名称。

PROFINET 设备名称可以是 PLC 设备名称（如 CPU）、接口名称（仅带有多个 PROFINET 接口时），也可以是 IO 系统的名称，通过在模块的常规属性中修改相应的 CPU、

图 8-35　勾选"自动生成 PROFINET 设备名称"选项

CP 或 IM 名称，可间接修改 PROFINET 设备名称。PROFINET 设备名称也显示在可访问设备的列表中。如果要单独设置 PROFINET 设备名称而不使用模块名称，则取消勾选的"自动生成 PROFINET 设备名称"选项。

8.3.2 【实例 39】通过 PROFINET IO 通信实现 PLC 之间的数据传送

1. PLC 控制任务说明

某生产流程需要 3 台输送带，将两台西门子 S7-1200 PLC（PLC1 和 PLC2）和触摸屏进行 PROFINET 连接后，控制示意图如图 8-36 所示。

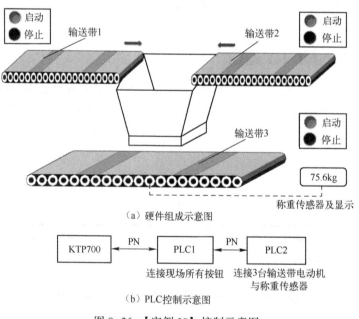

图 8-36　【实例 38】控制示意图

具体要求如下：

（1）PLC1 共接入 3 个操作盒，6 个按钮，其中 SB11、SB21、SB31 分别为输送带 1、输送带 2、输送带 3 的启动按钮，SB12、SB22、SB32 分别为对应的停止按钮，均为常开触点连接。PLC2 与 3 台输送带电动机和称重传感器连接。

（2）KTP700 触摸屏设置有开关，可以进行手动和自动控制。在手动控制下，输送带电动机受按钮启/停控制。在自动控制下，按下触摸屏上的启动按钮，输送带 1 立即启动，输送带 2 延时 a 秒启动，输送带 3 在输送带 2 启动后，延时 b 秒启动；按下触摸屏上的停止按钮，输送带 1 和输送带 2 立即停机，输送带 3 延时 c 秒停机。在触摸屏上，设置 a、b、c 的区间为 $3 \sim 9s$，并同时显示由模拟量 $0 \sim 10V$ 转换过来的质量值（$0 \sim 100kg$）。

（3）在完成两台 PLC 和触摸屏的电气接线后，即可进行硬件配置和软件编程，实现通过 PROFINET IO 通信实现 PLC 之间的数据传送。

2. 电气接线图

PLC1 和 PLC2 的 IO 分配表分别见表 8-2 和表 8-3。

表 8-2　PLC1 的 IO 分配表

PLC 软元件	元件符号/名称
I0.0	SB11/输送带 1 启动按钮
I0.1	SB12/输送带 1 停止按钮
I0.2	SB21/输送带 2 启动按钮
I0.3	SB22/输送带 2 停止按钮
I0.4	SB31/输送带 3 启动按钮
I0.5	SB32/输送带 3 停止按钮

表 8-3　PLC2 的 IO 分配表

PLC 软元件	元件符号/名称
IW68	称重传感器（$0 \sim 10V$）
Q0.0	KA1/控制输送带 1 电动机
Q0.1	KA2/控制输送带 2 电动机
Q0.2	KA3/控制输送带 3 电动机

图 8-37 为两台 PLC 的电气接线图，采用 PN 连接。

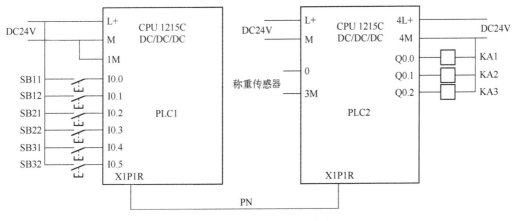

图 8-37　两台 PLC 的电气接线图

3. IO 控制器和 IO 设备的配置

（1）添加 PLC1 作为 IO 控制器

如图 8-38 所示，创建一个新项目，插入一个 CPU 1215 作为 IO 控制器（PLC1），设置 IO 控制器的 IP 地址为 192.168.0.1。

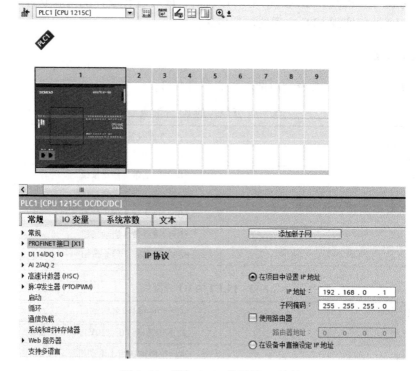

图 8-38　添加 PLC1 并设置 IP 地址

如图 8-39 所示，打开"操作模式"设置界面，会发现默认为"IO 控制器"。

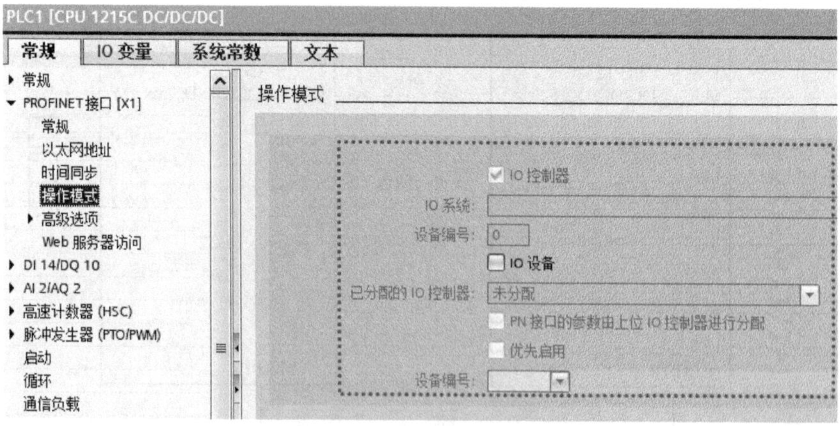

图 8-39　"操作模式"设置界面

（2）添加 PLC2 作为 IO 设备

添加新设备 PLC2，设定 IP 地址为 192.168.0.10。在如图 8-40 所示的"操作模式"设置界面中，勾选"IO 设备"选项，并将"已分配的 IO 控制器"设置为"PLC1.PROFINET 接口_1"，完成后，设备与网络视图如图 8-41 所示。

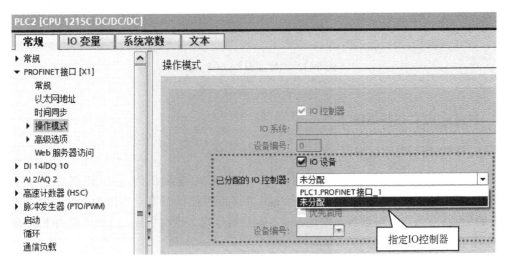

图 8-40 "操作模式"设置界面

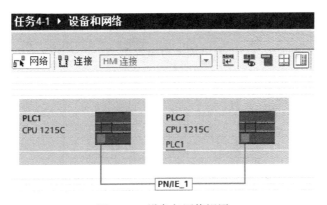

图 8-41 设备与网络视图

（3）设置 PLC2 中的传输区域

如图 8-42 所示，在"操作模式"选项下，会出现"智能设备通信"窗口，可配置通信传输区域。双击"新增"，增加一个传输区域，并定义通信双方的通信区域：使用 Q 区域作为数据发送区域；使用 I 区域作为数据接收区域，单击箭头可以更改数据传输的方向。在图 8-42 中创建了两个传输区域，通信长度是 3 个字节，即将 IO 控制器中的 QB2 传送到 IO 设备中的 IB2，同时将 IO 设备中的 QW2 传送到 IO 控制器中的 IW2。

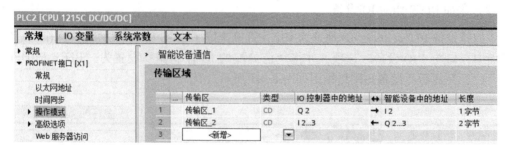

图 8-42 "智能设备通信"窗口

4. 对两台 PLC 进行编程

（1）对 IO 控制器进行编程

对 IO 控制器进行编程主要解决与 a、b、c 相关的电动机启/停，如创建一个 FB1。表 8-4 为 FB1 的输入/输出定义。其中，State 为运行过程状态值，具体为：0 为初始状态；1 为开始启动；2 为 3 台电动机正常运行；3 为开始停机。计时采用与 M0.5 脉冲相配合的累加器（用 INC 指令完成）。

表 8-4　FB1 的输入/输出定义

输入/输出类型	名　　称	数据类型	功　　能
Input	Run	Bool	启动按钮
	Stop	Bool	停止按钮
	a	Int	输送带 2 延时 a 秒启动
	b	Int	输送带 3 延时 b 秒启动
	c	Int	输送带 3 延时 c 秒停机
Output	Motor1	Bool	输送带 1 电动机接触器
	Motor2	Bool	输送带 2 电动机接触器
	Motor3	Bool	输送带 3 电动机接触器
InOut	State	Int	运行过程状态值
	EdgeRun	Bool	启动计时上升沿（与 M0.5 配合）
	EdgeStop	Bool	停止计时上升沿（与 M0.5 配合）
Static	Edge1	Bool	启动按钮上升沿
	Edge2	Bool	停止按钮上升沿
	Time1	Int	时间计算 1
	Time2	Int	时间计算 2
Temp	Sum1	Int	计算临时变量

图 8-43 为 FB1 的梯形图。

▼ **程序段 1 :**　启停按钮设置#state状态值（0：初始；1：开始启动；2：3台电动机正常运行；3：开始停机）

注释

▼ **程序段 2 :**　#state状态值=1(开始启动)时的计时

注释

▼ **程序段 3 :**　#state状态值=3(开始停止)时的计时

注释

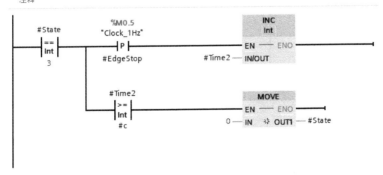

图 8-43　FB1 的梯形图

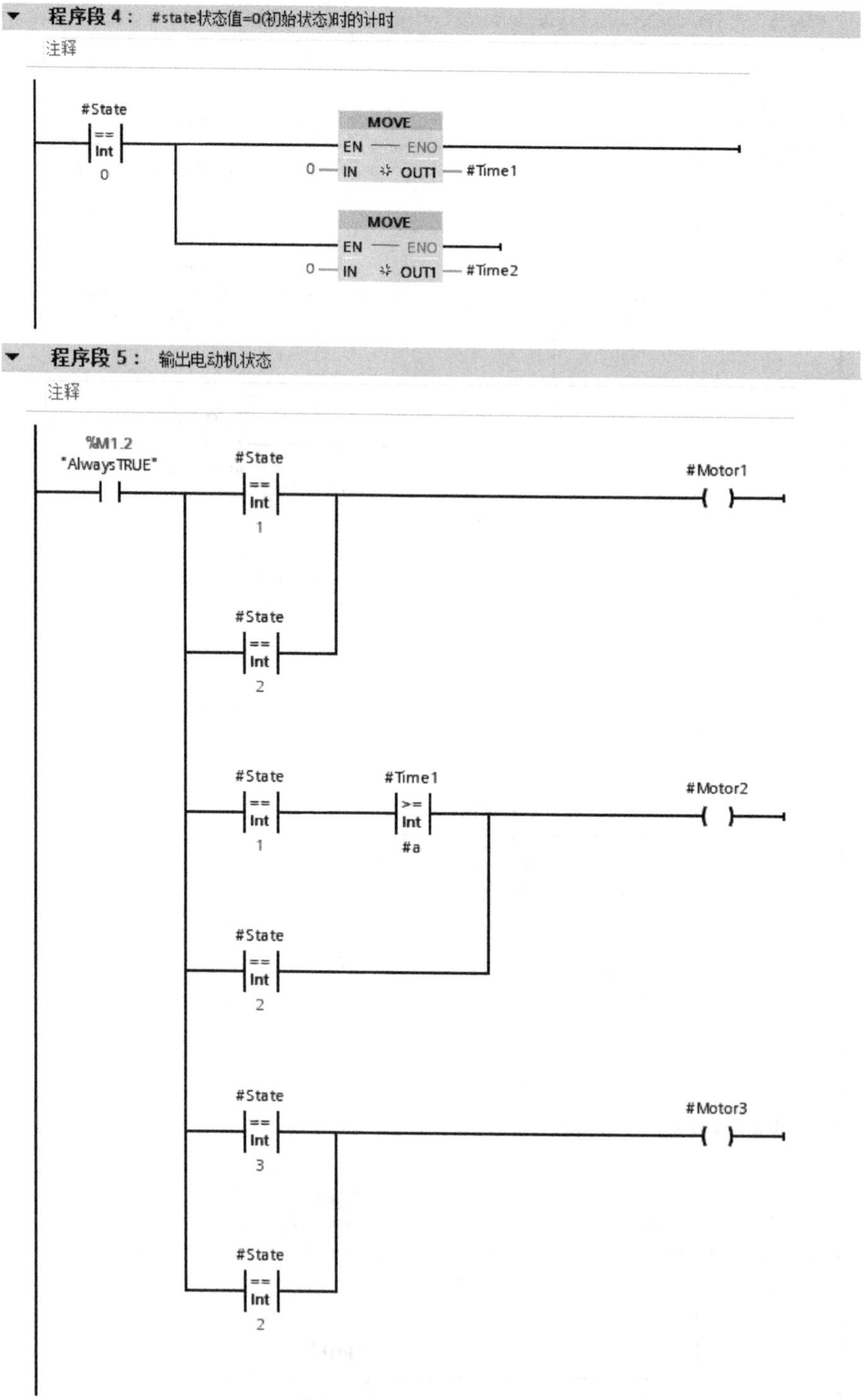

▼　**程序段 4：**　#state状态值=0（初始状态）时的计时

注释

▼　**程序段 5：**　输出电动机状态

注释

图 8-43　FB1 的梯形图（续）

图 8-44 为 PLC1（IO 控制器）的梯形图。

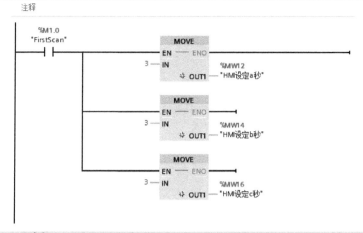

▼　程序段 1：　初始化时，设置好相应的a,b,c均为3s

注释

▼　程序段 2：　对触摸屏设置的参数进行处理，设置a,b,c均为3-9s之间

注释

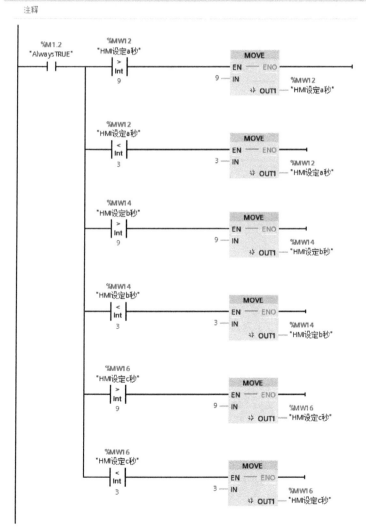

图 8-44　PLC1 的梯形图

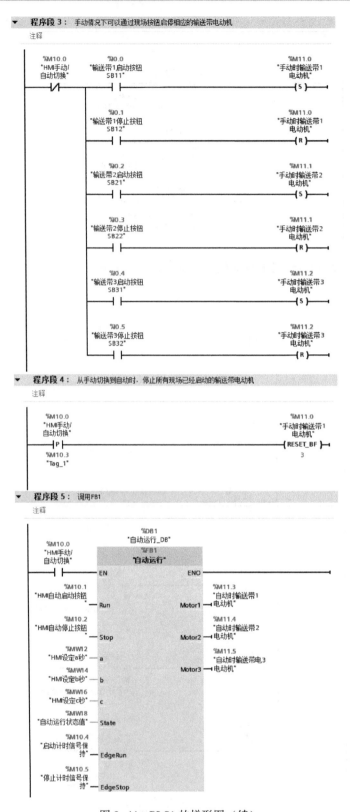

图 8-44 PLC1 的梯形图（续）

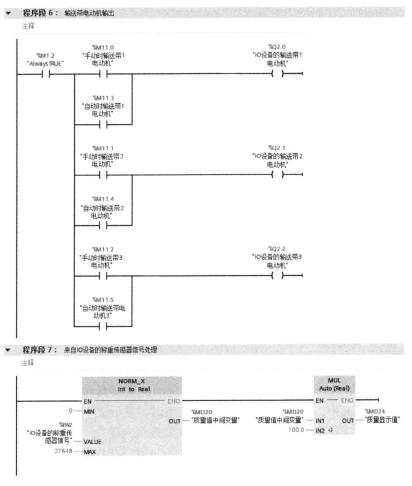

图 8-44 PLC1 的梯形图（续）

具体说明如下：

程序段 1：初始化时，设置相应的 a、b、c 均为 3s。

程序段 2：对触摸屏设置的参数进行处理，使得 a、b、c 的下限均为 3、上限均为 9。

程序段 3：在手动控制下，通过现场按钮启动或停止相应的输送带电动机。

程序段 4：从手动控制切换至自动控制时，输送带电动机确保处于停机状态。

程序段 5：调用 FB1。

程序段 6：输送带电动机信号输出到传输区域 1，即 QB2。

程序段 7：从 IO 设备读取称重传感器信号，通过 NORM_X 和 MUL 指令将模拟量 0～10V 信号转换为质量值（0～100kg）。

（2）对 IO 设备进行编程

图 8-45 为 PLC2（IO 设备）的梯形图。

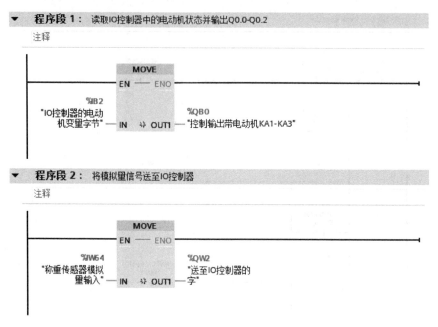

图 8-45　PLC2 的梯形图

5. 触摸屏组态

触摸屏组态共有两个画面，分别是如图 8-46 所示的主画面和如图 8-47 所示的延时时间设定画面。在主画面中，选择手动控制和自动控制时，显示文字或按钮会不同，需要采用可见或不可见属性：选择手动控制时，仅出现"仅限现场启动"，其他"自动启动""自动停止""时间 abc 设定"等 3 个按钮均不可见；选择自动控制时，"仅限现场启动"不可见，"自动启动""自动停止""时间 abc 设定"等 3 个按钮均可见，其中"时间 abc 设定"的动画为"画面切换"，即切换到延时时间设定画面。

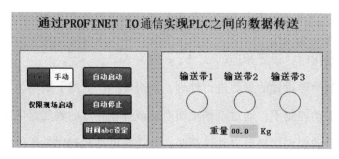

图 8-46　触摸屏主画面

6. 程序下载和调试

由于 IO 控制器和 IO 设备都在同一个网络中，因此在"扩展下载到设备"界面中需要选择对应的 PLC 才能正确下载硬件配置和程序。完成下载后，即可进行调试，实现相应的控制功能。

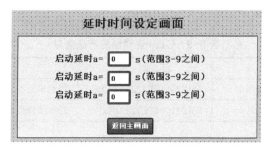

图 8-47 触摸屏延时时间设定画面

8.3.3 【实例40】PLC 和变频器通过 PROFINET 控制输送带电动机

1. PLC 控制任务说明

如图 8-48 所示，需要在触摸屏 KTP700 上进行西门子 G120 变频器的启/停控制，设置相应的转速。其中，输送带电动机的极数为 4，额定转速为 1400r/min；PLC 不外接任何按钮。设多段速或数字频率设定，并实现动画功能。

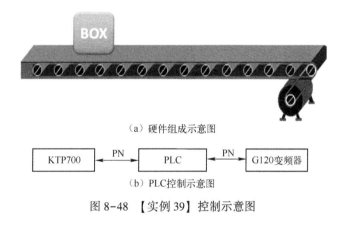

（a）硬件组成示意图

KTP700 ←PN→ PLC ←PN→ G120变频器

（b）PLC控制示意图

图 8-48 【实例 39】控制示意图

任务要求如下：

① 将 PLC、触摸屏和变频器进行 PROFINET 连接，并设置在同一个 IP 频段内。

② 将 PLC 与变频器的通信方式设置为标准报文 1（PZD-2/2）。

③ 在触摸屏上组态变频器的启动、停止、复位按钮及以转速为单位的速度设定画面。

2. 通过 Startdrive 进行 G120 变频器报文配置

Startdrive 是 TIA Portal 的选配工具包，在安装了与 TIA Portal 同版本的软件包后，会自动集成到 TIA Portal 中。

首先进行 G120 变频器的电气接线并上电，在 TIA Portal 环境下，根据表 8-5 所示的产品信息添加设备。

表 8-5   G120 变频器的产品信息

序 号	型 号	订货号	描 述
1	CU250S-2 PN Vector	6SL3246-0BA22-1FA0	控制单元类型：CU250S-2 PN Vector
2	PM240-2 IP20	6SL3210-1PE12-3ULx	功率模块类型：IP20 U 400V 0.75kW

图 8-49 为添加了 CU250S-2 PN Vector 和 PM240-2 IP20 后的 G120 变频器设备概览。

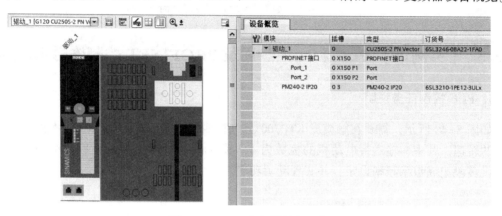

图 8-49   G120 变频器设备概览

进入 Startdrive 调试向导，在"设定值指定"窗口中，选择 PLC 与驱动数据交换，如图 8-50 所示。

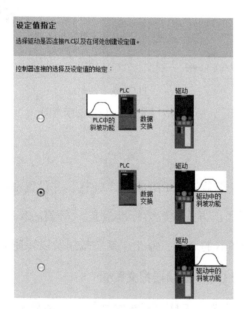

图 8-50   "设定值指定"窗口

在如图 8-51 所示的"设定值/指令源的默认值"窗口中，"选择 I/O 的默认配置"选择"[7] 场总线，带有数据组转换"，"报文配置"选择"[1] 标准报文 1，PZD-2/2"。

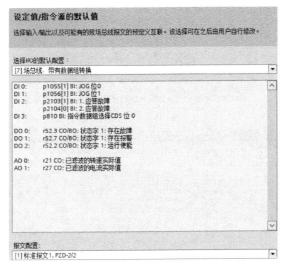

图 8-51　"设定值/指令源的默认值"窗口

完成上述步骤后，按说明书进行电动机调试。

在 TIA Portal 下添加 PLC 和触摸屏，并按照如图 8-52 所示进行设备 PN 连接，包括 PLC_1（CPU 1215C，IP 地址：192.168.0.1）、驱动_1（G120 CU250S-2 PN，IP 地址：192.168.0.2）、HMI_1（KTP700 Basic PN，IP 地址：192.168.0.3），IP 地址在同一频段内。

图 8-52　设备 PN 连接

单击 G120 进行详细的报文配置，如图 8-53 所示。无论发送还是接收，起始地址都可以改变。这里选择默认值 I256 和 Q256。

3. PLC 数据块定义与变量定义

新建一个全局数据块"数据块_1"（DB1），定义见表 8-6。

表 8-6　数据块定义

名　称	数 据 类 型	含　义	起　始　值
MultiSpeed	Array[0..6] of Int	多段速组，7 段速的具体设定值（0～6 为下标），如 MultiSpeed[0]表示 1 段速，MultiSpeed[1]表示 2 段速，依次类推	[200, 400, 600, 800, 1000, 1200, 1400]
Speed1	Int	数字速度设定值	600
Speed2	Int	多段速速度转换值	—
Speed3	Int	变频器给定数值	—

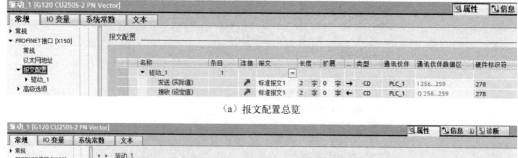

（a）报文配置总览

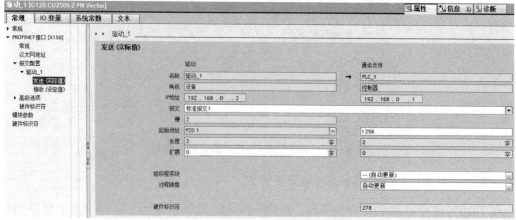

（b）发送报文配置

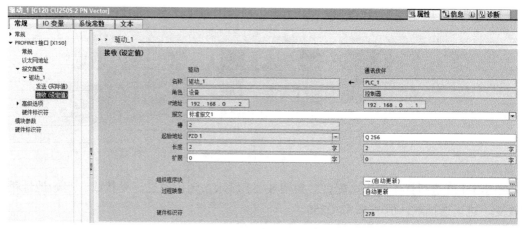

（c）接收报文配置

图 8-53　详细的报文配置

PLC 的变量定义见表 8-7。

表 8-7　变量定义

名　　称	变　量　名	备　　注
HMI 启动按钮	M10.0	触摸屏按钮
HMI 停止按钮	M10.1	触摸屏按钮
变频器启停信号	M10.2	中间变量
HMI 复位按钮	M10.3	触摸屏按钮

续表

名　　称	变 量 名	备　　注
HMI 切换按钮	M10.4	触摸屏开关
HMI 多段速+	M10.5	触摸屏按钮
HMI 多段速−	M10.6	触摸屏按钮
多段速变量	MW12	中间变量
HMI 显示速度	MW14	触摸屏 I/O 域
动画数据 1	MD16	中间变量
动画数据 2	MD20	中间变量
控制字 1	QW256	PLC→G120 变频器
转速设定值	QW258	PLC→G120 变频器

4. 触摸屏组态

触摸屏 KTP700 的组态画面如图 8-54 所示，分为多段速设定速度时的触摸屏画面和数字设定速度时的触摸屏画面，通过设置可见动画显示两种状态。

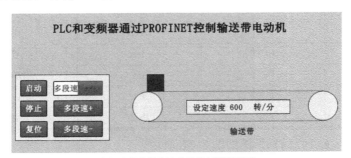

（a）多段速设定速度时的触摸屏画面

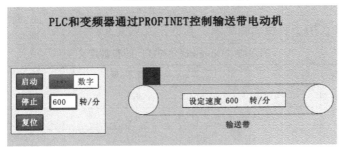

（b）数字设定速度时的触摸屏画面

图 8-54　触摸屏的组态画面

图 8-55 为输送带上物品的水平移动动画设置。

5. PLC 编程

（1）对 Speed Change（FC1）进行编程

表 8-8 为 Speed Change（FC1）的参数定义。

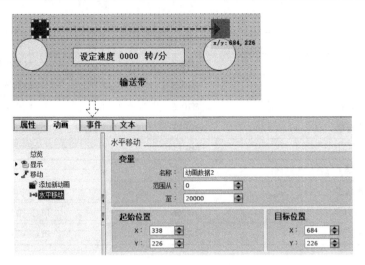

图 8-55　水平移动动画设置

表 8-8　Speed Change（FC1）的参数定义

参　　数		数 据 类 型	备　　注
Input	IN1	Int	多段速下标 0～6
	Multi	Bool	多段速设定开关
Output	OUT1	Int	变频器给定数值
InOut	Data1	Int	数字设定速度值
Temp	TMP1	Int	临时整数变量
	TMP2	Real	临时实数变量

Speed Change（FC1）的梯形图如图 8-56 所示。

（2）对 Donghua（FB1）进行编程

Donghua（FB1）用于实现动画显示，参数定义见表 8-9。

表 8-9　Donghua（FB1）的参数定义

参　　数		数 据 类 型	备　　注
Input	IN1	Bool	接通信号
	Speed	Int	速度值
InOut	Data1	DInt	定时器实时值
	Data2	DInt	动画数据
	State1	Bool	定时器复位信号
Static	IEC_Timer_0_Instance	TON_TIME	定时器
Temp	TMP1	Real	临时实数变量
	TMP2	Real	临时实数变量
	TMP3	Real	临时实数变量
	TMP4	Real	临时实数变量

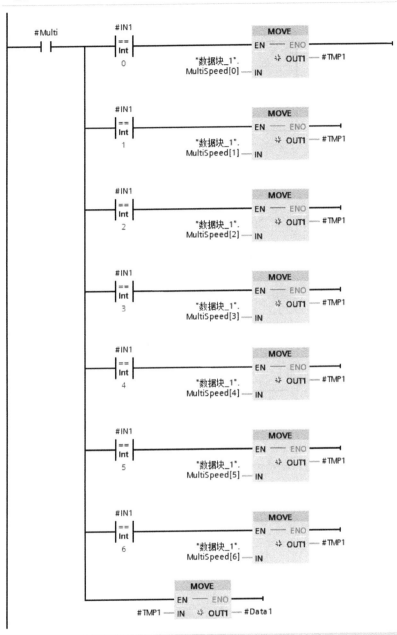

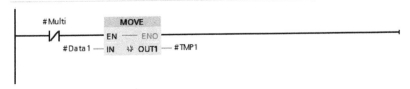

图 8-56 Speed Change (FC1) 的梯形图

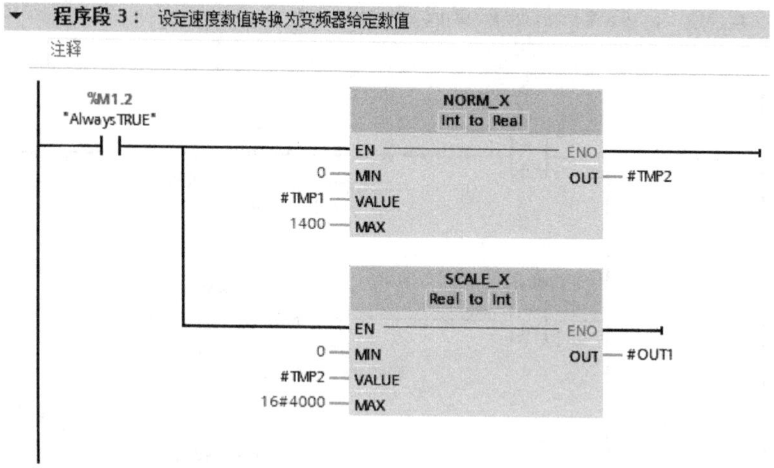

程序段 3: 设定速度数值转换为变频器给定数值

注释

```
        %M1.2                    NORM_X
      "AlwaysTRUE"             Int to Real
        ┤ ├                 EN            ENO
                      0 ── MIN
                   #TMP1 ── VALUE          OUT ── #TMP2
                   1400 ── MAX

                                 SCALE_X
                               Real to Int
                            EN            ENO
                      0 ── MIN
                   #TMP2 ── VALUE          OUT ── #OUT1
                 16#4000 ── MAX
```

图 8-56　Speed Change（FC1）的梯形图（续）

图 8-57 为动画显示 FB1 的梯形图。

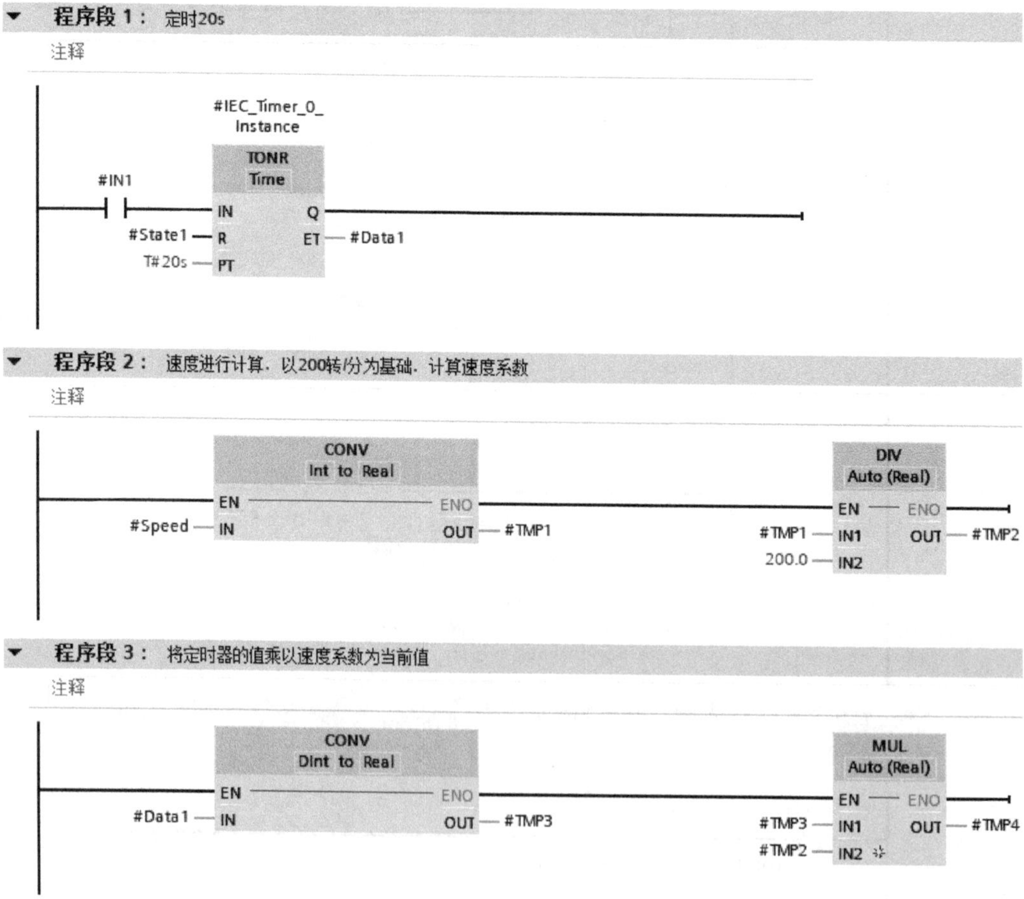

程序段 1: 定时20s

注释

```
                      #IEC_Timer_0_
                        Instance
                          TONR
       #IN1               Time
       ┤ ├           IN        Q
      #State1 ──      R        ET ── #Data1
       T#20s ──       PT
```

程序段 2: 速度进行计算. 以200转/分为基础. 计算速度系数

注释

```
              CONV                              DIV
           Int to Real                      Auto (Real)
        EN           ENO                 EN        ENO
  #Speed ── IN                    #TMP1 ── IN1
                     OUT ── #TMP1  200.0 ── IN2   OUT ── #TMP2
```

程序段 3: 将定时器的值乘以速度系数为当前值

注释

```
              CONV                              MUL
           Dint to Real                     Auto (Real)
        EN           ENO                 EN        ENO
  #Data1 ── IN                    #TMP3 ── IN1
                     OUT ── #TMP3  #TMP2 ── IN2   OUT ── #TMP4
```

图 8-57　FB1 梯形图

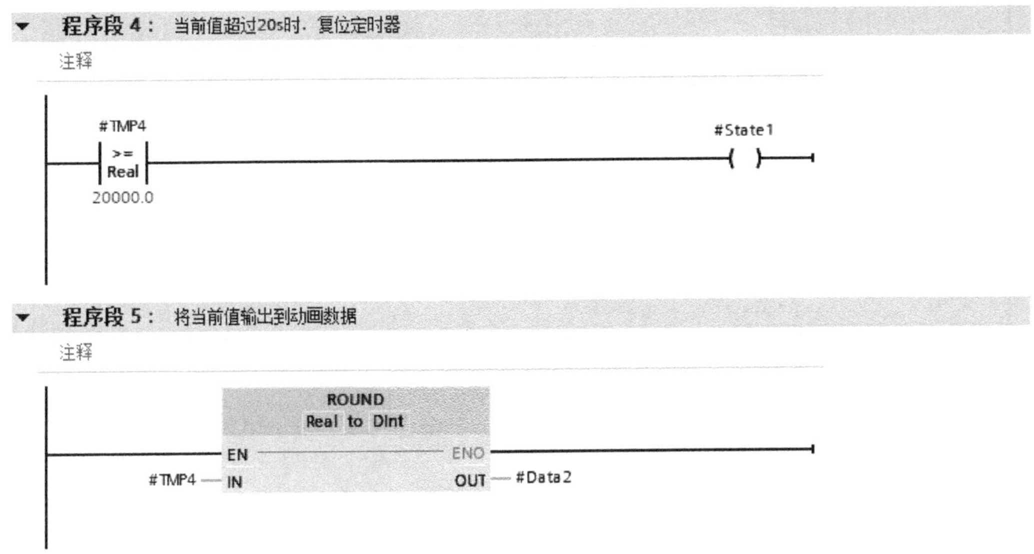

程序段 4：当前值超过20s时，复位定时器

注释

```
    #TMP4                                              #State1
    |>=|                                               ( )
    |Real|
   20000.0
```

程序段 5：将当前值输出到动画数据

注释

```
              ROUND
            Real to DInt
          EN        ENO
  #TMP4 — IN       OUT — #Data2
```

图 8-57　FB1 梯形图（续）

（3）对 OB1 进行编程

图 8-58 为 OB1 的梯形图。

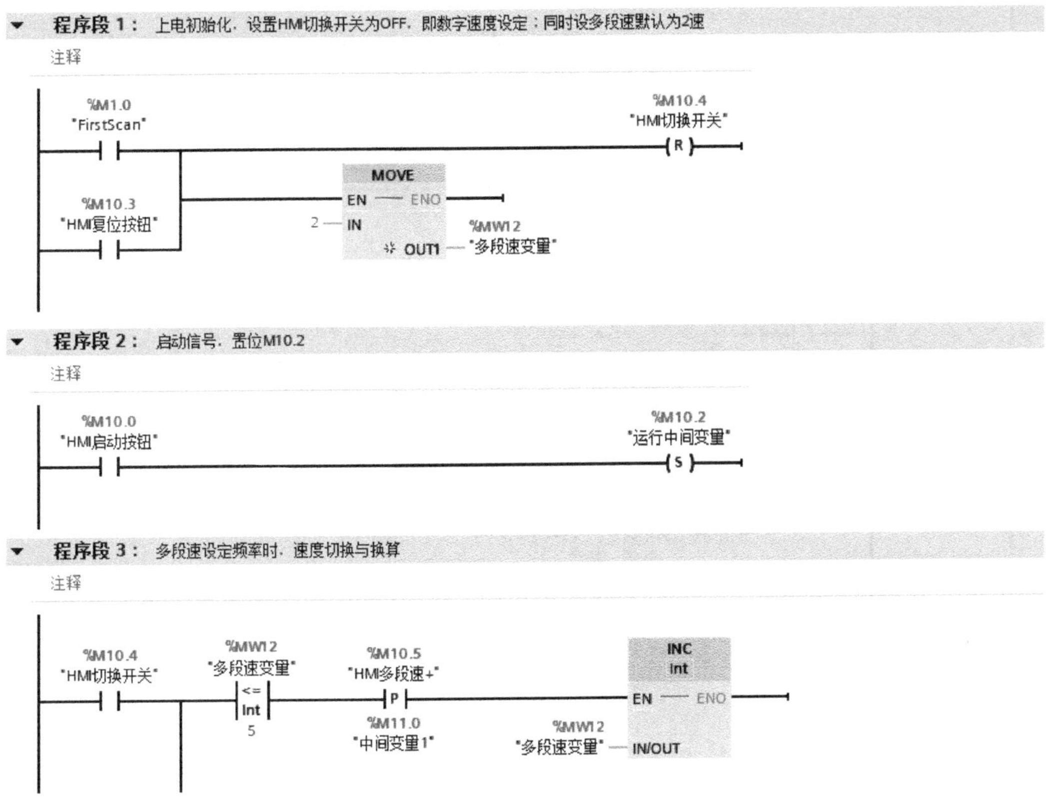

程序段 1：上电初始化，设置HMI切换开关为OFF，即数字速度设定；同时设多段速默认为2速

注释

```
   %M1.0                                               %M10.4
  "FirstScan"                                       "HMI切换开关"
    | |                                                ( R )
                              MOVE
   %M10.3                   EN — ENO
 "HMI复位按钮"             2 — IN
    | |                       ⁎ OUT1 — %MW12
                                      "多段速变量"
```

程序段 2：启动信号，置位M10.2

注释

```
   %M10.0                                              %M10.2
 "HMI启动按钮"                                     "运行中间变量"
    | |                                                ( S )
```

程序段 3：多段速设定频率时，速度切换与换算

注释

```
  %M10.4      %MW12      %M10.5                        INC
"HMI切换开关" "多段速变量" "HMI多段速+"                  Int
    | |        |<=|        | P |                    EN — ENO
               |Int|        %M11.0
                5          "中间变量1"       %MW12
                                        "多段速变量" — IN/OUT
```

图 8-58　OB1 的梯形图

程序段 4： 数字频率设定时，速度换算

注释

程序段 5： 变频器控制（包括停止、启动、频率设定和复位）

图 8-58　OB1 的梯形图（续）

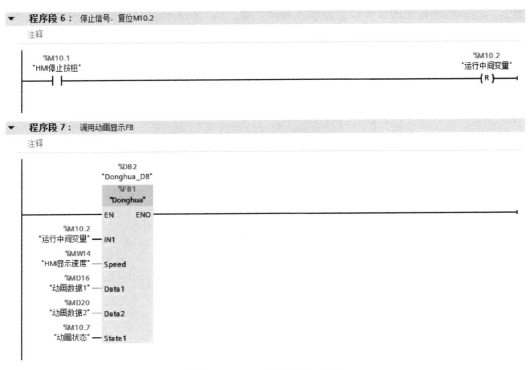

程序段 6： 停止信号．复位M10.2

注释

%M10.1
"HMI停止按钮"

%M10.2
"运行中间变量"
(R)

程序段 7： 调用动画显示FB

注释

%DB2
"Donghua_DB"
%FB1
"Donghua"

%M10.2
"运行中间变量" — IN1

%MW14
"HMI显示速度" — Speed

%MD16
"动画数据1" — Data1

%MD20
"动画数据2" — Data2

%M10.7
"动画状态" — State1

图 8-58　OB1 的梯形图（续）

6. 系统调试

图 8-59 为触摸屏监控画面：当进行多段速设定时，可以通过"多段速+"和"多段速-"

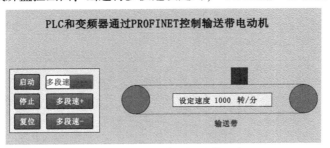

（a）多段速设定时的触摸屏监控画面

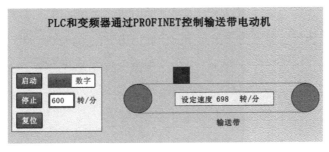

（b）数字设定时的触摸屏监控画面

图 8-59　触摸屏监控画面

实现；当进行数字设定时，可以直接输入具体数值，如"698 转/分"，同时在变频器上可以看到同样的运行速度值，如图 8-60 所示。

图 8-60　变频器显示"转速实际值"